职业教育“岗课赛证”融通系列教材

水利工程制图与应用

赵　婷　王瑞红　宋良瑞　姜　鑫　编
张圣敏　主审

中国建筑工业出版社

图书在版编目（CIP）数据

水利工程制图与应用 / 赵婷等编. — 北京 ：中国建筑工业出版社，2024.8

职业教育“岗课赛证”融通系列教材

ISBN 978-7-112-29817-4

Ⅰ. ①水… Ⅱ. ①赵… Ⅲ. ①水利工程-工程制图-高等职业教育-教材 Ⅳ. ①TV222.1

中国国家版本馆 CIP 数据核字（2024）第 087631 号

本教材是根据职业院校对人才培养的技能要求，依据最新技术制图国家标准和水利水电工程制图行业标准，以实际工程为案例，分析其表达方案、识读工程形体、进而绘制其 CAD 二维工程图和信息模型的创建，由浅入深、循序渐进地介绍了水利工程制图、识图、绘图、建模等内容。本教材共分 4 个模块，其主要内容包括：水利工程制图、水利工程图绘制、进水闸信息模型创建与应用、竞赛样题案例解析。

本教材可作为职业院校水利类、建筑类专业教学使用，也可作为相关行业从业者培训教材和参考使用。

为更好地支持本课程的教学，我们向使用本书的教师免费提供教学课件，有需要者请与出版社联系，索要方式为：1. 邮箱 jckj@cabp.com.cn；2. 电话（010）58337285；3. 建工书院 http：//edu.cabplink.com。

责任编辑：刘平平　李　阳

责任校对：芦欣甜

职业教育“岗课赛证”融通系列教材

水利工程制图与应用

赵　婷　王瑞红　宋良瑞　姜　鑫　编

张圣敏　主审

*

中国建筑工业出版社出版、发行（北京海淀三里河路 9 号）

各地新华书店、建筑书店经销

北京鸿文瀚海文化传媒有限公司制版

北京君升印刷有限公司印刷

*

开本：787 毫米×1092 毫米　1/16　印张：14½　插页：7　字数：356 千字

2024 年 8 月第一版　　2024 年 8 月第一次印刷

定价：**46.00** 元（赠教师课件）

ISBN 978-7-112-29817-4

（42796）

前言

本书贯彻落实《国家职业教育改革实施方案》，水利部、教育部《关于进一步推进水利职业教育改革发展的意见》等文件精神，遵循职业院校教学改革的思路，体现产教融合、岗课赛证融通的理念，对接水利行业新技术、新业态、新模式、新发展需求，引领专业建设和课程改革，促进教学模式创新的职业教育精品教材。

本书依据国家制图标准《技术制图》，行业标准《水利水电工程制图标准》，按照全国职业院校技能大赛水利工程制图与应用（中职组）赛项规程，简介了常见的水工建筑物种类，标高投影交线的求做方法，使用中望 CAD 软件绘制挡水、输水建筑物的绘图技能，使用华阳国际快速建模系统软件创建水工建筑物信息模型的流程和技巧，以及 2023 年国赛真题解析。学习者可在本书的帮助下，进一步夯实基础，提升技能。

本书由赵婷、王瑞红、宋良瑞、姜鑫担任主编，具体分工如下：模块 1 由四川建筑职业技术学院宋良瑞编写，模块 2 由山西水利职业技术学院王瑞红编写，模块 3 和模块 4 由黄河水利职业技术学院赵婷编写。广州中望龙腾软件股份有限公司姜鑫录制并制作本书全部动态资源。本书由黄河水利职业技术学院张圣敏担任主审。

本书在编写过程中，参考了国内同行的著作、教材和有关资料，在此对所有文献的作者深表谢意！由于编者水平有限，书中疏漏和不妥之处，恳请读者批评指正。

目 录

模块1 Chapter 01

水利工程制图

模块导读

在水利工程的建设中，无论是水工建筑物的规划、设计、施工、管理，还是机械设备和施工机械的选型、安装、使用、维修，用语言或文字都无法准确、直观地表达清楚，为简便、快速、直观地表达水工建筑物和机械设备，常借助“工程图样”。为此，工程图样被誉为“工程技术的语言”。

本模块旨在工程制图的基础上，对水利工程制图标准进行补充，重点对标高投影和水工图的表达方法进行讲解。对涉及的水工建筑进行简介，为模块 2 和模块 3 的绘图及建模，提供专业基础知识。

项目 1.1 水利制图基本知识

学习目标

了解基本图幅尺寸及图框和标题栏规格、比例、线型、字体、尺寸标注及材料符号的基本规定，了解绘图比例的涵义，熟悉线型、字体的选用，掌握尺寸标注方法和材料符号的使用，掌握水利工程图的分类、特点、表达方法、尺寸注法，掌握标高投影的表示形式，理解标高投影的概念，熟练运用并掌握各类标高投影图的基本画法和识读。

1.1.1 制图基本标准

工程图样是工程界的技术语言，为了便于生产和进行技术交流，使绘图与读图有一个共同的准则，就必须在图样的画法、尺寸标注及采用的符号等方面制定统一的标准。本书依据的是现行国家标准《技术制图》和现行行业标准《水利水电工程制图标准》SL 73 中关于图幅、比例、图线、字体、尺寸注法等基本要求。

1. 图纸幅面及格式

(1) 图纸幅面

图纸幅面是指图纸本身的大小规格，简称图幅。为了便于图纸的保管与合理利用，制图标准对图纸的基本幅面作了规定，具体尺寸如表 1-1、图 1-1 及图 1-2 所示。

基本幅面及图框尺寸　　表 1-1

<table>
<tr><td colspan="2">幅面代号</td><td>A0</td><td>A1</td><td>A2</td><td>A3</td><td>A4</td></tr>
<tr><td colspan="2">幅面尺寸(宽×长)/(mm×mm)</td><td>841×1189</td><td>594×841</td><td>420×594</td><td>297×420</td><td>210×297</td></tr>
<tr><td rowspan="3">周边尺寸</td><td>e</td><td colspan="2">20</td><td colspan="3">10</td></tr>
<tr><td>c</td><td colspan="3">10</td><td colspan="2">5</td></tr>
<tr><td>a</td><td colspan="5">25</td></tr>
</table>

由表 1-1 可以看出，沿上一号幅面图纸的长边对折，即为下一号幅面图纸的大小。图幅在应用时若面积不够大，根据要求允许在基本幅面的短边成整数倍加长。同一项工程的图纸，不宜多于两种幅面。

(2) 图框格式

无论用哪种幅面的图纸绘制图样，均应先在图纸上用粗实线绘出图框，图形只能绘制在图框内。图框格式分为无装订边和有装订边两种，如图 1-1 和图 1-2 所示。图框周边尺寸如表 1-1 所示。

(3) 标题栏

图样中的标题栏是图样的重要内容之一，画在图纸右下角，外框线为粗实线，内部分格线为细实线，如图 1-3 所示。A0、A1 图幅可采用如图 1-3 (a) 所示标题栏；A2～A4

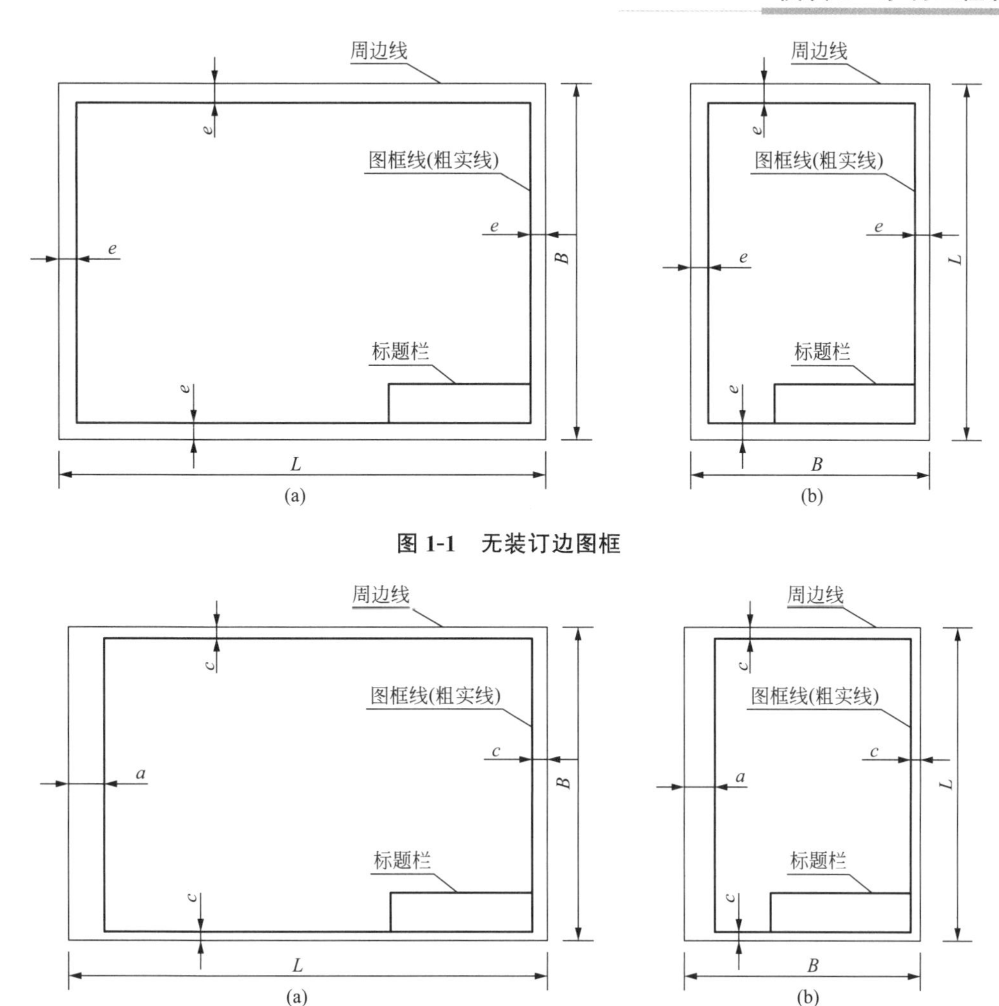

图 1-1　无装订边图框

图 1-2　有装订边图框

图幅可采用如图 1-3（b）所示标题栏。校内作业建议采用如图 1-4 所示标题栏。

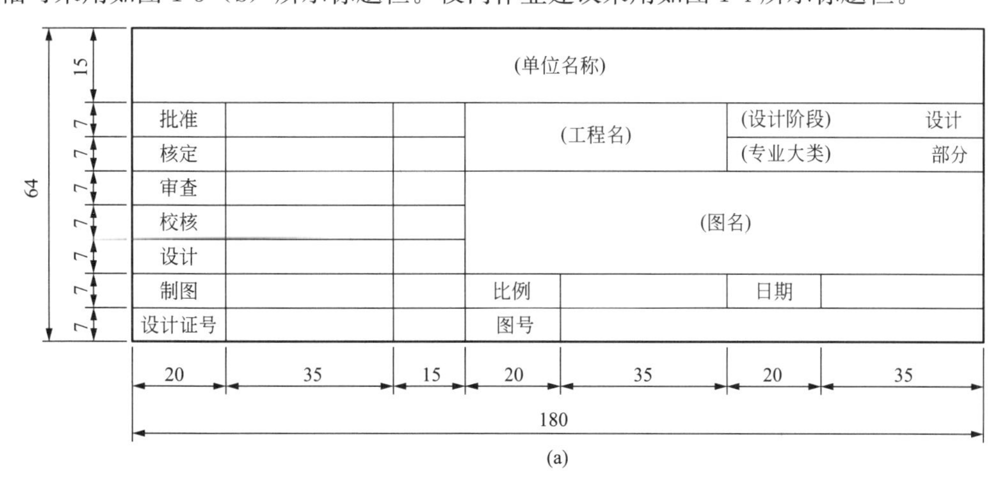

图 1-3　标题栏（一）

（a）标题栏（A0、A1）

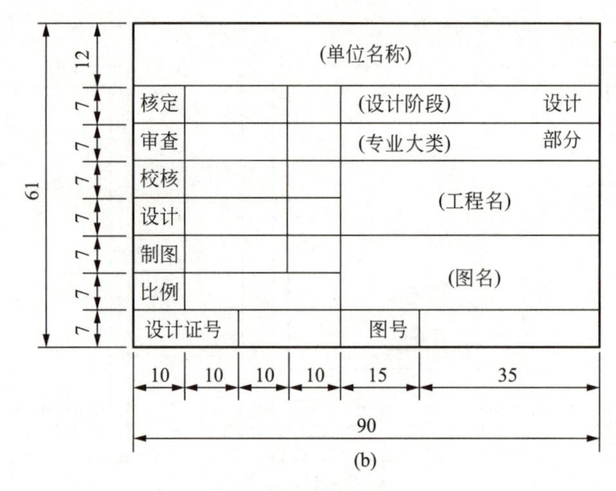

图 1-3　标题栏（二）

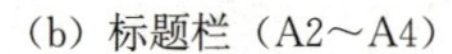
（b）标题栏（A2～A4）

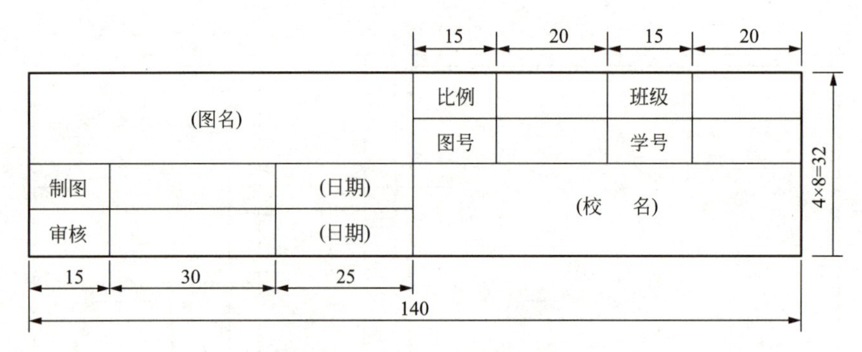

图 1-4　校内作业标题栏

（4）会签栏

会签栏是供各工种设计负责人签署单位、姓名和日期的表格。会签栏的内容、格式和尺寸如图 1-5（a）所示；会签栏一般宜在标题栏的右上方或左侧下方，如图 1-5（b）、（c）所示。不需会签的图纸，可不设会签栏。

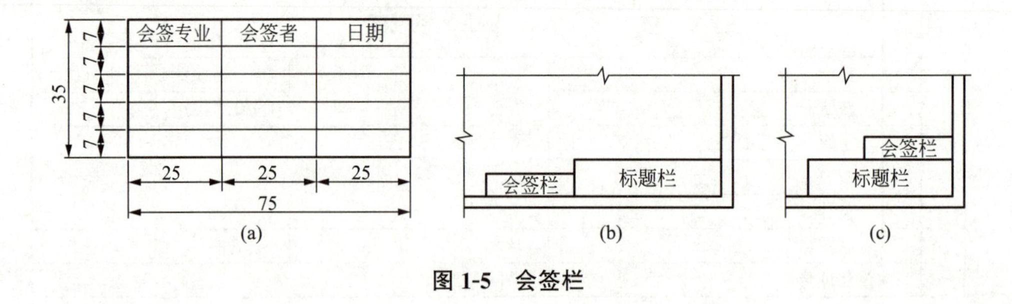

图 1-5　会签栏

2. 图线

（1）图线及其应用

画在图纸上的线条统称图线。在制图标准中对各种不同图线的名称、形式、宽度和应用都作了明确的规定，常用的几种图线线型和用途如表 1-2 所示。

图线线型和用途　　表 1-2

序号	图线名称	线型	线宽	一般用途
1	粗实线		b	(1)可见轮廓线； (2)钢筋； (3)结构分缝线； (4)材料分界线； (5)断层线； (6)岩性分界线
2	虚线	1~2mm 3~6mm	$b/2$	(1)不可见轮廓线； (2)不可见结构分缝线； (3)原轮廓线； (4)推测地层界限
3	细实线		$b/3$	(1)尺寸线和尺寸界线； (2)剖面线； (3)示坡线； (4)重合剖面的轮廓线； (5)钢筋图的构件轮廓线； (6)表格中的分格线； (7)曲面上的素线； (8)引出线
4	点画线	1~2mm 1~2mm 15~30mm	$b/3$	(1)中心线； (2)轴线； (3)对称线
5	双点画线		$b/3$	(1)原轮廓线； (2)假想投影轮廓线； (3)运动构件在极限或中间位置的轮廓线
6	波浪线		$b/3$	(1)构件断裂处的边界线； (2)局部剖视的边界线
7	折断线		$b/3$	(1)中断线； (2)构件断裂处的边界线

图线宽度的尺寸系列应为 0.18mm、0.25mm、0.35mm、0.5mm、0.7mm、1.0mm、1.4mm、2.0mm。基本图线宽度 b 应根据图形大小和图线密度选取，一般宜选用 0.35mm、0.5mm、0.7mm、1.4mm、2.0mm。

（2）图线的规定画法

1）同一图样中，同类图线的宽度应基本一致。虚线、点画线和双点画线的线段长度和间隔应各自大致相等。

2）点画线、双点画线的两端应是线段而不是点，当在较小图形中绘制有困难时，可用细实线代替。

3）画图时应注意图线相交、相接和相切处的规定画法，如表 1-3 所示。

图线的画法 表 1-3

图线间关系	图形示例	说明
虚线在粗实线延长线上		虚线为实线的延长线时，粗实线应画到分界点，留间隙后再画虚线
图线相交		虚线与虚线交接或虚线与其他图线交接时，应是线段交接
虚线相切		圆弧虚线与直虚线相切时，圆弧虚线应画至切点处，留空隙后再画直虚线
点画线与轮廓线相交		①点画线或双点画线的两端不应是点，点画线与点画线或其他图线相交时，应是线段相交 ②点画线或双点画线，当在较小图形中绘制有困难时，可用实线代替

（3）剖面线的画法

水利工程中使用的建筑材料类别很多，画剖视图与断面图时，必须根据建筑物所用的材料画出建筑材料图例，称为剖面材料符号，以区别材料类别，方便施工。常见建筑材料图例如表 1-4 所示。

常见建筑材料图例 表 1-4

材料		符号	说明	材料	符号	说明
水、液体			用尺画水平细线	岩基		用尺画
自然土壤			徒手绘制	夯实土		斜线为 45° 细实线，用尺画
混凝土			石子带有棱角	钢筋混凝土		斜线为 45° 细实线，用尺画
干砌块石			石缝要错开，空隙不涂黑	浆砌块石		石缝间空隙涂黑
卵石			石子无棱角	碎石		石子有棱角
木材	纵纹		徒手绘制	砂、灰、土、水泥砂浆		点为不均匀的小圆点
	横纹					
金属			斜线为 45° 细实线，用尺画	塑料、橡胶及填料		斜线为 45° 细实线，用尺画

3. 字体

图样中除了绘制图线外，还要用汉字填写标题栏与说明事项，用数字标注尺寸，用字母注写各种代号或符号。制图标准对图样中的汉字、数字和字母的大小及字型作出规定，并要求书写时必须做到字体工整、笔画清楚、间隔均匀、排列整齐。

字体的大小以字号表示，字号就是字体的高度。图样中字体的大小应依据图幅、比例等情况从制图标准中规定的下列字号中选用：2.5mm、3.5mm、5mm、7mm、10mm、14mm、20mm。字宽一般为字高的 7/10～8/10 倍。

（1）汉字

汉字应采用国家正式公布的简化字，字体宜采用仿宋体。在同一图样上，宜采用一种形式的字体。仿宋体字的特点是：笔画粗细一致，挺拔秀丽，易于硬笔书写，便于阅读。书写要领是：横平竖直，起落有锋，结构匀称，填满方格。长仿宋体字示例如表 1-5 所示。

长仿宋体字的基本书写方法　　表 1-5

基本笔画	点	横	竖	撇	捺	挑	钩	折
形状								
写法								
字例	点溢	王	中	厂千	分建	均	才戈	国出

（2）数字和字母

数字和字母可以写成直体，也可以写成与水平线成 75°的斜体。工程图样中常用斜体，但与汉字组合书写时，则宜采用直体。数字和字母示例如图 1-6 所示。

4. 尺寸标注

图样除反应物体的形状外，还需注出物体的实际尺寸，以作为工程施工的依据。尺寸标注是一项十分重要的工作，必须认真仔细，准确无误，严格按照制图标准中的有关规定。如果尺寸有遗漏或错误，将会给施工带来困难和损失。

（1）尺寸组成

完整的尺寸包括四个要素：尺寸界线、尺寸线、尺寸起止符号和尺寸数字，如图 1-7 所示。

ABCDEFGHIJKLMNOPQ （拉丁字母大写斜体）
abcdefghijklmnopqrst （拉丁字母小写斜体）
0123456789　0123456789（阿拉伯字母斜、直体）
I II III IV V VI VII VIII IX X （罗马字母斜体）

图 1-6　数字和字母

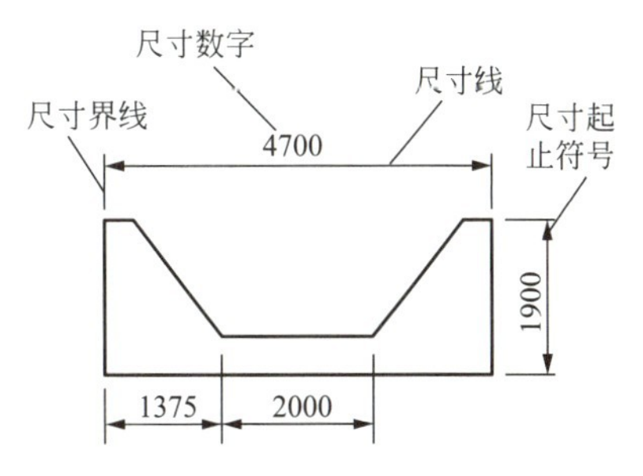

图 1-7　尺寸标注四要素

1）尺寸界线。尺寸界线用细实线绘制，一般自图形的轮廓线、轴线或中心线处引出，与被标注的线段垂直。轮廓线、轴线或中心线也可以作为尺寸界线。引出线与轮廓线之间一般留有 2～3mm 间隙，并超出尺寸线 2～3mm。

2）尺寸线。尺寸线用于表示尺寸的方向，用细实线绘制。尺寸线两端应指到尺寸界线，与被注的轮廓线等长且平行。互相平行的尺寸线，按尺寸由小到大的顺序从轮廓线由近向远整齐排列，最近的尺寸线与轮廓线之间的距离不宜小于 10mm，平行尺寸线之间的间距为 7～10mm，并应保持一致。尺寸线必须单独画出，不能用图样中任何图线代替。

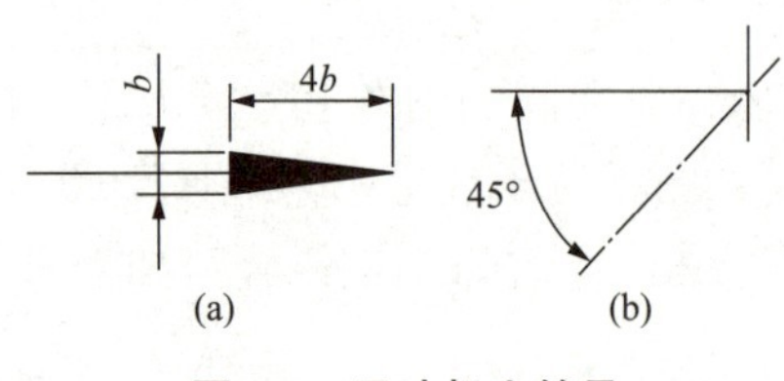

图 1-8　尺寸起止符号

3）尺寸起止符号。尺寸起止符号用于表示尺寸的起止点，一般采用箭头，形式如图 1-8（a）所示；必要时可以用与尺寸界线成 45°倾角、长度为 3mm 的细实线表示，如图 1-8（b）所示。当尺寸线两端采用 45°细短划线时，尺寸线与尺寸界线必须垂直。在同一张图纸上，宜采用一种尺寸起止符号。半径、直径、角度和弧长等尺寸起止符号必须使用箭头。连续尺寸的中间部分无法画箭头时，可用小黑圆点代替。

4）尺寸数字。尺寸数字表示物体的真实大小，用阿拉伯数字注写在尺寸线上方的中部，当尺寸界线之间的距离较小时，也可用引线引出注写。水平方向的尺寸，尺寸数字要写在尺寸线的上方，字头朝上；竖直方向的尺寸，尺寸数字要写在尺寸线的左侧，字头朝左，如图 1-9（a）所示；倾斜方向的尺寸，尺寸数字注写方法如图 1-9（b）所示。尽可能避免在如图 1-9（b）所示的 30°范围内标注尺寸，当无法避免时可按图 1-9（c）的形式标注。尺寸数字不可被任何图线或符号所通过，当无法避免时，必须将其他图线或符号断开，如图 1-9（d）所示。

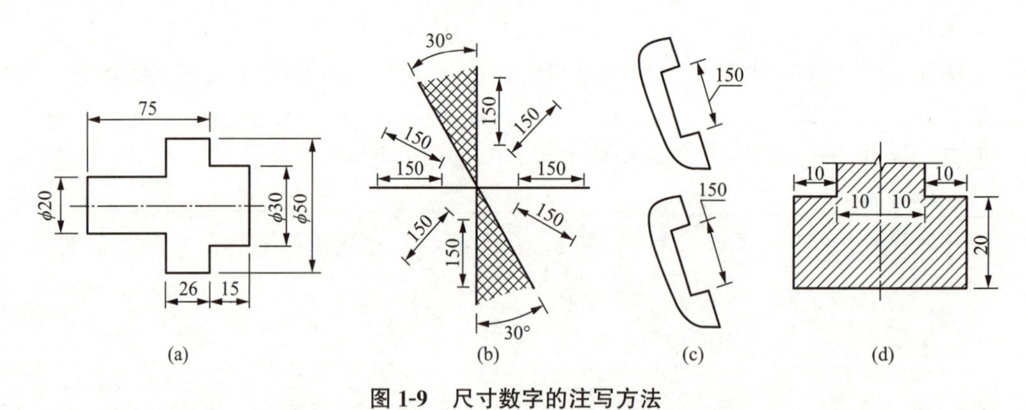

图 1-9　尺寸数字的注写方法

（a）水平和竖直方向尺寸；（b）倾斜方向尺寸；（c）30°范围内尺寸数字注写方法；（d）断开图线注写尺寸数字

图样中标注的尺寸单位，除标高、桩号及规划图、总布置图的尺寸以米为单位外，其余尺寸均以毫米为单位，图中不必说明。若采用其他尺寸单位，则必须在图纸中加以说明。

（2）常见尺寸标注方法

1）直线段的尺寸标注如图 1-10 所示。

2）角度的尺寸标注如图 1-11 所示。

3）圆和圆弧的尺寸标注如图 1-12 所示。

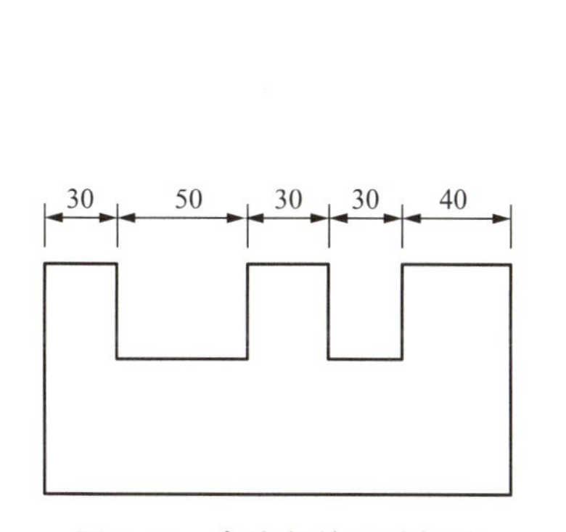

图 1-10　直线段的尺寸标注

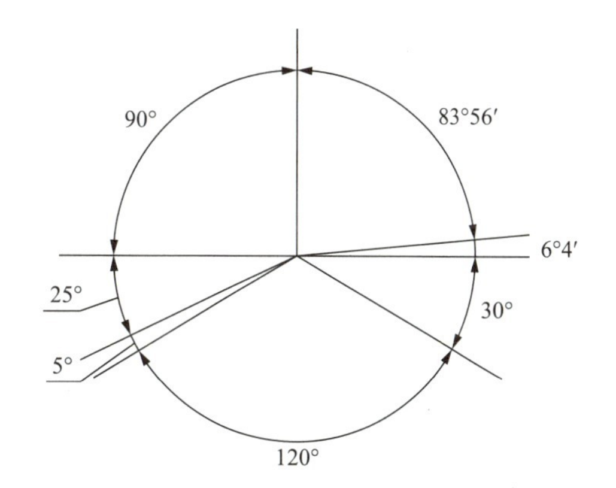

图 1-11　角度的尺寸标注

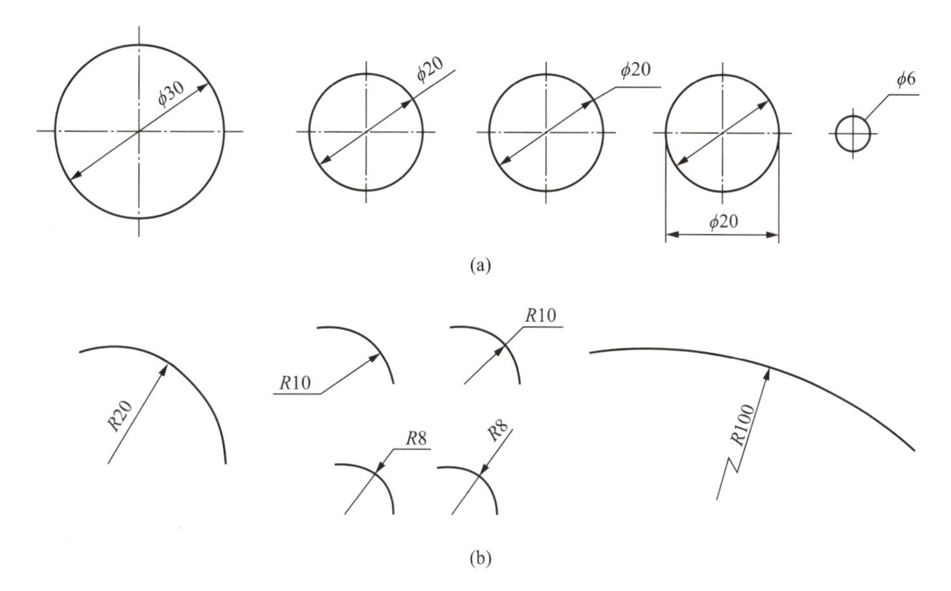

图 1-12　圆和圆弧的尺寸标注

5. 比例

工程建筑物的尺寸一般都很大，不可能都按实际尺寸绘制，所以用图样表达物体时，需选用适当的比例将图形缩小。而有些机件的尺寸很小，则需要按一定比例放大。

图样中图形与实物相对应的线性尺寸之比即为比例。比值为 1 称为原值比例，即图形与实物同样大；比值大于 1 称为放大比例，如 2∶1，即图形是实物的两倍大；比值小于 1 称为缩小比例，如 1∶2，即图形是实物的一半大。绘图时所用的比例应根据图样的用途和被绘对象的复杂程度，采用《水利水电工程制图标准　基础制图》SL 73.1—2013 规定的比例，如表 1-6 所示，并优先选用表中常用比例。

水利工程制图规定比例 表 1-6

<table>
<tr><th>种类</th><th>选用</th><th colspan="4">比例</th></tr>
<tr><td>原值比例</td><td>常用比例</td><td colspan="4">1∶1</td></tr>
<tr><td rowspan="2">放大比例</td><td>常用比例</td><td>2∶1</td><td colspan="2">5∶1</td><td>(10×n)∶1</td></tr>
<tr><td>可用比例</td><td colspan="2">2.5∶1</td><td colspan="2">4∶1</td></tr>
<tr><td rowspan="2">缩小比例</td><td>常用比例</td><td>1∶10^n</td><td colspan="2">1∶2×10^n</td><td>1∶5×10^n</td></tr>
<tr><td>可用比例</td><td>1∶1.5×10^n</td><td>1∶2.5×10^n</td><td>1∶3×10^n</td><td>1∶4×10^n</td></tr>
</table>

注 n 为正整数。

图样中的比例只反映图形与实物大小的缩放关系，图中标注的尺寸数值应为实物的真实大小，与图样的比例无关。如图 1-13 所示，三个图形比例不同，但是标注的尺寸数字完全相同，即它们表达的是形状和大小完全相同的一个物体。

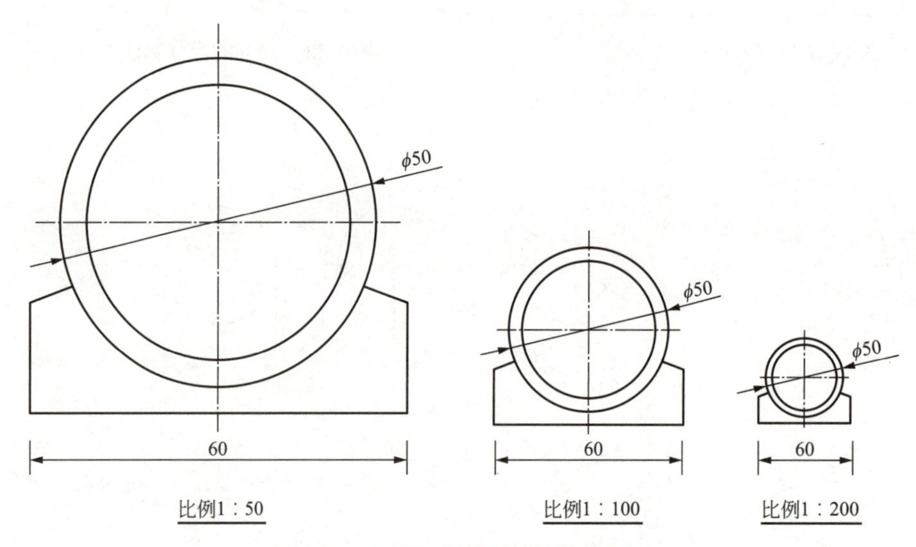

图 1-13 不同比例绘制的涵管横断面

当整张图纸中只用一种比例时，应统一注写在标题栏内。否则应分别注写在相应图名的右侧或下方，比例的字高应较图名字体小 1 号或 2 号，如图 1-14 所示。

平面图 1：500 或 平面图
1：500

图 1-14 比例的注写

1.1.2 标高投影

水工建筑物是修建在地面上的，因此在水利工程的设计和施工前，常需在地形图上表示工程建筑物和图解的有关问题。但地面形状是复杂的，且一般水平尺寸比高度尺寸大得多，用多面正投影或轴测图都很难表达清楚。因此，人们在生产实践中总结了一种适合于表达复杂曲面和地形面的投影——标高投影。

用多面正投影表达物体时，当水平投影确定以后，其他投影主要用于表达物体上各特征点、线、面高度。如能在物体水平投影中直接注明这些特征点、线、面的高度，那么只用一个水平投影也完全可以确定该物体的空间形状和位置。如图 1-15（a）所示的正四棱台可以用图 1-15（b）表示：在其水平投影上标出其上、下底面的高程数值 2.400 和 0.000，为了增强图形的立体感，斜面上画上示坡线，为度量其水平投影的大小，还需标明绘图比例或绘制出比例尺。这种用水平投影加注高程数值来表示空间形体的单面正投影称为标高投影。标高投影图包括水平投影、高程数值、绘图比例三要素。

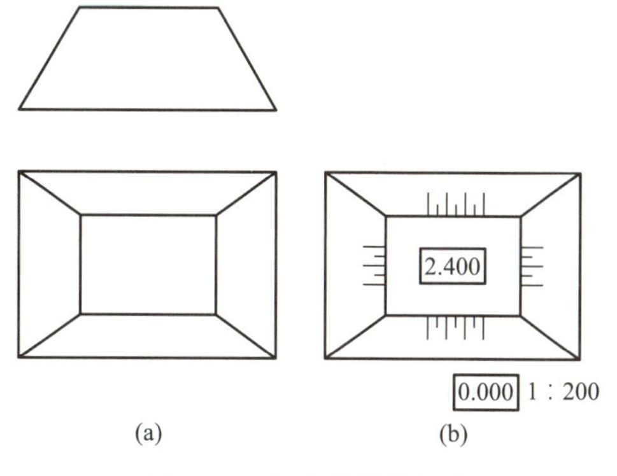

图 1-15　标高投影的概念

标高投影图中的高程数值称为高程或标高，它是以某水平面作为计算标准的，标准规定基准面高程为零，基准面以上高程为正，基准面以下高程为负。在水利工程图中一般采用与测量一致的基准面（即青岛黄海海平面），以此为基准的高程称为绝对高程；以其他面为基准标出的高程称为相对高程。标高的常用单位是米，一般不需注明。

1. 点、直线、平面标高投影

1. 点的标高投影

如图 1-16（a）所示，首先选择水平面 H 为基准面，规定其高程为零，点 A 在 H 面上方 3m，点 B 在 H 面上方 5m，点 C 在 H 面下方 2m。若在 A、B、C 三点水平投影的右下角注上其高程数值即 a_3、b_5、c_{-2}，再加上图示比例尺，就得到 A、B、C 三点的标高投影，如图 1-16（b）所示。

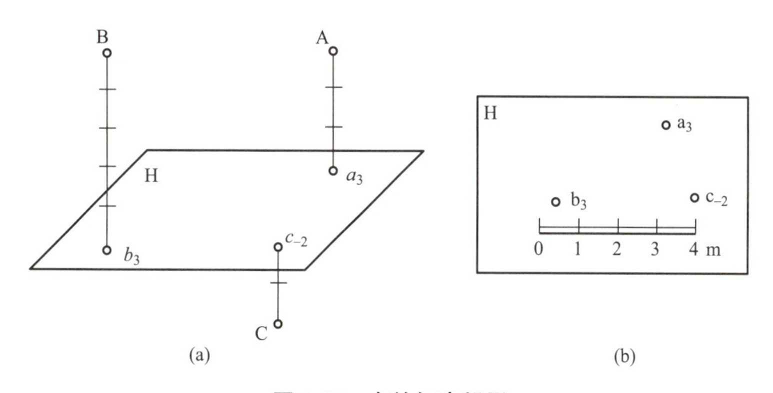

图 1-16　点的标高投影

2. 直线的标高投影

（1）直线的坡度和平距

直线上任意两点间的高差与水平投影长度之比称为直线的坡度，用 i 表示。如图 1-17 所示，直线两端点 A、B 的高差为 ΔH，水平投影长度为 L，直线 A、B 对 H 面的倾角为 α，则得：

$$i=\frac{\Delta H}{L}=\tan\alpha$$

图 1-17 中 AB 直线的高差为 2m，水平投影长度为 4m（用比例尺在图中量得），则该

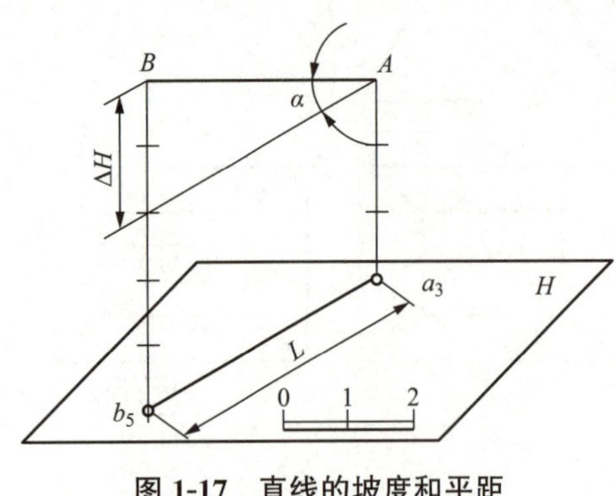

图 1-17　直线的坡度和平距

直线的坡度 $i=2/4=1/2$，常写成 1∶2 的形式。

直线的平距是指直线上两点的高差为 1m 时水平投影长度的数值，平距用 l 表示。即：

$$l=\frac{L}{\Delta H}=\cot\alpha$$

由此可见，平距与坡度互为倒数，它们均可反映直线对 H 面的倾斜程度。如图 1-17 中直线的坡度 $i=1:2$，则平距 $l=2$，即此直线上两点的高度差为 1m 时，其水平投影长度为 2m。

（2）直线的表示方法

直线的空间位置可由直线上的两点确定，或由直线上的一点及直线的方向来确定，相应的直线在标高投影中也有两种表示方法：

1）用直线上两点的高程和直线的水平投影表示，如图 1-18（a）所示。

2）用直线上一点的标高投影和直线的方向来表示，直线的方向规定用坡度和箭头来表示，箭头指向下坡方向，如图 1-18（b）所示。

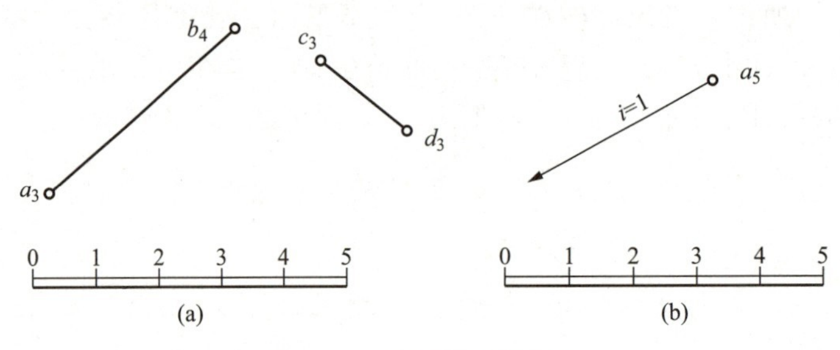

图 1-18　直线的标高投影

（3）直线上高程点的求法

在已知直线中，因直线的坡度是一定的，所以已知直线上任意一点的高程就可以确定该点标高投影的位置，已知直线上某点高程的位置，就能计算出该点的高程。

【例 1-1】 如图 1-19（a）所示，已知直线 AB 的标高投影 $a_{8.5}$、$b_{3.5}$，求点 C 的高程和直线 AB 上各整数高程点的投影。

分析：

因直线的标高投影已知，所以可求出该直线的坡度 i 与平距 l。根据 $\Delta H=i\times l$，在图中量取 L_{AC}，即可得 ΔH_{AC}，进而求出点 C 的高程。直线段上各整数高程点的标高投影可用计算法或图解法求得。

作图：

1）求点 C 的高程。其方法如下：

由已知得：$\Delta H_{AB}=8.5-3.5=5\text{m}$，用图中比例尺量得 $L_{AB}=10\text{m}$、$L_{AC}=2.5\text{m}$，

计算直线坡度：$i=\frac{\Delta H_{AB}}{L_{AB}}=\frac{5}{10}=\frac{1}{2}$

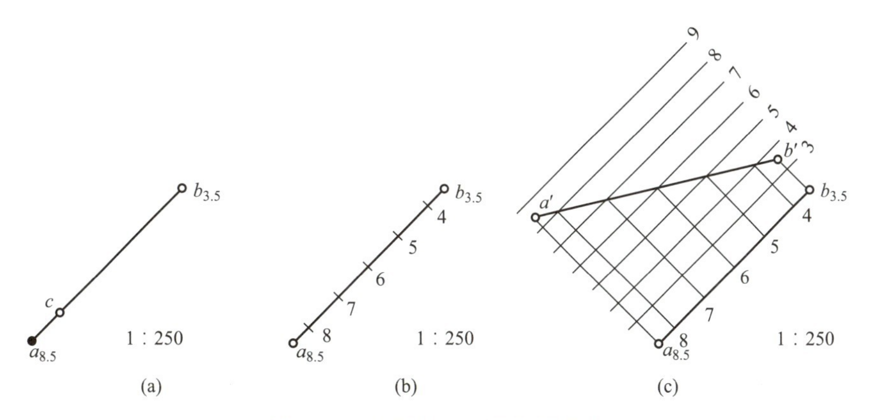

图1-19　求直线上的整数高程点

计算直线平距：$l_{AB}=\frac{1}{i}=2$

计算A、C两点高差：$\Delta H_{AC}=L_{AC}\times i=2.5\times\frac{1}{2}=1.25\text{m}$

计算C点的高程：$H_C=H_A-\Delta H_{AC}=8.5-1.25=7.25\text{m}$

2）求整数高程点。其方法如下：

计算法：如图1-19（b）所示，因 $l=2$，可知高程为4、5、6、7、8各点间的水平距离均为2m，高程8m的点与高程8.5m的点A之间的距离 $L=\Delta H\times l=(8.5-8)\times 2=1\text{m}$。从 $a_{8.5}$ 沿ab方向依次量取1m和4个2m就得到高程为8、7、6、5、4m的整数高程点。

图解法：如图1-19（c）所示，作辅助铅垂面V//AB，在V面上画出直线AB的V面投影a′b′，从a′b′与各整数标高的水平线的交点，向ab作垂线，垂足8、7、6、5、4即为直线上的整数高程点的投影。作辅助正投影时所采用的比例尺与标高投影的比例一致，则a′b′反映实长，它与水平线的夹角反映直线AB对H面的倾角。

3. 平面的标高投影

（1）平面的等高线和坡度线

平面上的等高线是平面上高程相同点的集合，即是该平面上的水平线，也可以看成是水平面与该面的交线。图1-20（a）所示为平面P内等高线的空间情况，图1-20（b）是平

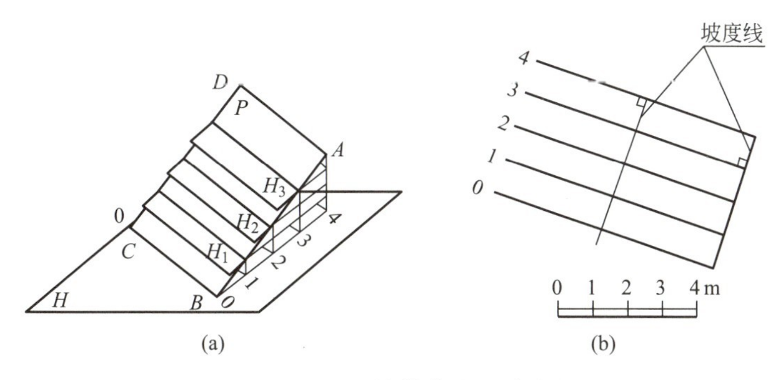

图1-20　平面的等高线和坡度线

面 P 内等高线的标高投影。当相邻等高线的高差为 1m 时，等高线间的水平距离 l 称为等高线的平距。

从图中可以看出平面上等高线有以下特性：

1）等高线是直线；

2）等高线相互平行；

3）等高线间高差相等时，其水平间距也相等。

平面上垂直于等高线的直线就是平面上的坡度线，坡度线是平面内对 H 面的最大斜度线，有以下特性：平面上的坡度线与等高线的标高投影垂直，如图 1-20（b）所示。因为直线 AB 垂直于等高线 BC，可知 ab⊥bc。平面上坡度线的坡度代表该平面的坡度，坡度线对 H 面的倾角 α 代表平面对 H 面的倾角 α，坡度线的平距就是平面上等高线的平距。

（2）平面的表示方法

在标高投影中，平面用几何元素的标高投影来表示。常用的表示方法是：

1）用平面上一条等高线和一条坡度线（或两条等高线）来表示平面，如图 1-21（b）所示，其空间位置如图 1-21（a）中 AEDC 平面。

2）用平面上的一条倾斜直线和平面的坡度以及大致坡向来表示平面，如图 1-21（d）所示。其空间位置如图 1-21（a）中 ABC 平面。

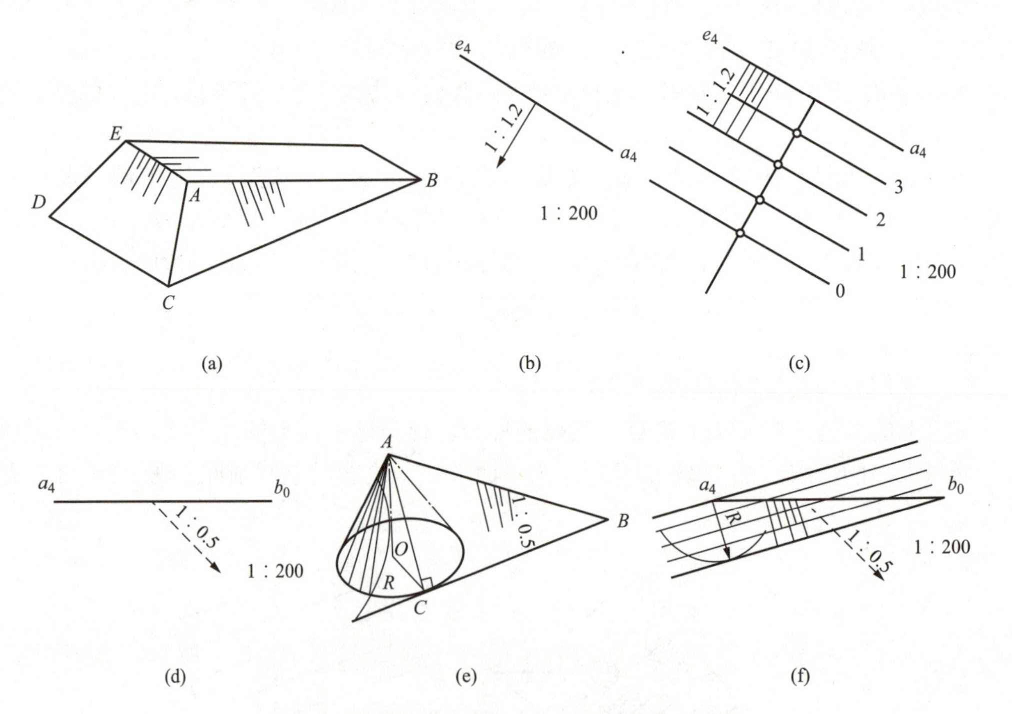

图 1-21　平面的表示方法及平面内等高线的求法

（a）平面的空间情况；（b）平面的表示方法一；（c）平面的表示方法一求作等高线；（d）平面的表示方法二；（e）表示方法二求作等高线的空间概念；（f）平面表示方法二求作等高线

3）平面内等高线的求法

在实际工程中，绘制标高投影图时常需画出平面上一系列的等高线，平面的表示方法不同，求作平面内等高线的方法也不同。

【例 1-2】 求作图 1-21（b）所示平面内高程为 3、2、1、0 的等高线，并画出示坡线。

分析：

根据平面上等高线的特性可知，所求等高线与已知等高线 a_4e_4 平行，又知该平面的坡度（即坡度线的坡度）为 1∶1.2，所以求作该平面上的等高线，只需在坡度线上求作。

作图：

如图 1-21（a）所示，根据坡度 $i=1:1.2$，已知 $l=1.2$，沿坡度线的方向从高程为 4 的点，依次量取 4 个平距，即得该坡度线上高程为 3、2、1、0 的点。过各点作已知等高线 a_4e_4 的平行线，即得平面内高程为 3、2、1、0 的等高线。然后画出该平面上的示坡线，示坡线垂直于等高线，与坡度线方向一致，由高指向低，用细实线表示，长短相间，相互平行。

【例 1-3】 已知图 1-21（d）所示平面内一条倾斜直线 a_4b_0 和平面的坡度 $i=1:0.5$，其中虚线的箭头表示平面的大致坡向，试作平面上高程为 3、2、1、0 的等高线，并画出示坡线。

分析：

求作用一条倾斜直线、平面的坡度及大致坡向来表示的平面内的等高线，应先求出平面上任一条等高线，然后可采用例 1-2 的解法。本题中，已知点 A 的高程为 4，点 B 的高程为 0，平面的坡度 $i=1:0.5$，即平面上坡度线的坡度为 1∶0.5，但其坡度线的准确方向需先作出平面上的等高线后才能确定，该平面上高程为 0 的等高线必通过点 b_0，且与 a_4 相距 $L=l\times\Delta H=0.5\times4=2$m。

求作该平面上高程为 0 的等高线的方法可理解为：如图 1-21（e）所示，以点 A 为锥顶，作一素线坡度为 1：0.5 的正圆锥，此圆锥与高程为 0 的水平面交于一圆，此圆半径为 2m，从点 B 作该圆的切线即为该平面上高程为 0 的等高线。

作图：

如图 1-21（f）所示，以 a_4 为圆心，以 $R=2$m 为半径画圆，然后由 b_0 向该圆作切线，即得该平面上高程为 0 的等高线。过 a_4 作高程为 0 的等高线的垂线即为平面的坡度线。然后按上题方法依次求出其他等高线，并画出示坡线。

4）平面与平面的交线

在标高投影中，求两平面的交线时，通常采用水平面作为辅助面。水平辅助面与两相交平面的截交线是两条相同高程的等高线。由此可得：两平面同高程等高线的交点就是两平面的共有点。求出两个共有点，就可以确定两平面交线的投影。如图 1-22（a）所示，求作两平面 P、Q 的交线，可假想先作出两个水平辅助面 H_{20} 和 H_{25} 与 P、Q 两平面相交，得两组等高线 20 和 25，画出两组等高线然后把同高程等高线的交点 A、B 相连，即得 P、Q 两平面的交线 AB。其标高投影如图 1-22（b）所示。

在实际工程中，把建筑物两平面的交线称为坡面交线，坡面与地面的交线称为坡脚线（填方边界线）或开挖线（挖方边界线）。

【例 1-4】 已知地面高程为 10m，基坑底面高程为 6m，坑底的大小形状和各坡面坡度

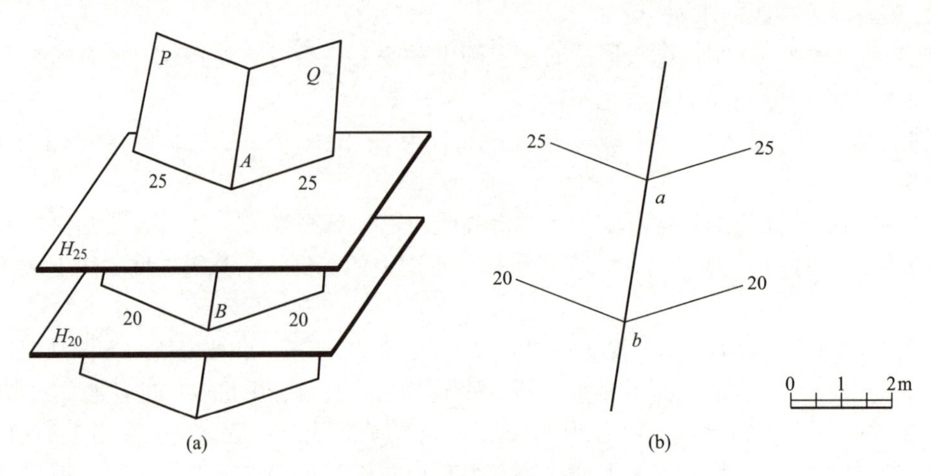

图 1-22　两平面的交线

如图 1-23（a）所示，完成基坑开挖后的标高投影图。

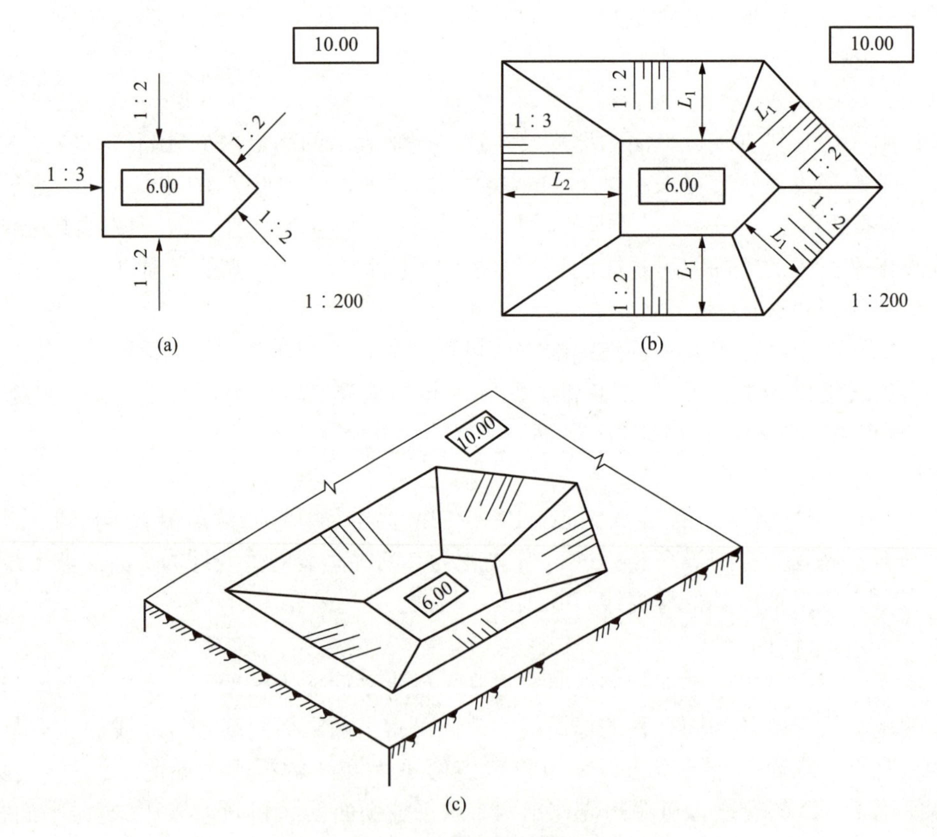

图 1-23　基坑的标高投影

分析：

本题需求两类交线：一类是开挖线即各坡面与地面的交线，故交线是各坡面高程为 10m 的等高线，共 5 条直线。因各坡面都是用一条等高线和一条坡度线来表示的，所以求作各开挖线只需沿坡度线找到 10m 的高程点，然后作已知等高线的平行线即可得。另一类是坡面交线即相邻坡面的交线，它是相邻坡面上两组同高程等高线的交点的连线，共 5 条直线，如图 1-23（c）所示。

作图：

1）求开挖线。坑底边线是各坡面高程为 6m 的等高线。开挖线是各坡面高程为 10m 的等高线，两等高线的水平距离 $L=\Delta H\times l=4\times l$，当 $l=2$ 时，$L_1=2\times4=8$m；当 $l=3$ 时，$L_2=3\times4=12$m。根据所求的水平距离按图示比例尺沿各坡面坡度线分别量取 $L_1=8$m 和 $L_2=12$m，得各坡面上的 10m 高程点，过点作坑底边平行线，完成作图，如图 1-23（b）所示。

2）求坡面交线。直线连接相邻两坡面同高程等高线的交点，即得相邻两坡面交线。共 5 条坡面交线，如图 1-23（b）所示。

【例 1-5】 如图 1-24（a）所示，在高程为 0m 的地面上修建一平台，台顶高程为 4m，从台顶到地面有一斜坡引道，坡度为 1∶3.5，平台的坡面为 1∶1.5，斜坡引道两侧的坡度为 1∶1，试完成平台和斜坡道的标高投影图。

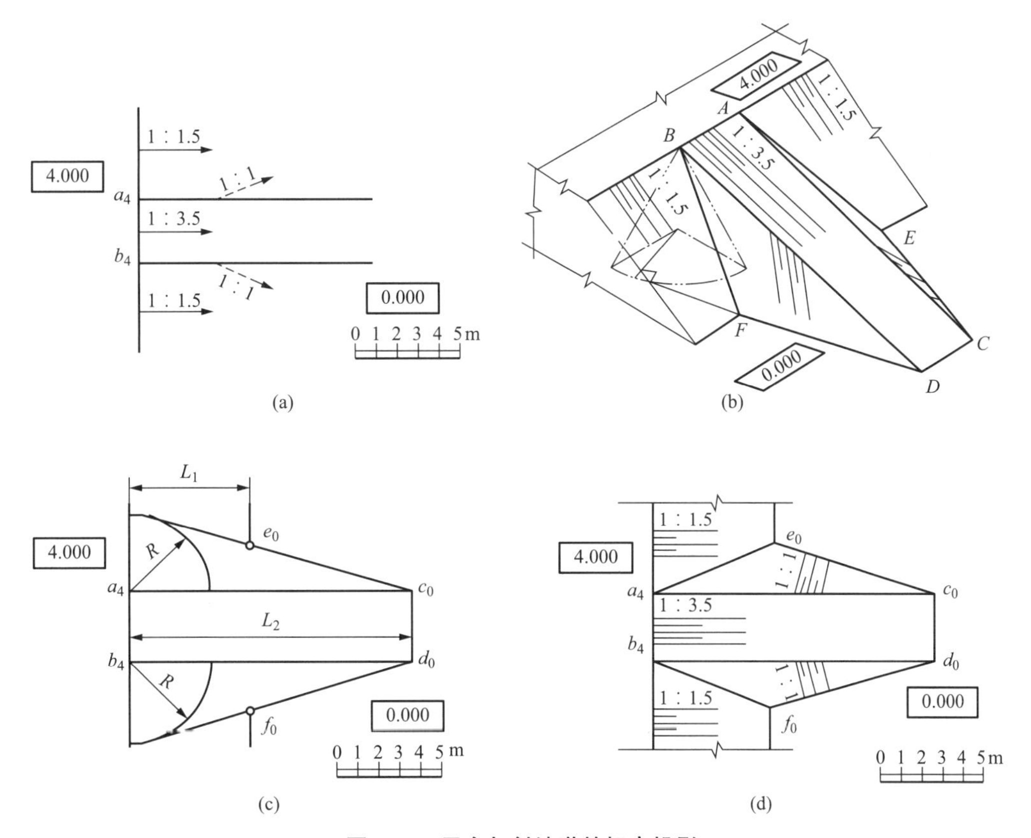

图 1-24　平台与斜坡道的标高投影

（a）已知条件；（b）空间分析；（c）求作坡脚线；（d）画出坡面交线与示坡线，完成作图

分析：

本题需求两类交线：一类是坡脚线即各坡面与地面的交线，故交线是各坡面高程为 0 的等高线，共 5 条直线。其中平台坡面和斜坡道是用一条等高线和一条坡度线来表示的；

斜坡道两侧是用一条倾斜直线、坡面的坡度及大致坡向来表示的，其坡面上 0 高程等高线可用前述相应的方法求作。另一类是坡面交线即斜坡道两侧坡面与平台边坡的交线，为两条直线，如图 1-24（b）所示。

作图：

1）求坡脚线。平台坡面的坡脚线和斜坡道顶面的坡脚线求法是：由高差 4m，求出其水平距离 $L_1=1.5\times4=6\text{m}$，$L_2=3.5\times4=14\text{m}$，根据所求的水平距离按图示比例尺沿各坡面坡度线分别量得各坡面上的 0 高程点，作坡面上已知等高线的平行线即可。斜坡道两侧坡度线的求法是：分别以 a_4、b_4 为圆心，$R=1\times4=4\text{m}$ 为半径画圆弧，再由 d_0、c_0 向两圆弧作切线，即为斜坡道两侧的坡脚线，如图 1-24（c）所示。

2）求坡面交线。平台坡面和斜坡道两侧坡面坡脚线的交点 e_0、f_0 就是平台坡面和斜坡道两侧坡面的共有点，a_4、b_4 也是平台坡面和斜坡道两侧坡面的共有点，连接 e_0a_4、f_0b_4 即为坡面交线。画出各坡面的示坡线，完成作图，如图 1-24（d）所示。

2. 正圆锥面标高投影

（1）正圆锥面的表示法

正圆锥面的标高投影也是用一组等高线和坡度线来表示的。正圆锥面的素线是锥面上的坡度线，所有素线的坡度都相等。正圆锥面上的等高线即圆锥面上相同高程点的集合，用一系列等高差水平面和圆锥面相交即得。其等高线是一组水平圆，如图 1-25（a）所示。将这些水平圆向水平面投影并注上相应的高程，就得到正圆锥面的标高投影，如图 1-25（b）所示。高程数字的字头规定朝向高处。正圆锥面的标高投影也可用一条等高线和坡度线来表示。如图 1-25（c）所示为半圆台面的标高投影图，锥面上示坡线方向与坡度线方向一致，用细实线绘制。

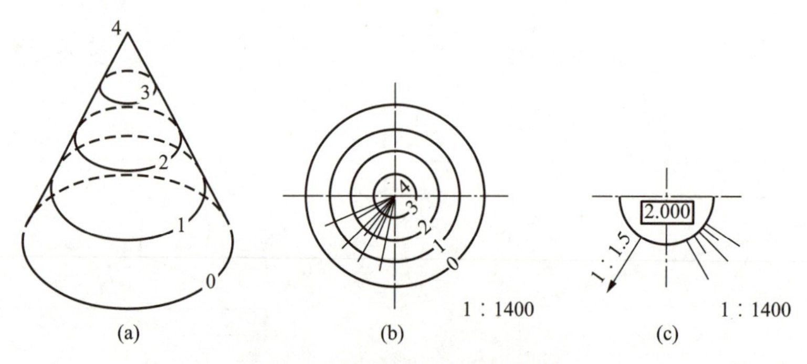

图 1-25　正圆锥面的标高投影

（a）空间分析；（b）正圆锥面的标高投影图；（c）半圆台面的标高投影图

正圆锥面的等高线具有如下特性：

1）等高线是同心圆；

2）高差相等时，等高线间的距离也相等；

3）当圆锥面正立时，等高线越靠近圆心，其高程数字越大；当圆锥倒立时，等高线越靠近圆心，其高程越小。

（2）正圆锥面的交线

在土石方施工中，常将建筑物的侧面做成坡面，而在转角处做成与侧面坡度相同的圆锥面，如图 1-26 所示。

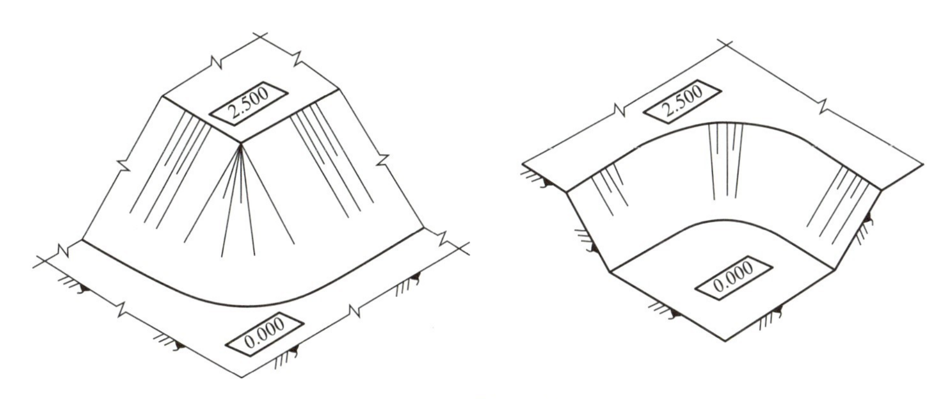

图 1-26　正圆锥面的应用

【例 1-6】 在土坝与河岸的连接处，常用圆锥面护坡。如图 1-27（a）所示，各坡面坡度已知，河底高程为 118.00m，河岸、土坝、圆锥台顶面高程为 130.00m，完成该连接处的标高投影。

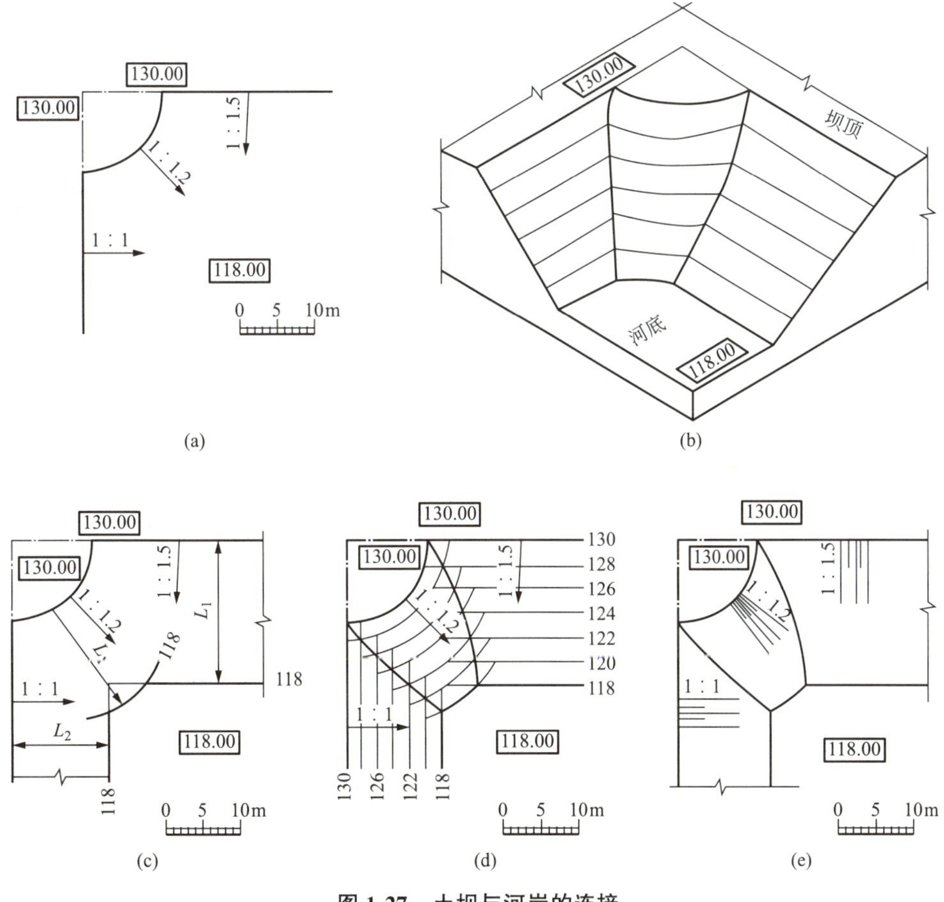

图 1-27　土坝与河岸的连接

（a）已知条件；（b）空间分析；（c）求作坡脚线；（d）求作坡面交线；（e）画出示坡线，完成作图分析：

本题需求两类交线：一类是坡脚线。其中两斜面与河底面的交线是直线，圆锥面与河底面的交线是圆曲线，共 3 条线。另一类是坡面交线。即两斜面与圆锥面的交线，都是非圆曲线，共 2 条线，如图 1-27（b）所示。

作图：

1）求作坡脚线。因河底面是水平面，各坡面与河底面的交线是各坡面上高程为 118.00m 的等高线，坝顶轮廓线是各坡面上高程为 130.00m 的等高线，两等高线的水平距离为：

$$L_{坝坡}=\Delta H/i_1=(130-118)/(1/1.5)=18\text{m}$$

$$L_{河坡}=\Delta H/i_2=(130-118)/(1/1)=12\text{m}$$

$$L_{锥坡}=\Delta H/i_3=(130-118)/(1/1.2)=14.4\text{m}$$

沿各坡面上坡度线的方向量取相应的水平距离，即可作出各坡面的坡脚线。其中圆锥面的坡脚线是圆锥台顶圆的同心圆，如图 1-27（c）所示。

2）求作坡面交线。在各坡面上作出高程为 128.00、126.00……一系列等高线，得相邻面上同高程等高线的一系列交点，即为坡面交线上的点，如图 1-27（d）所示。依次光滑地连接各点，即得交线。画出各坡面的示坡线，加深完成全图，如图 1-27（e）所示。

3. 地形面的标高投影

（1）地形面的表示法

地形面的标高投影是用一组地形等高线来表示的。地形等高线即地面上高程相同的点的集合，用一系列高差相等的水平面切割地形面，即得一组等高线，如图 1-28（a）所示。画出这些等高线的水平投影，注明每条线的高程，并绘出绘图比例和指北针，就得到地形面的标高投影图，又称地形图，如图 1-28（b）所示。地形面上等高线的高程数字的字头

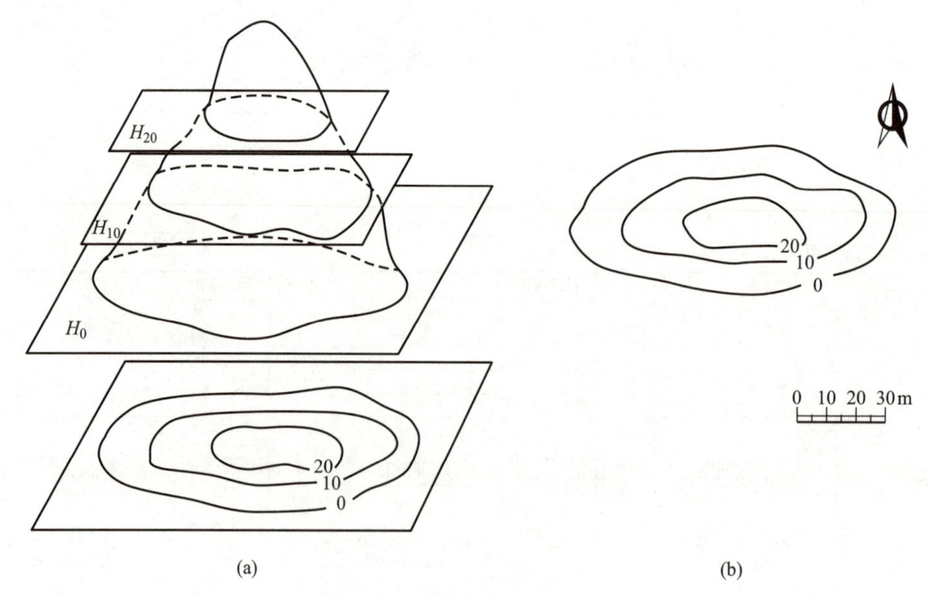

图 1-28　地形面的标高投影

（a）空间分析；（b）地形面的标高投影

按规定指向上坡方向。

从图中可以看出地形图上的等高线有以下特性：

1）等高线是封闭的不规则曲线。

2）一般情况下（除悬崖、峭壁等特殊地形外），相邻等高线不相交、不重合。

3）在同一张地形图中，等高线越密，表示该处地面坡度越陡，等高线越稀，表示该处地面坡度越缓，如图 1-29 所示。

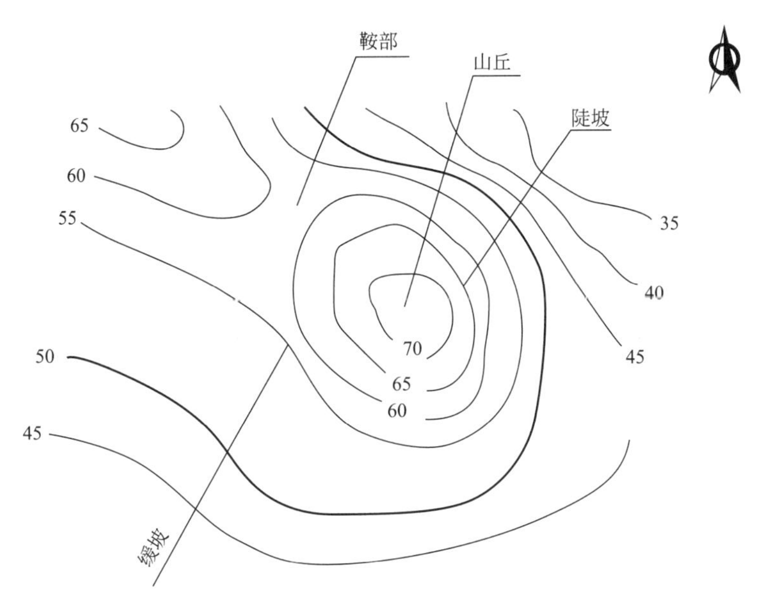

图 1-29　地形图上的等高线

（2）地形断面图

用一铅垂面剖切地形面，画出剖切面与地形面的交线及材料图例，称地形断面图。如图 1-30（a）所示，剖切平面 A—A 与地形面相交，与等高线的交点为 1、2、3……13。如图 1-30（b）所示，在图纸的适当位置以各交点的水平距离为横坐标、高程为纵坐标作一

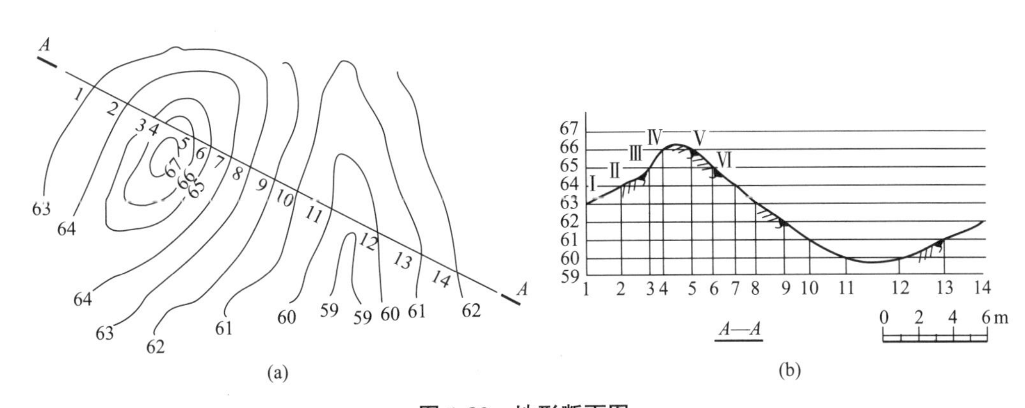

图 1-30　地形断面图

（a）地形的标高投影；（b）地形断面图

直角坐标系，根据地形图上的高差，按图中比例将高程标在纵坐标轴上，如图中的59、60……

根据地形图中剖切平面与等高线各交点的水平投影在横坐标轴上标出点1、2、3……13，然后自点1、2、3……13作铅垂线与相应的水平线相交得Ⅰ、Ⅱ、Ⅲ……依次光滑连接各点，即得该断面实形，再画出断面材料符号，即得地形断面图。

应当注意，在连点过程中，相邻同高程的两点，在断面图中不能连为直线，而应按该段地形的变化趋势光滑连接。

一般说来，地形的高差和水平距离数值相差较大，因此在地形断面图中，高度方向的比例可与水平方向比例不同，但这时所作的地形断面图，只反映该处地形起伏变化而不反映地面实形。

（3）地面与建筑物交线

修建在地面上的建筑物必然与地面产生交线，即坡脚线或开挖线，建筑物本身相邻的坡面也会产生坡面交线。由于建筑物表面一般是平面或圆锥面，所以建筑物的坡面交线一般是直线和规则曲线，而建筑物与地面的交线，即坡脚线（或开挖线）则是不规则曲线，需求出交线上一系列点获得。求作一系列点的方法通常采用等高线法。即作出建筑物坡面上一系列的等高线，这些等高线与地面上同高程等高线的交点，即坡脚线（或开挖线上）的点，依次光滑连接即可。

【例1-7】 如图1-31（a）所示，在山坡上修一个水平广场，广场高程为30m，其中填方边坡坡度为1∶1.5，挖方边坡坡度为1∶1，试完成该场地的标高投影图。

分析：

因为所修水平广场高程为30m，所以一部分高于原地面需要填方，一部分低于原地面需要挖方。如图1-31（b）高程为30m的等高线是填、挖方的分界线，它与水平场地边线的交点是填、挖方边界线的分界点，其中挖方部分是一个圆锥面和两个与它相切的平面，填方部分包括三个坡面，都是平面；这些面与不规则地面的交线均为不规则曲线。挖方部分坡面与圆锥面相切，不产生坡面交线，填方部分的三个坡面相交产生两条坡面交线，如图1-31（b）所示。

作图：

1）求开挖线。先作出挖方部分的圆锥面与地面的交线，应过圆心任画一条坡度线以平距l=1截取若干点，即得高程点为31m、32m、33m……然后以O为圆心，过这些点作一系列同心圆，即为圆锥面上的等高线；再作出相切两面上高程为31m、32m、33m……的等高线，求出它们与同高程地面等高线的交点即为坡脚线上的点，连点即得开挖线，如图1-31（c）所示。

2）求坡脚线。以高程为30m的等高线为界，求出各坡面上高程为29m、28m、27m……的等高线，并求出其与地面同高程等高线的交点，连点即得坡脚线，如图1-31（c）所示。

3）求坡面交线。连接填方部分相交两平面上的任意两共有点即得坡面交线。画出各平面及倒圆锥面上的示坡线并加深，完成作图，如图1-31（d）所示。

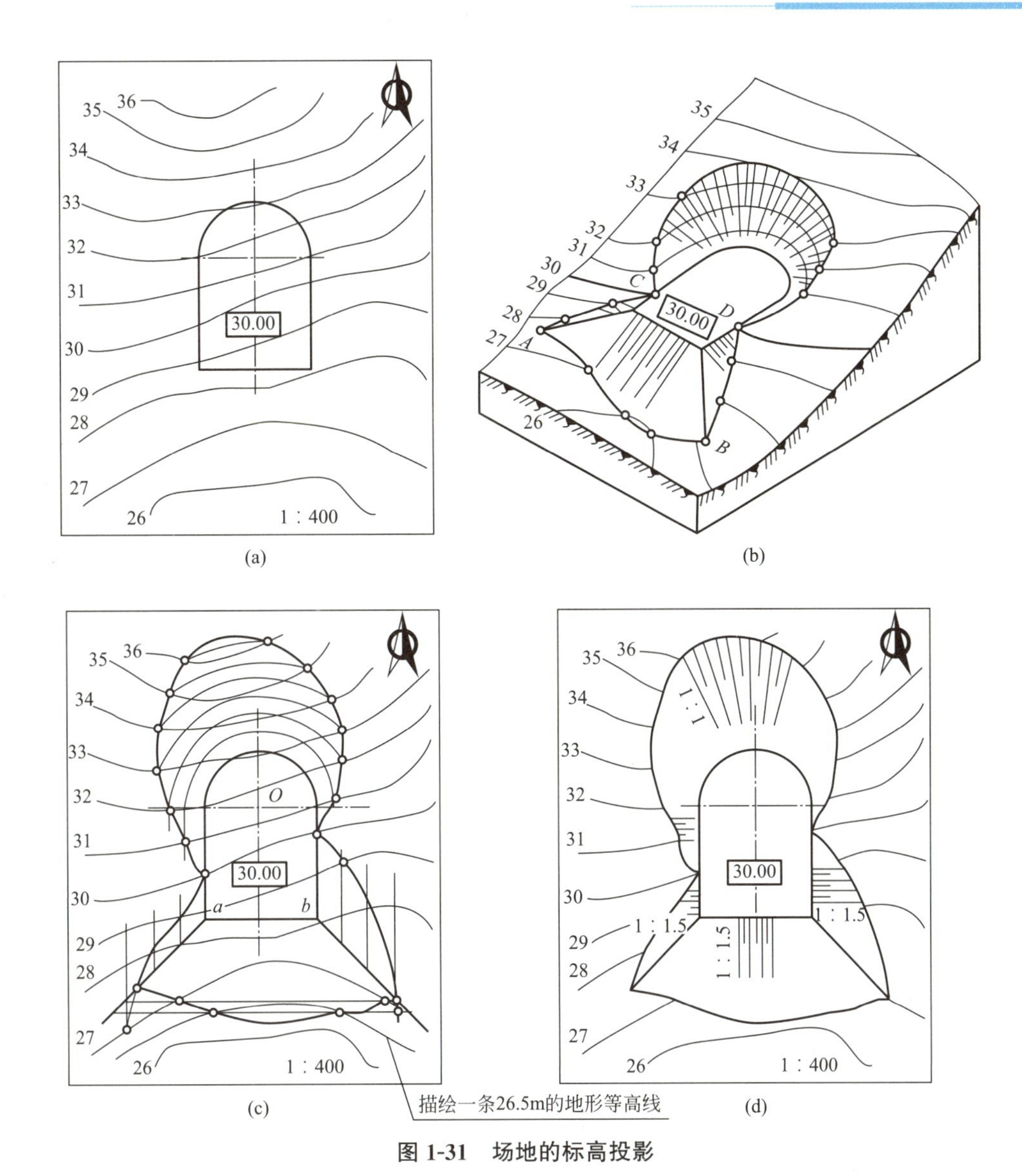

图 1-31　场地的标高投影

（a）已知条件；（b）空间分析；（c）求作坡面交线、开挖线和坡脚线；（d）画出各坡面示坡图，完成作图

技能训练

【题 1-1】　作直线上高程为 4m 的 B 点（图 1-32）。

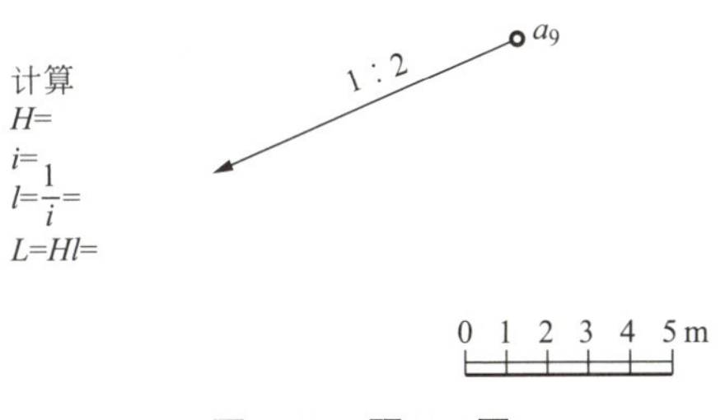

图 1-32　题 1-1 图

【题 1-2】 作平面上高程为 3m 的等高线（图 1-33）。

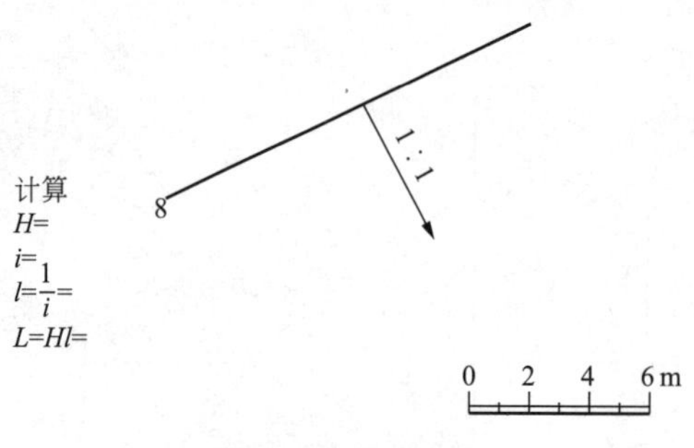

图 1-33 题 1-2 图

【题 1-3】 已知斜平面上一直线的标高投影 a_0b_4，该直线的坡度及坡向，试作该平面 0、1、2、3、4 高程的等高线，并画示坡线（图 1-34）。

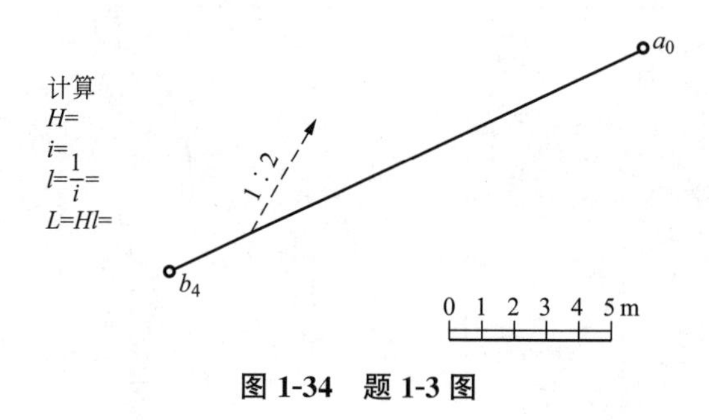

图 1-34 题 1-3 图

【题 1-4】 求两平面的交线（图 1-35）。

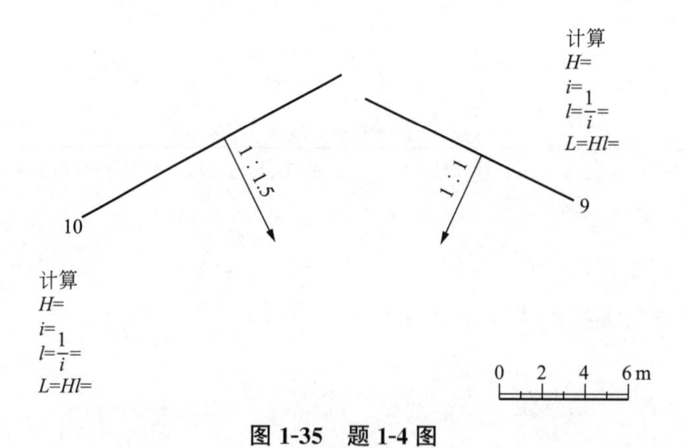

图 1-35 题 1-4 图

【题 1-5】 在地面上修建一平台和一条通往平台顶面的斜坡道，平台顶面高程为 4m，地面高程为 0m。它们的形状和各坡面坡度如图 1-36 所示，试求坡脚线和坡面交线，并画出示坡线。

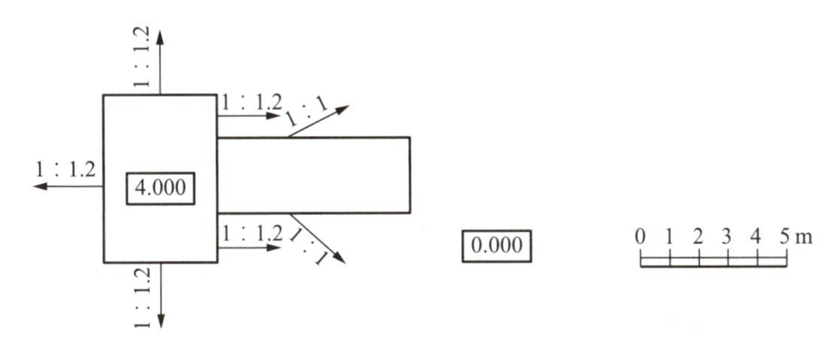

图 1-36　题 1-5 图

【题 1-6】 在高程为 2m 的地面上开挖一高程为-1m 的基坑，挖方边坡如图 1-37 所示，完成其标高投影图（比例为 1∶200）。

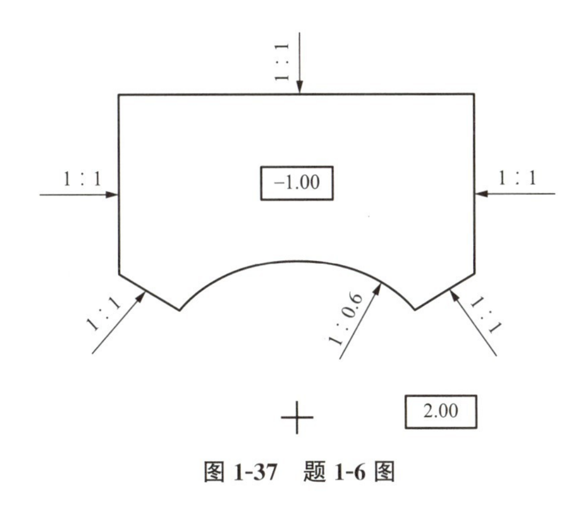

图 1-37　题 1-6 图

【题 1-7】 在高程为 0m 的地面筑大小两堤，堤顶的高程及两边边坡如图 1-38 所示，完成其标高投影图（比例为 1∶500）。

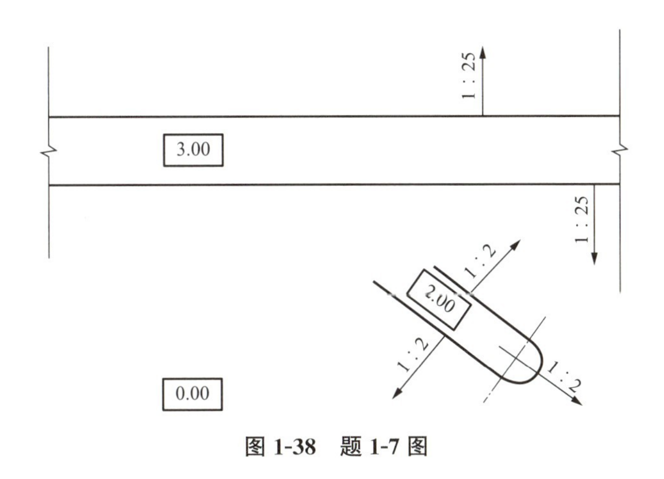

图 1-38　题 1-7 图

【题 1-8】 已知图 1-39 所示地形图，图中示出土坝坝顶和下游马道的位置（土坝是黏土材料）。1）求作土坝的平面图。2）完成土坝的平面图之后，作 A—A 剖面图。

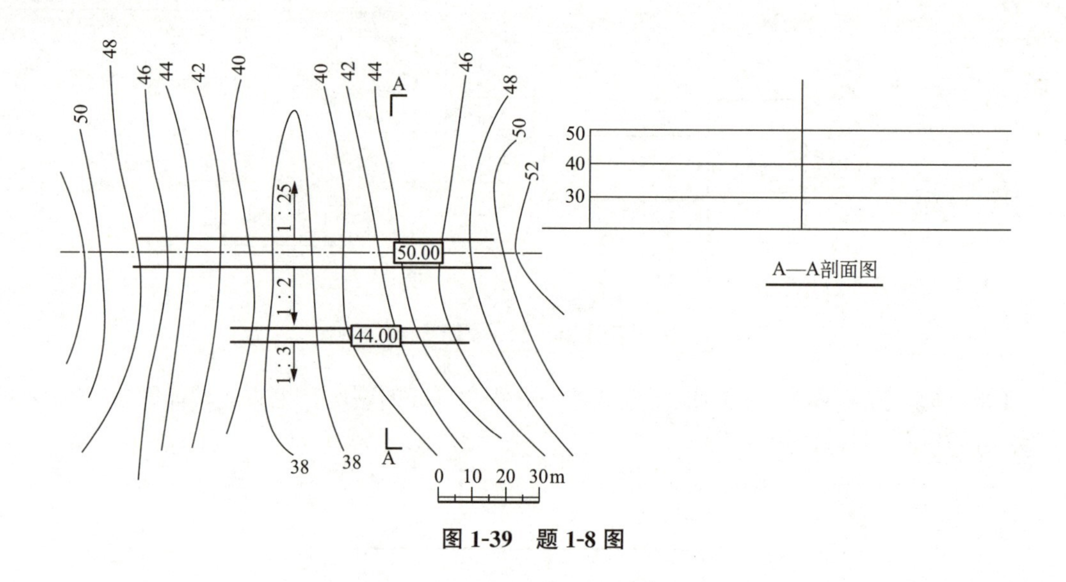

图 1-39　题 1-8 图

项目 1.2 水利工程图

学习目标

了解水利工程图的种类；掌握水工建筑物中常见曲面；能熟练运用水工图的基本表达方法和特殊表达方法，熟练掌握并灵活运用水利工程图的尺寸注法。

为了利用或控制自然界的水资源而采取的工程措施称为水利工程，工程中的建筑物称为水利工程建筑物，简称水工建筑物。表达水工建筑物的图样称为水利工程图，简称水工图。它是反映设计思想、指导工程施工的重要技术资料。

水利工程图的绘制，除遵循制图基本原理以外，还根据水工建筑物的特点制定了一系列的表达方法，综合起来水利工程图有以下特点：

（1）水工建筑物形体庞大，有时水平方向和铅垂方向相差较大，水利工程图允许一个图样中纵横方向比例不一致。

（2）水利工程图整体布局与局部结构尺寸相差大，所以在水利工程图的图样中可以采用图例、符号等特殊表达方法及文字说明。

（3）挡水建筑物应表明水流方向和上、下游特征水位。

（4）水利工程图必须表达建筑物与地面的连接关系。

1.2.1　水利工程图种类

水利工程的兴建一般需要经过勘测、规划、设计、施工和验收五个阶段，每个阶段都要绘制出相应的图样，不同阶段图样的图示内容和表达方法都有所不同。勘测阶段有地形图和工程地质图；规划阶段有规划图；设计阶段有枢纽布置图和建筑物结构图；验收阶段有竣工图。下面介绍几种常见的水利工程图样。

1. 规划图

规划图是表达水利资源综合开发全面规划的一种示意图。按照水利工程的范围大小，规划图有流域规划图、水利资源综合利用规划图、灌区规划图、行政区域规划图等。规划图通常绘制在地形图上，采用图例、符号、示意的方式表明整个工程的布局、位置和受益面积等。规划图表示范围大，图形比例小，一般采用比例为 1∶5000～1∶10000，甚至更小。

2. 枢纽布置图

在水利工程中，由几个水工建筑物有机组合、相互协调工作的综合体称为水利枢纽。将整个水利枢纽的主要建筑物的平面图形画在地形图上，这样的图形就称为水利枢纽布置图。枢纽布置图可以单独画在一张图纸上，也可以和立面图等配合画在一张图纸上，如图 1-40 所示。枢纽布置图一般包括以下内容：

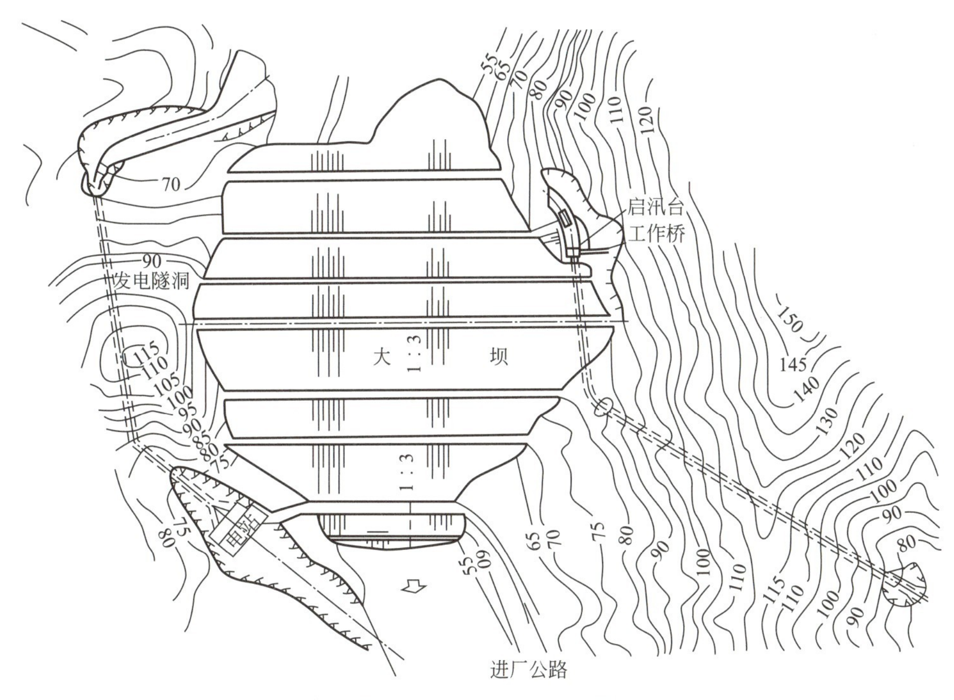

图 1-40　蓄水枢纽示意图

1）水利枢纽所在地区的地形、河流及流向、地理方位（指北针）等。

2）各建筑物的平面形状、相应位置关系。

3）建筑物与地面的交线、填挖方坡边线。

4）建筑物的主要高程和主要轮廓尺寸。

为了使主次分明，结构上的次要轮廓线和细部构造一般省去不画或用示意图表达它们的位置、种类，图中尺寸一般只标注建筑物的外形轮廓尺寸和定位尺寸、主要部位的标高、填挖方坡度等。所以枢纽布置图主要是用来表明各建筑物的平面布置情况，作为各建筑物的施工放样、土石方施工及绘制施工总平面图的依据等。

3. 建筑物结构图

建筑物结构图是以枢纽中某一建筑物为对象的工程图样，包括结构平面布置图、剖面图、分部和细部构造图、混凝土结构图和钢筋图等。主要用来表达水利枢纽中单个建筑物的形状、大小、结构和材料等内容，如图 1-41 所示水闸设计图。

4. 施工图

施工图是按照设计要求，用于指导施工所画的图样。主要表达施工过程中的施工组织、施工程序和方法等。

5. 竣工图

竣工图是在工程完成后，根据实际建成的建筑物绘制的图样。它详细记载着建筑物在施工过程中经过修改后的有关情况。

1.2.2 水工建筑物中常见曲面（方圆、扭面）

为改善水流条件或受力状况，以及节省建筑材料等原因，水工建筑物的某些表面往往设计为有规则的曲面。如溢流坝面、闸墩的头部、水闸的两岸翼墙都是水工建筑物中常见曲面的应用实例，如图 1-42 所示为溢流坝面。

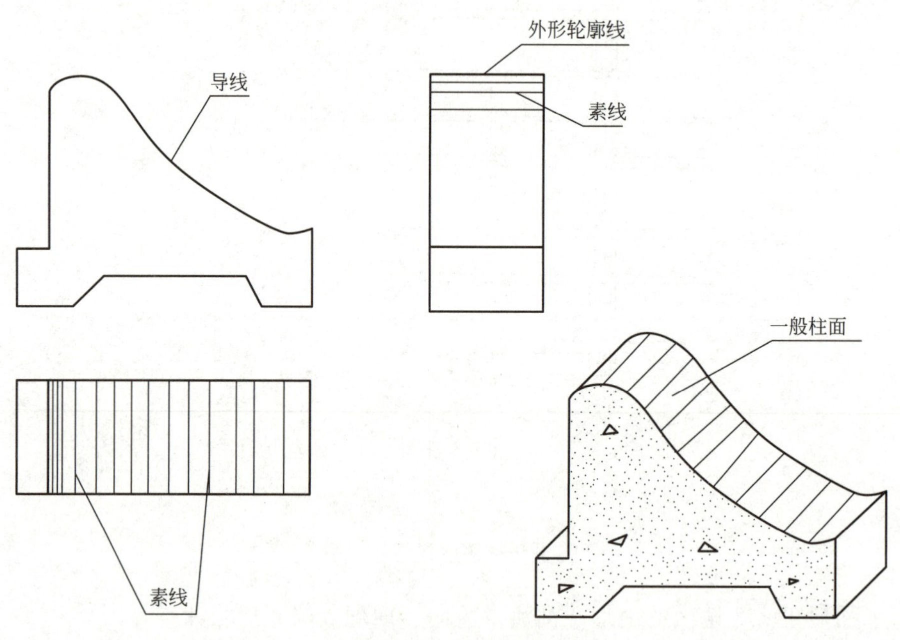

图 1-42 溢流坝面

这些曲面可以看成是直线或曲线在空间按一定规律运动所形成的轨迹。由直线运动而成的曲面叫直线面，如圆柱面、圆锥面；由曲线运动而成的曲面叫曲线面，如环面、球面。我们把运动的线称为母线，母线在移动过程中的任意位置称为素线。控制母线做有规律运动的线或面称为导线或导面。下面介绍水利工程中一些常见曲面的形成和表示方法。

1. 柱面

直母线沿曲导线移动，并始终平行于另一直导线所形成的曲面称为柱面。曲导线可以是闭合的，也可以是不闭合的。

柱面的素线互相平行。假如用一组与轴线相交的互相平行的平面来截柱面，所得的截面形状大小都相同。

垂直于柱面素线的截面称正截面。正截面的形状反映柱面的特征，当柱面的正截面形状为圆时称圆柱面，正截面为椭圆时称椭圆柱面。当轴线为投影面垂直线时，称正圆（或正椭圆）柱面，否则称斜圆（或斜椭圆）柱面，如图 1-43 所示。

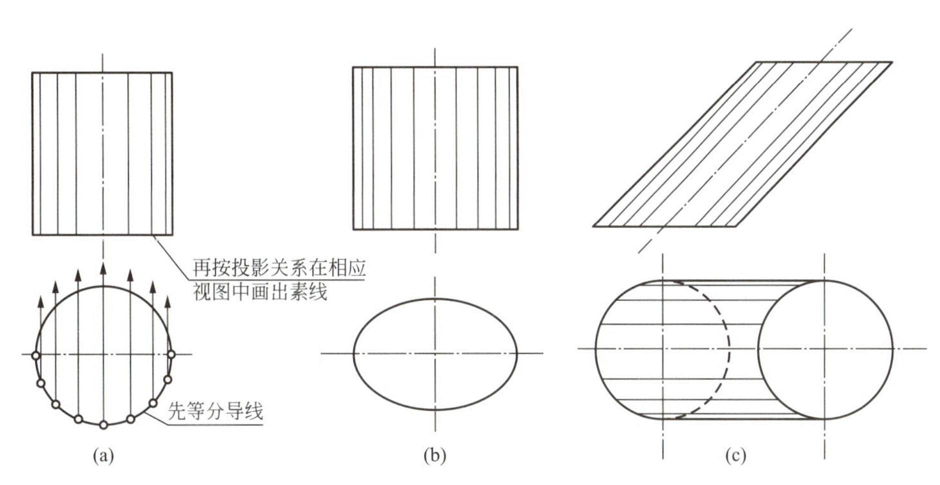

图 1-43　常用柱面的表示方法

（a）正圆柱与绘制素线的关系；（b）正椭圆柱面；（c）斜椭圆柱面

在水工图中，规定在可见柱面上用细实线绘制若干素线，以增强立体感，如图 1-43 所示。在实际绘图时，不必采用等分圆弧按投影规律绘出素线的画法，可按越靠近轮廓线越稠密，越靠近轴线越稀疏的原则目估绘制。

如图 1-44 所示是一斜椭圆柱面，其曲母线为水平圆，直导线为正平线，所有素线均为平行于 OO_1 的正平线。该柱面的三个投影都没有积聚性，上、下底面的水平投影不重合。用一个垂直于轴线的平面来截断该柱，截交线为椭圆。水平截面截出的截交线为直径相等的圆，圆心在 OO_1 上。画斜圆柱面的投影和画正圆柱一样，需画出上、下底面、柱面的轮廓线以及轴线的投影。

如图 1-45 所示闸墩是柱面在水利工程中的应用实例。该闸墩一头是斜圆柱面，一头是正圆柱面。

2. 锥面

直母线沿着曲导线运动，并始终通过一定点所形成的曲面叫锥面。如定点与底圆圆心连线垂直于底圆面（或椭圆面）所形成的曲面为正圆锥面（或正椭圆锥面），如图 1-46（a）、（b）所示；如定点与底圆圆心连线倾斜于底圆面所形成的曲面为斜圆锥面，如图 1-46（c）所示。若用平行于斜椭圆锥底面的平面截切斜椭圆锥，截交线为圆；若用垂直于轴线的平面截切斜椭圆锥，截交线则为椭圆。

画斜椭圆锥面的投影和画正圆锥一样，需要画出底面、锥尖、锥面的轮廓线及轴线和

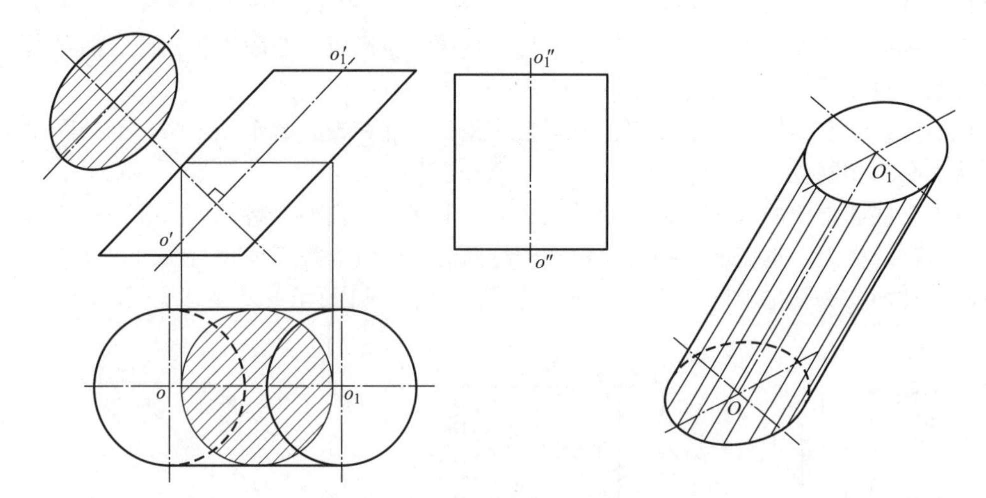

图 1-44　斜椭圆柱面的投影分析

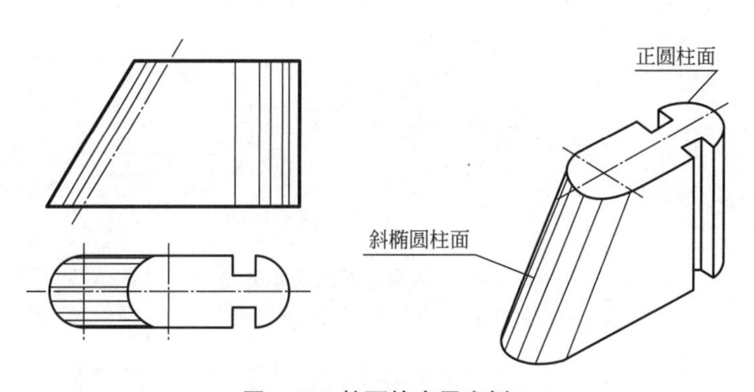

图 1-45　柱面的应用实例

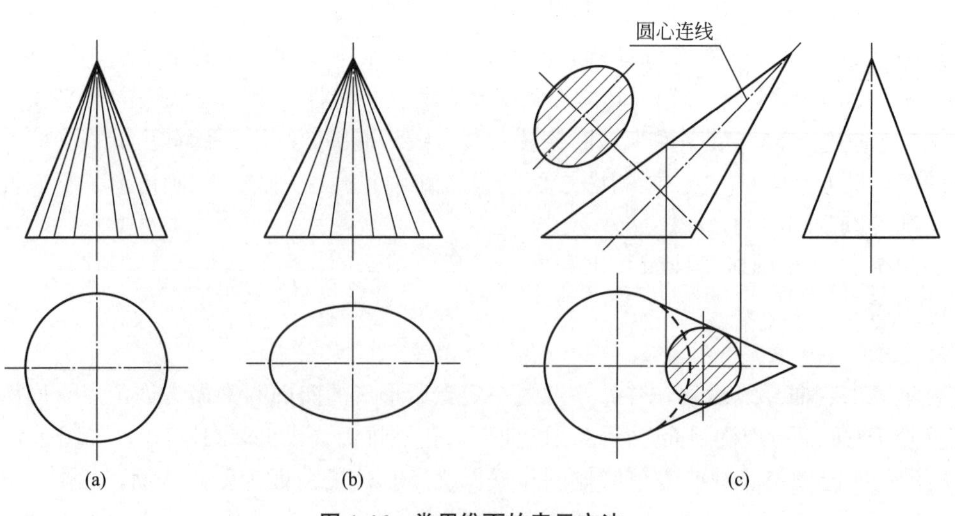

图 1-46　常用锥面的表示方法

（a）正圆锥面；（b）正椭圆锥面；（c）斜椭圆锥面（没有画出素线）

圆的中心线的投影。

为了便于看图，规定在水利工程图中，圆锥面上用细实线绘制若干示坡线或素线，其示坡线或素线一定要通过圆锥顶点的投影。

图 1-47 所示的方圆渐变面是斜椭圆锥面在工程中的应用实例。在工程中，引水洞洞身通常设计成圆形断面，而在进、出口处为了安装闸门的需要，往往设计成矩形断面，在矩形断面和圆形断面之间，常用一个由矩形逐渐变化成圆形的过渡段来连接，这个过渡段的迎水表面称为方圆渐变面。

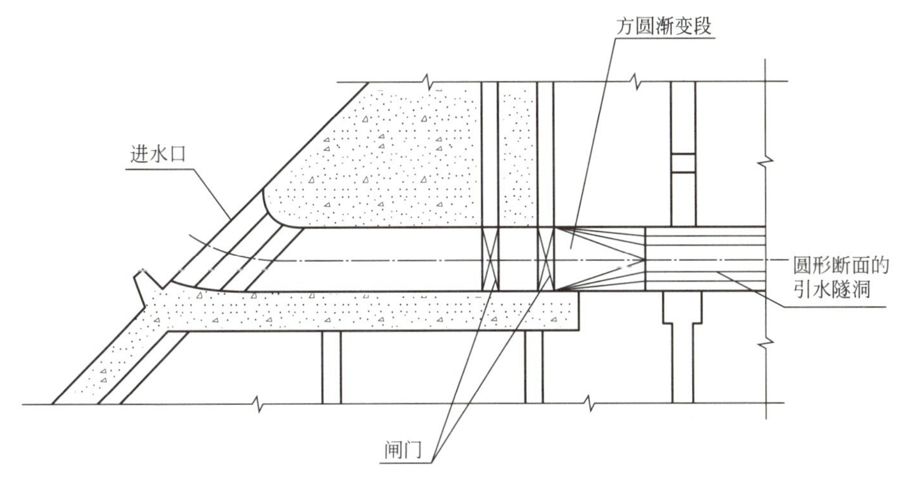

图 1-47　斜椭圆锥面的应用

图 1-48（a）为方圆渐变面的立体图。方圆渐变面由四个三角形平面和四个部分斜椭圆锥面组成。矩形的四个角就是四个斜椭圆锥的锥顶，圆周的四段圆弧就是四个部分斜椭圆锥面的底圆，四个三角形平面与四个部分斜椭圆锥面平滑相切。方圆渐变面一般用三视图和必要的断面图来表示。

图 1-48（b）所示是方圆渐变面的三视图，与圆锥曲面一样，方圆渐变面中的锥面上要画出素线。

图 1-48（c）所示是方圆渐变面的断面图。方圆渐变面的横断面是带四个圆角的矩形，其中圆角半径 r_1 和直线段长度 b_1、h_1 都随剖切位置的变化而变化，可直接在主视图和俯视图的剖切位置量得各部分尺寸，根据 b_1、h_1 先定圆心画出四段圆弧，然后画出四条公切线，并在图上注明 b_1、h_1、r_1 的尺寸。

3. 扭面

水工建筑物控制水流部分的断面一般为矩形，而灌溉渠道的断面一般都是梯形。为使水流平顺及减少水头损失，由矩形断面变为梯形剖面之间常用一个过渡段来连接，该过渡段的表面就是扭面，如图 1-49 所示。

（1）扭面的形成

如图 1-50（a）所示，内扭面 ABCD 可以看作是一条直母线 AB，沿着两条交叉直导线 AD（侧平线）和 BC（铅垂线）移动，并始终平行于一个导平面 H（水平面）所形成的曲面。扭面 ABCD 也可以看作是一条直母线 AD，沿着两条交叉直导线 AB（水平线）和 DC（侧垂线）移动，并始终平行于一个导平面 W（侧平面）所形成的与上述同样的曲面。

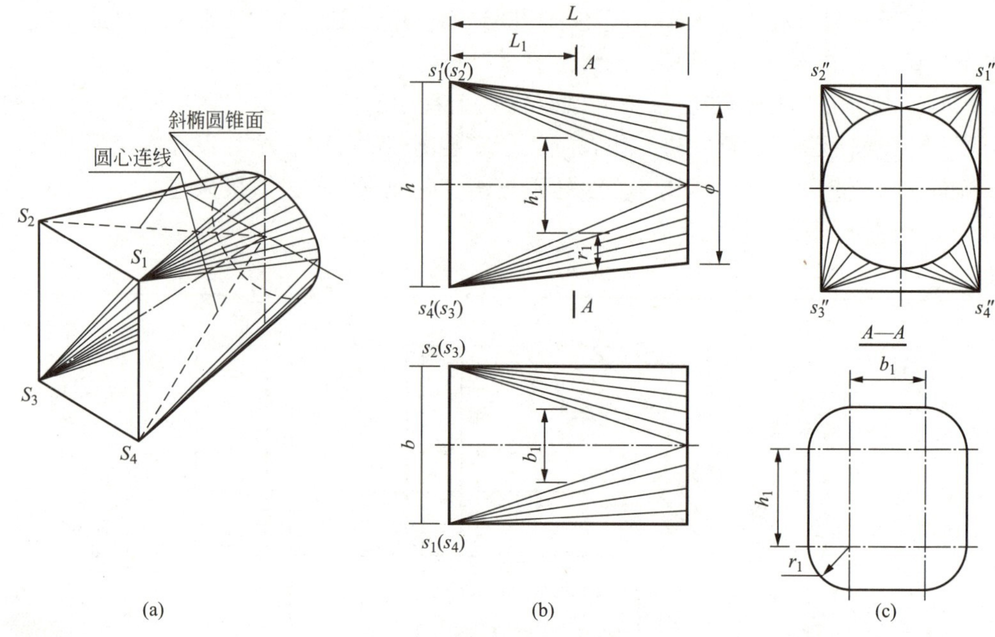

图 1-48　方圆渐变面的表示法

（a）立体图；（b）三视图；（c）断面图

0-1 方圆渐变面断面图的绘制

0-2 方圆渐变面三视图的绘制

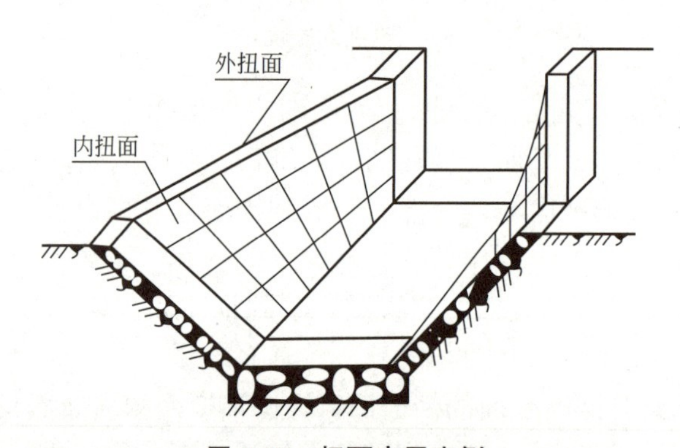

图 1-49　扭面应用实例

在扭面的形成过程中，母线运动时每一个空间位置称为扭面的素线。同一扭面有两种方式形成，就有两组素线。图 1-50（a）中Ⅰ—Ⅰ、Ⅱ—Ⅱ……都是水平线，另一组Ⅰ′—Ⅰ′、Ⅱ′—Ⅱ′……都是侧平线，同一组素线之间是交叉直线关系。同理可分析如图 1-50（b）所示外扭面 EFGJ 的形成。

（2）扭面的表示法

在水利工程图中，除画出扭面的四条边线以外，还应画出素线的投影。为了使所绘素线能体现扭面的性质，制图标准规定：主视图、俯视图上画水平素线，左视图上画侧平素线。绘制素线时，先等分两导线，再连接对应点。如图 1-51 所示。

（3）扭面过渡段的画法

如图 1-52（a）所示，过渡段由扭面翼墙及底板构成。扭面翼墙由梯形端面、平行四

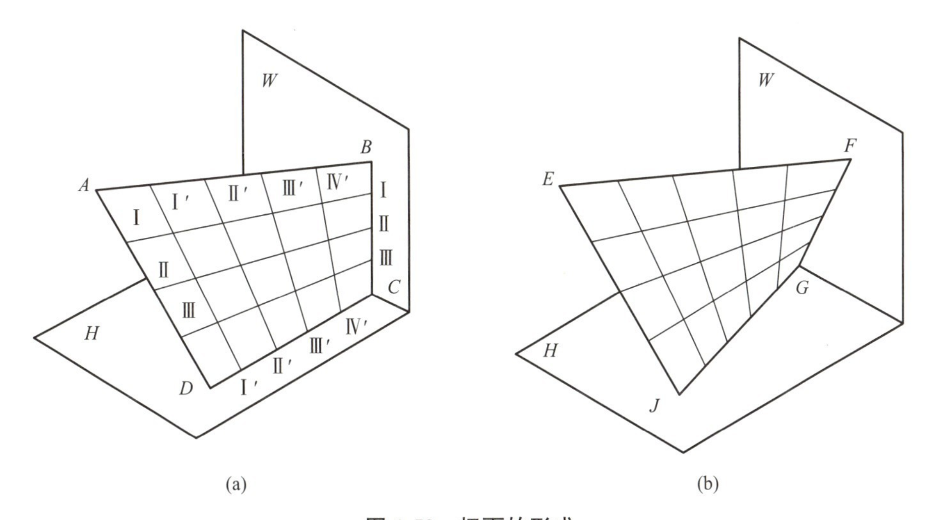

图 1-50　扭面的形成

（a）内扭面的形成；（b）外扭面的形成

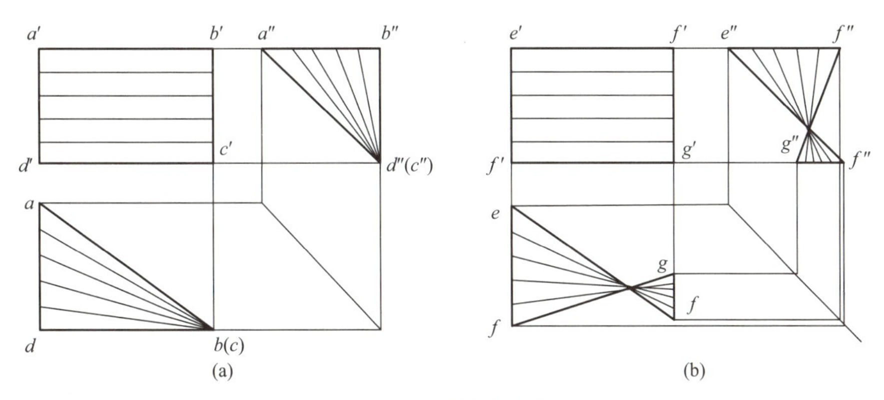

图 1-51　扭面的表示方法

（a）内扭面的表示方法；（b）外扭面的表示方法

边形端面、内扭面、外扭面、顶面、底面六个面组成，起控制作用的是翼墙两个端面的形状和位置。画图思路是：扭面翼墙先画其两端面并标出定形尺寸，再画内外扭面。外扭面两条直线在俯视图、左视图中画成虚线，看不见的素线一律不画，如图 1-52（b）所示。

【例 1-8】 画出图 1-52（b）所示扭面翼墙的 A—A 剖面图。

分析：

如图所示，翼墙迎水面、背水面都是扭面。剖切平面 A—A 是侧平面，它与两个扭面的侧平素线平行，因此与两个扭面的交线都是直线，翼墙的剖面形状是四边形，底板的剖面形状是矩形。

0-3
扭面渐变段断面图的绘制

作图：

1）画底板剖面——矩形。

2）画翼墙剖面——四边形。

0-4
扭面渐变段三视图的绘制

3）擦去多余线条，画上剖面材料符号，注上剖面名称，加深轮廓线，完成作图，如图 1-52（c）所示。

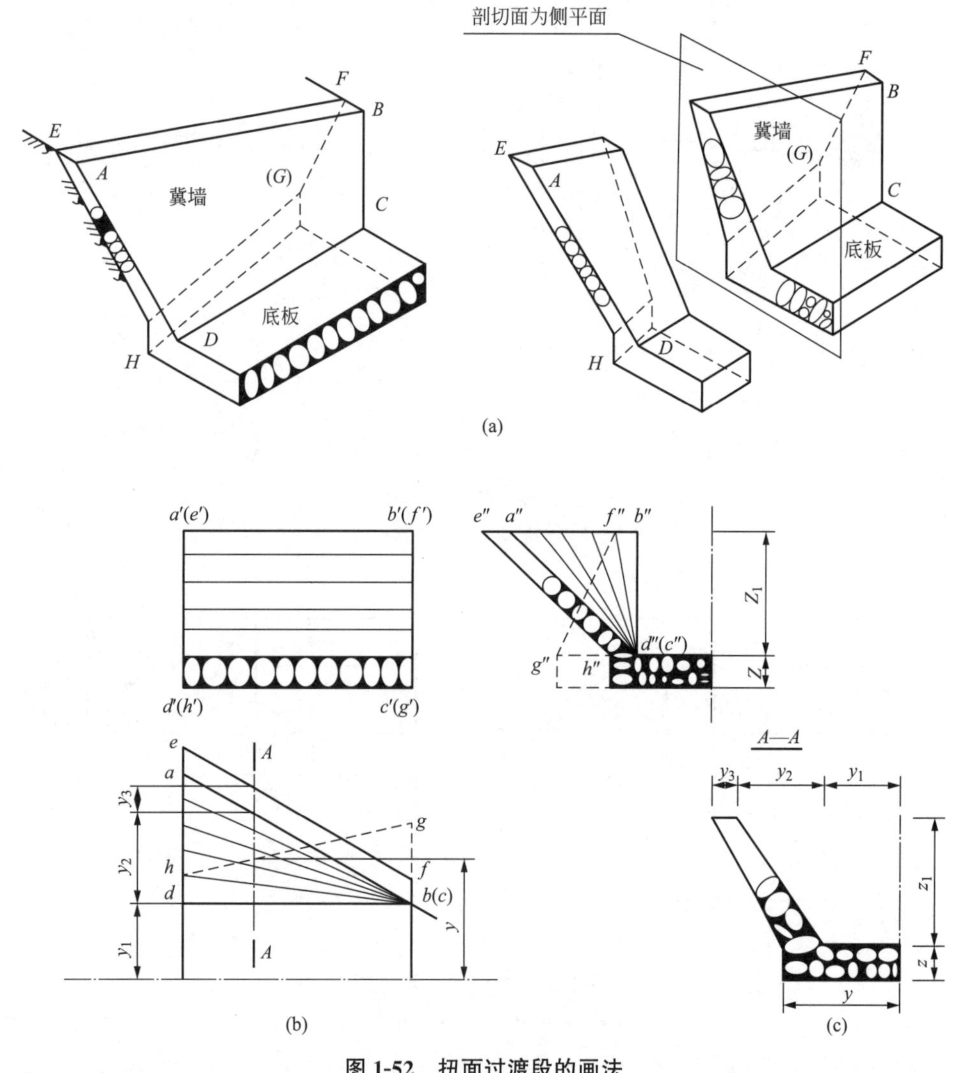

图 1-52　扭面过渡段的画法

(a) 立体图；(b) 三视图；(c) 剖面图

【例 1-9】 如图 1-53（a）所示为坝址处的地形图和土坝的坝轴线位置，图 1-53（b）所示为土坝的最大横剖面，试完成该土坝的标高投影图（平面图）。

作图：

1）画出坝顶和马道投影。因为坝顶的高程为 41m，所以应先在地形图上插入高程为 41m 的等高线，根据坝轴线的位置与土坝最大剖面图中的坝顶宽度，画出坝顶投影，其边界线应画到与地面高程为 41m 的等高线相交处，下游马道的投影是从坝顶靠下游坡面的轮廓线沿坡度线向下量 $L=\Delta H\times l=$（41－32）×2＝18m，作坝轴线的平行线即为马道的内边坡线，再量取马道的宽度，画出外边线，即得马道的投影。同理马道的边界线应画到与地面高程为 32m 的等高线相交处，如图 1-54（a）所示。

2）求土坝的坡脚线。土坝的坝顶和马道是水平面，它们与地面的交线是地面上高程为 41m、32m 的一段等高线；上下游坝坡与地面的交线是不规则曲线，应先求出坝坡上的

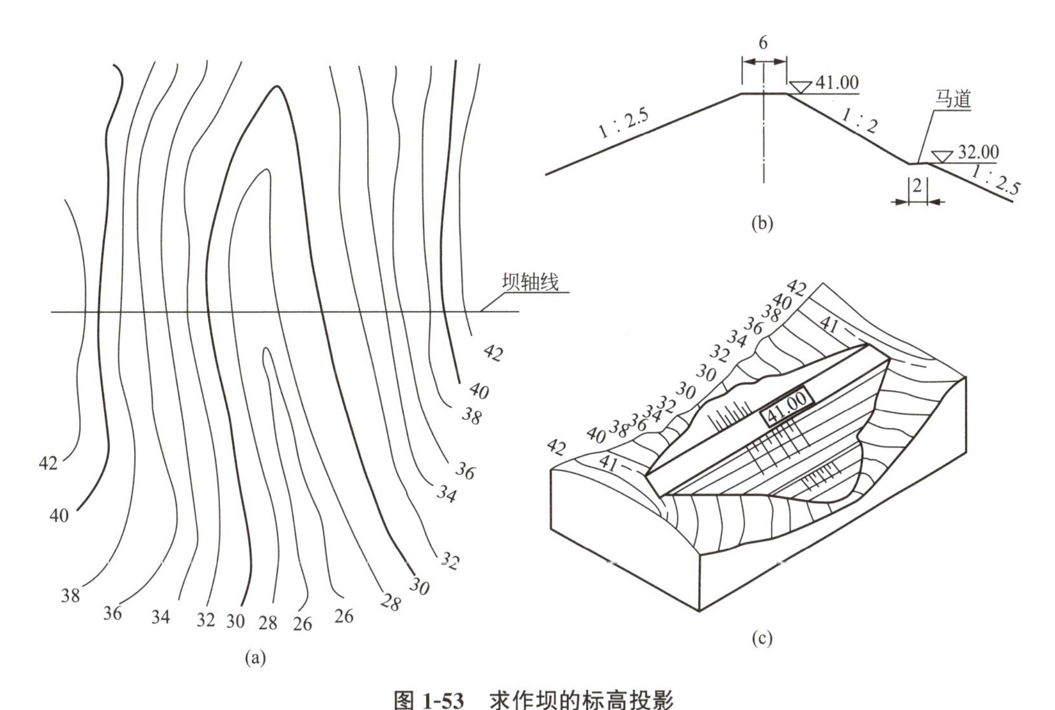

图 1-53　求作坝的标高投影

（a）地形图；（b）土坝的最大横断面图 1∶1000；（c）直观图

各等高线，找到与同高程地面等高线的交点，连点即得坡脚线，如图 1-54（a）所示。

3）画出坡面示坡线并标注各坡面坡度及水平面高程，即完成土坝的标高投影图，如图 1-54（b）所示。

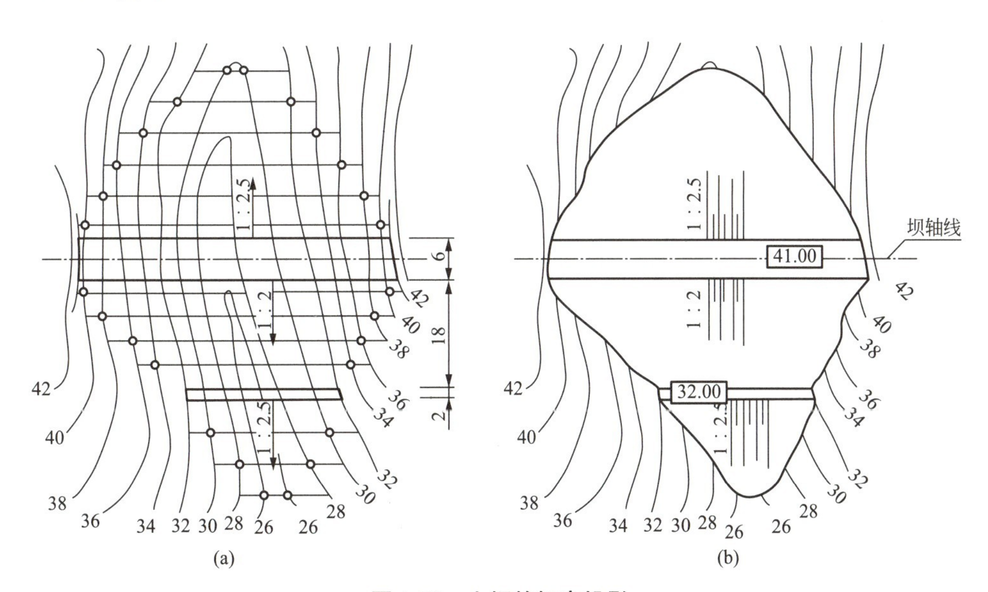

图 1-54　土坝的标高投影

（a）求作坝顶、马道投影；（b）求土坝坡脚线与标注

1.2.3 水利工程图的表达方法

前面介绍的工程形体表达方法都适用于表达水工建筑物，这里进一步阐述和补充水利工程图表达的一些特点。水利工程图的表达方法分为两类：基本表达方法和特殊表达方法。

1. 基本表达方法

（1）视图的名称和作用

1）平面图

在水利工程图中，平面图（即俯视图）是基本的视图。平面图分表达单个建筑物的平面图及表达水利枢纽的总平面图。表达单个建筑物的平面图主要表明建筑物的平面布置，水平投影的形状、大小及各部分的相互位置关系、主要部位的标高等。

平面图的布置与水有关：对于挡水坝、水电站等建筑物的平面图把水流方向选为自上而下，用箭头表示水流方向，如图 1-55 所示；对于过水建筑物（水闸、渡槽、涵洞等），

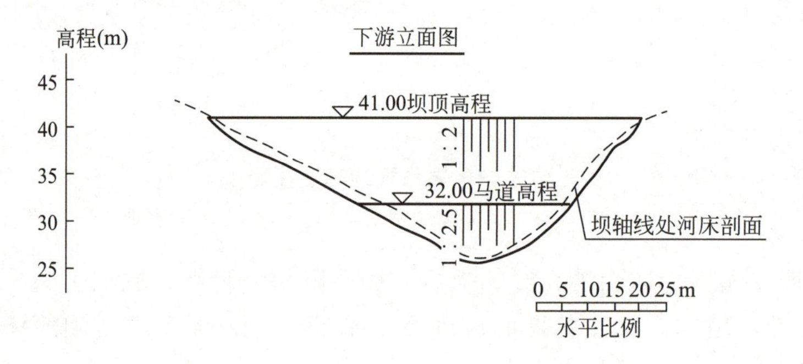

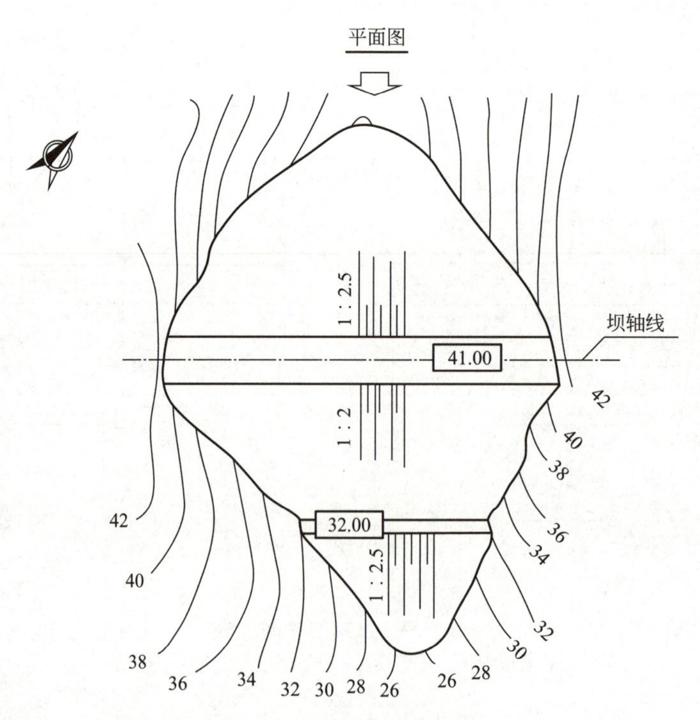

图 1-55 平面图和立面图

则把水流方向选作自左而右。根据《水利水电工程制图标准》规定：视向顺水流方向，左手边为河流左岸，右手边为河流的右岸。

图样中表示水流方向的符号，根据需要可按图 1-56 所示的形式绘制。枢纽布置图中的指北针符号，根据需要可按图 1-57 所示的形式绘制，其位置一般画在图形的左上角，必要时也可以画在右上角，箭头指向正北。

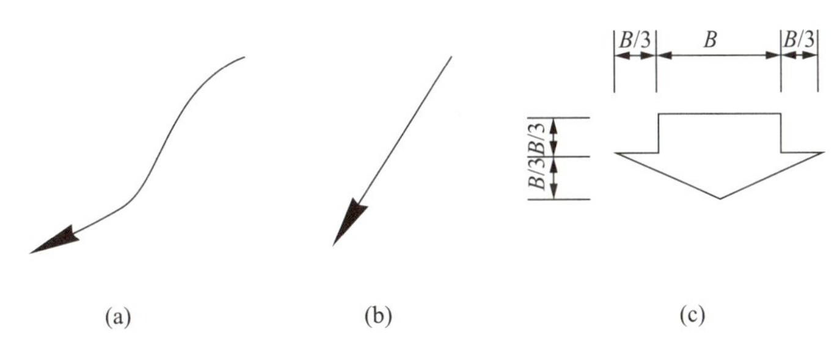

图 1-56　水流方向符号的画法

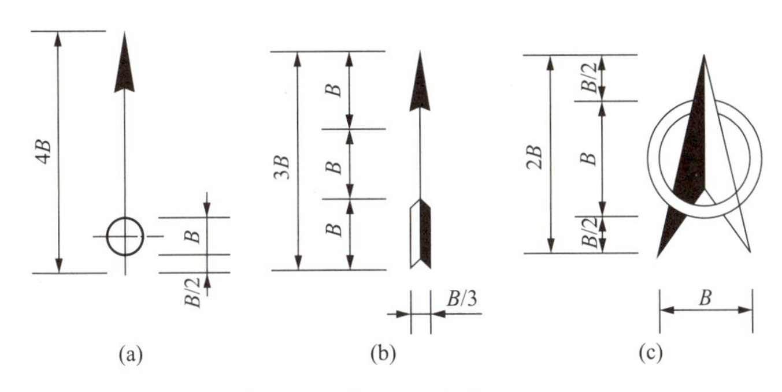

图 1-57　指北针符号的画法

2）立面图

表达建筑物的各个立面的视图叫立面图（即主、左、右、后视图）。水利工程图中立面图的名称与水流有关，视向顺水流方向观察建筑物所得的视图称为上游立面图；视向逆水流方向观察建筑物所得的视图称为下游立面图。立面图主要表达建筑物的外部形状，上、下游立面的布置情况等，如图 1-55 中的下游立面图。

3）剖视图、断面图

水利水电工程图中，当剖切面平行于建筑物轴线或顺河流流向时，称为纵剖视（或纵断面）图；当剖切面垂直于建筑物轴线或河流流向时，称为横剖视（或横断面）图，如图 1-58、图 1-59 所示。剖视图主要用来表达建筑物的内部结构形状和各组成部分的相互位置关系，建筑物主要高程和主要水位，地形、地质和建筑材料及工作情况等。断面图的作用主要是表达建筑物某一组成部分的断面形状、尺寸、构造及其所采用的材料。

4）详图

将物体的部分结构用大于原图的比例画出的图样称为详图。其主要用来表达建筑物的某些细部结构形状、大小及所用材料。详图可以根据需要画成视图、剖视图或剖面图，它与放大部分的表达方式无关。详图一般应标注图名代号，其标注的形式为：把被放大部分

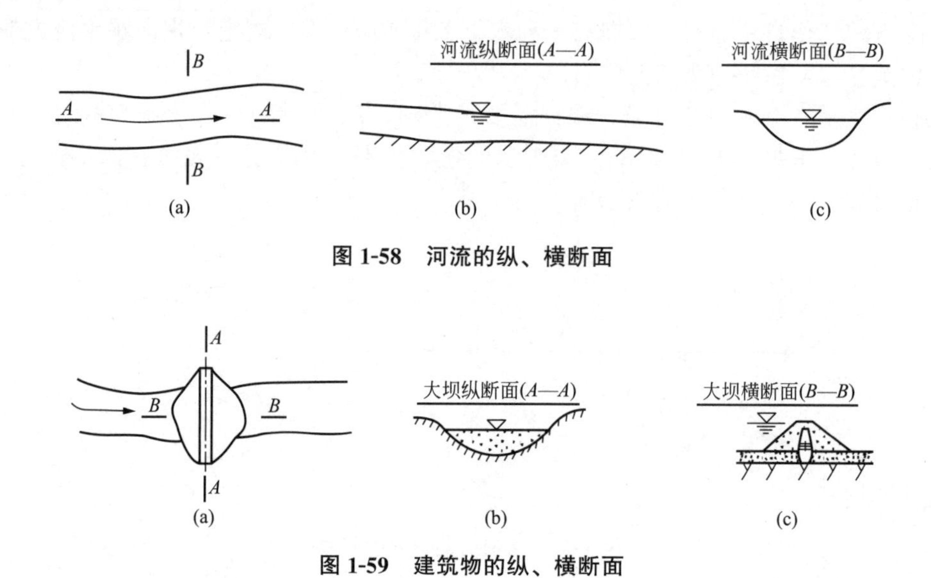

图 1-58　河流的纵、横断面

图 1-59　建筑物的纵、横断面

在原图上用细实线小圆圈圈住，并标注字母，在相应的详图上面用相同字母标注图名、比例，如图 1-60 所示。

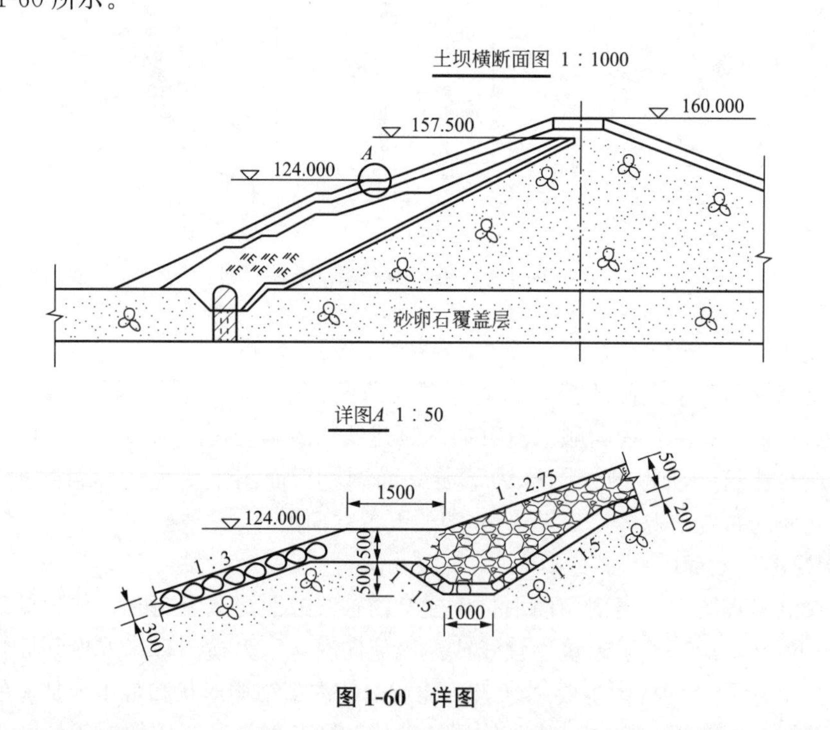

图 1-60　详图

（2）视图配置和标注

表达建筑物的一组视图应尽可能按投影关系配置。有时为了合理利用图纸，也可将某些视图不按投影关系配置，对于大而复杂的建筑物，可以将某一视图单独画在一张图纸上。

为了看图方便，每个视图一般均应标注图名，图名统一注在视图的上方，并在图名的下边画一条粗实线，长度以图名长度为准。

2. 特殊表达方法

（1）合成视图

对称或基本对称的图形，可将两个视向相反的视图（或剖视图或断面图）各画一半，并以点画线为界合成一个图形，分别注写相应的图名，这样的图形称为合成视图，如图 1-61 中 B—B 和 C—C 合成的剖视图。

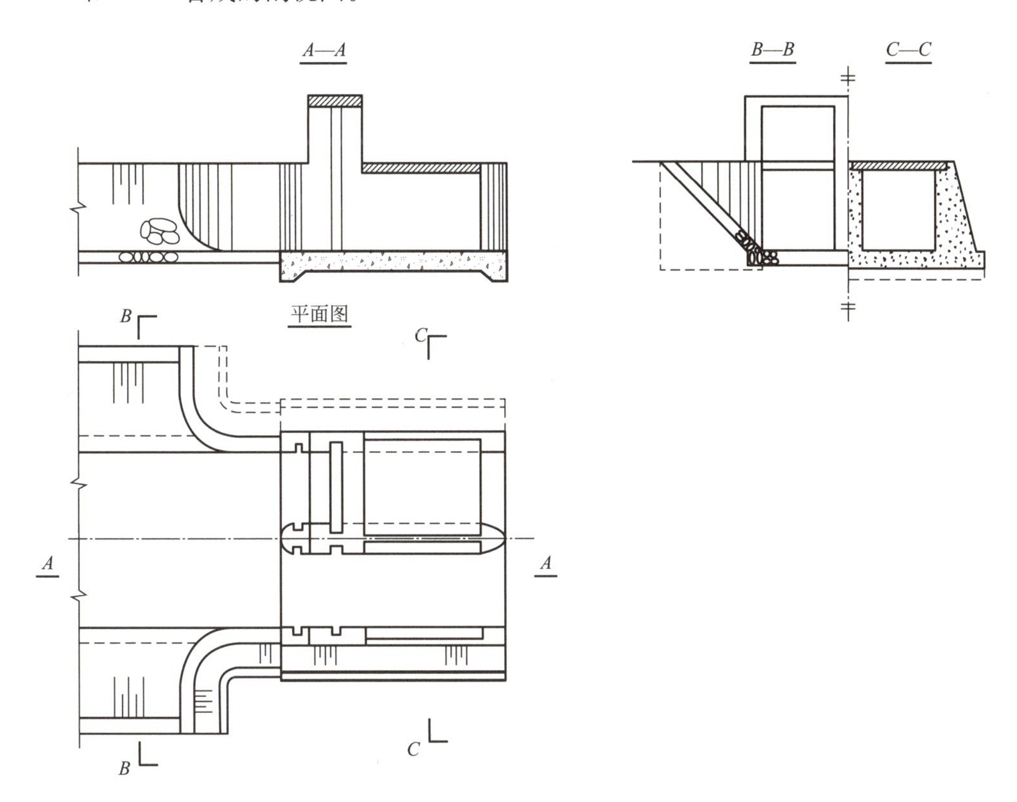

图 1-61　合成视图和拆卸画法

（2）拆卸画法

当视图（或剖视图）中所要表达的结构被另外的结构或填土遮挡时，可假想将其拆掉或掀去，然后再进行投影。如图 1-61 所示平面图中对称线前半部分将桥面板拆卸，翼墙及岸墙后回填土掀掉后绘制图，因此，翼墙与岸墙背水面轮廓可见，轮廓虚线变成实线。

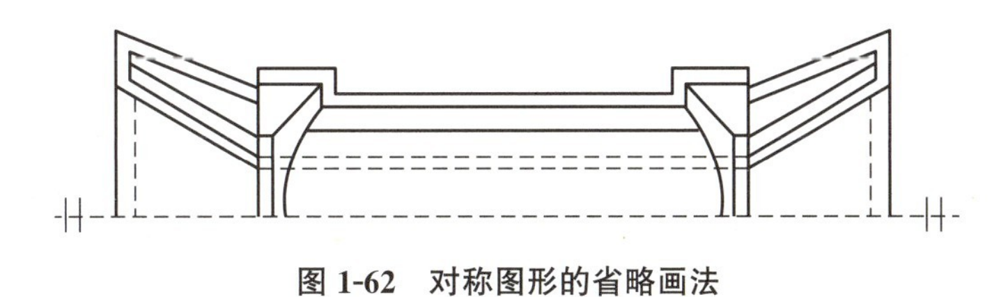

图 1-62　对称图形的省略画法

（3）简化画法

当图形对称时，可以只画对称的一半，但须在对称线上加注对称符号，如图 1-62 所示涵洞平面图。

直径相同且成规律分布的孔，可只画出一个或几个，其余只表示其中心位置，但必须注明孔的总数，如图 1-63 所示。

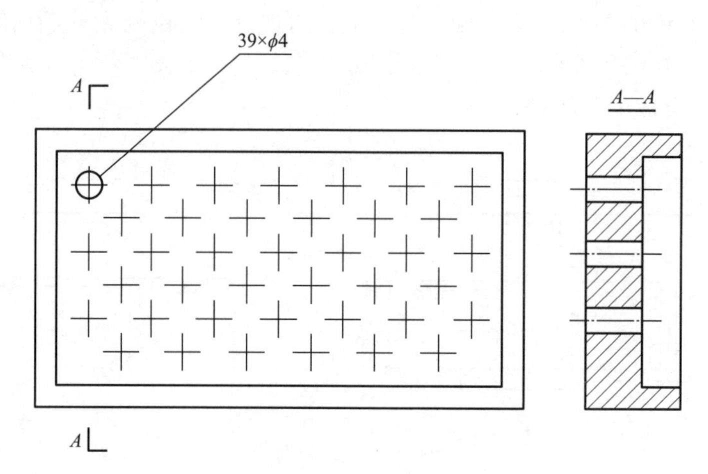

图 1-63　相同孔的简化画法

（4）展开画法

当构件或建筑物的轴线（或中心线）为曲线时，可以将曲线展开成直线后，绘制成视图（或剖视图或剖面图）。这时，应在图名后注写“展开”二字，或写成“展视图”，如图 1-64 所示。

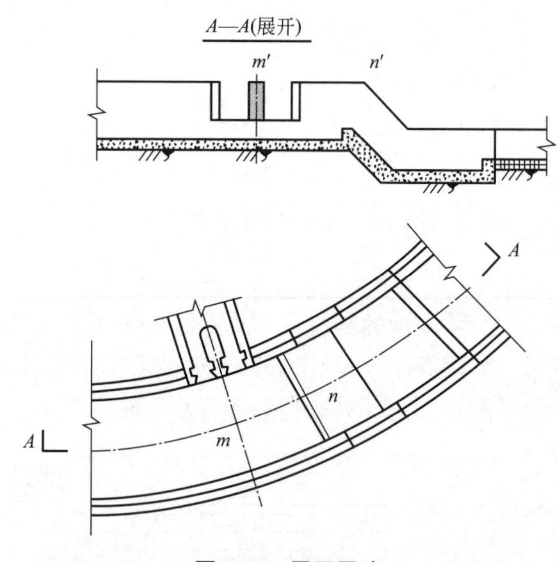

图 1-64　展开画法

（5）不剖画法

当剖切平面沿纵向通过桩、杆、柱等实心构件和实心闸墩、支撑板的对称平面剖切时，这些结构都按不剖处理，用粗实线将其与邻接部分分开，如图 1-65（a）中 A—A 剖视图的闸墩和图 1-65（b）中 1—1 剖面图中的支撑板。

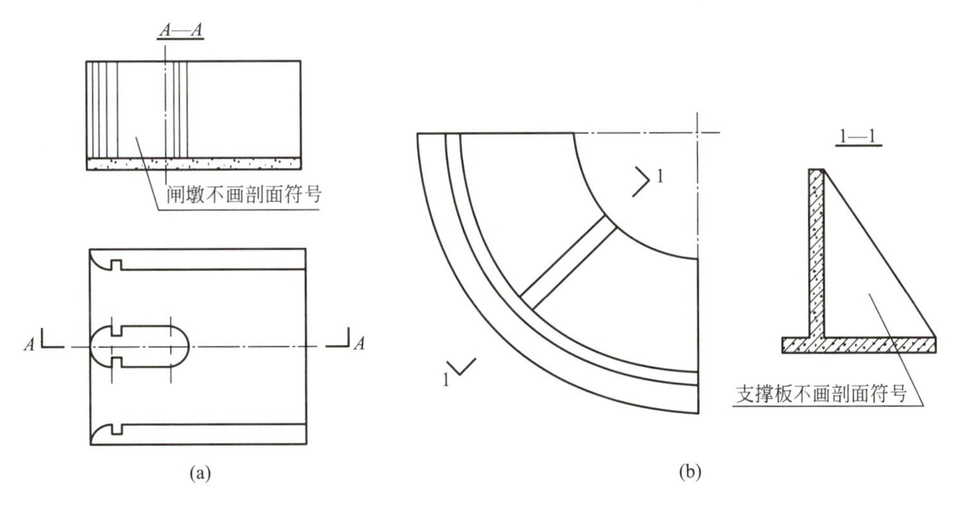

图 1-65 不剖画法

(6) 缝隙的画法

建筑物中有各种缝线，如沉陷缝、伸缩缝、施工缝和材料分界线等。无论缝线两边的表面是否在同一平面内，画图时这些缝隙用粗实线绘制，如图 1-66 所示。

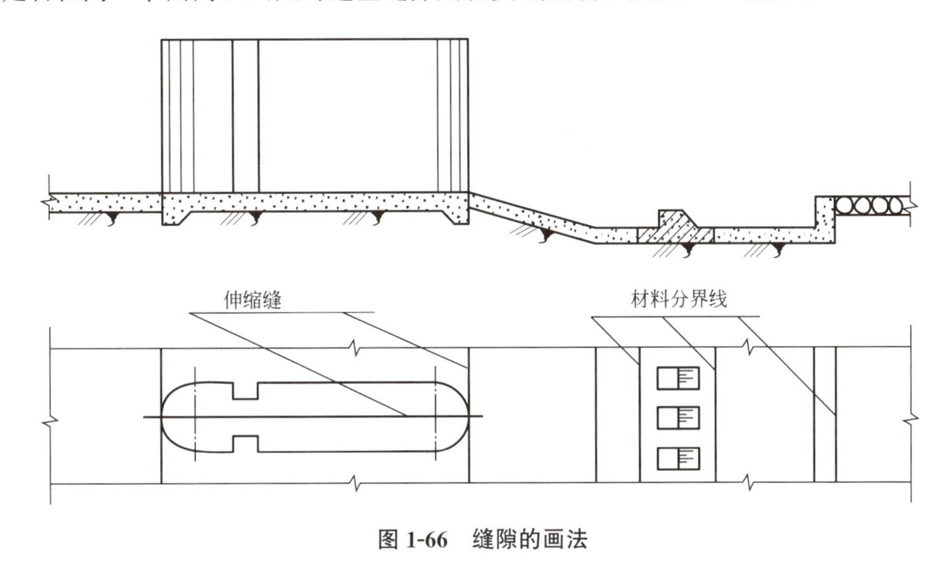

图 1-66 缝隙的画法

(7) 连接画法

当图形较长时，允许将其分成两部分绘制，再用连接符号表示相连，图 1-67 为土坝立面图的连接画法。

(8) 断开画法

较长构件，当沿长度方向的形状一致，或按一定的规律变化时，可用断开画法绘制，如图 1-68 所示。采用断开画法后，标注尺寸时，仍按构件的实际长度标注。

(9) 分层画法

当结构有层次时，可按其构造层次分层绘制。相邻层用波浪线分界，并用文字注写各层结构的名称，如图 1-69 所示。

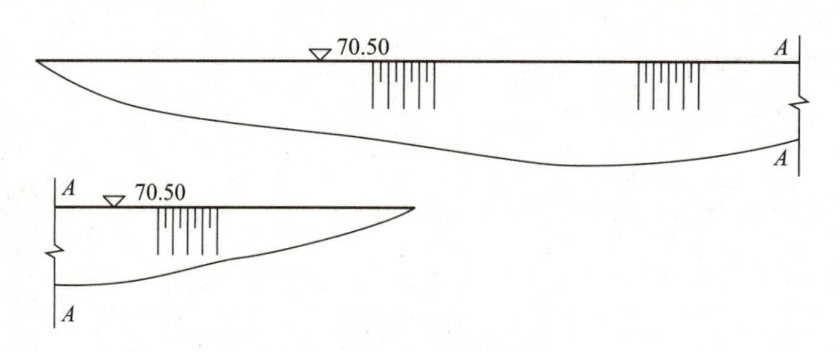

图 1-67　连接画法

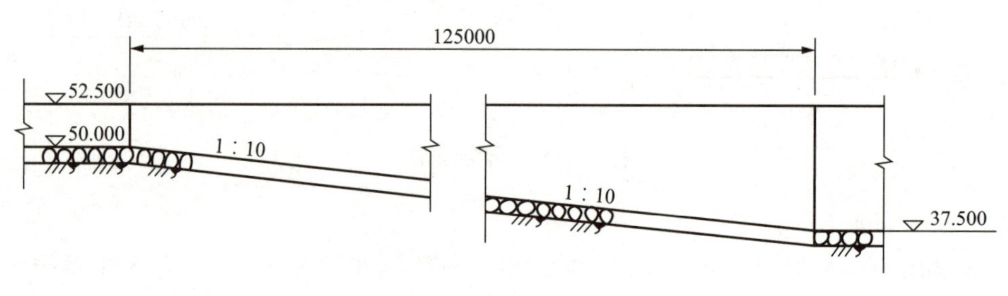

图 1-68　断开画法

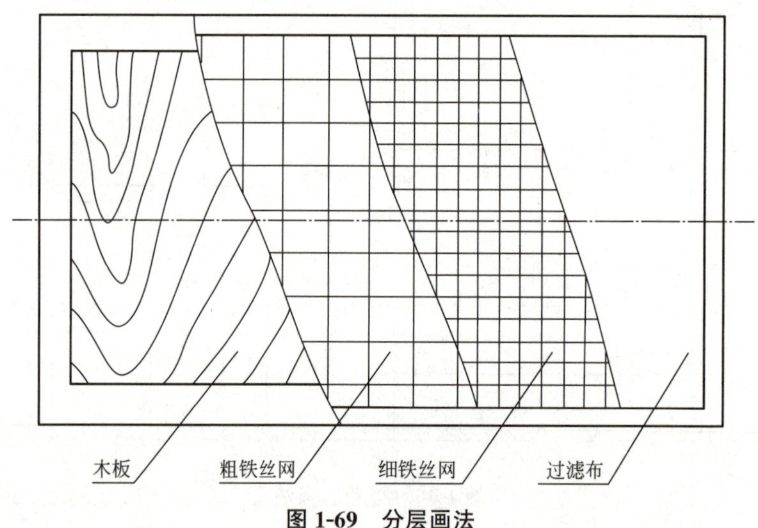

图 1-69　分层画法

（10）示意画法

在规划示意图中，各种建筑物是采用符号和平面图例在图中相应部位表示。这种画法虽然不能表示结构的详细情况，但能表示出它的位置、类型和作用。常见的水工建筑物平面图例如表 1-7 所示。

3. 水利工程图的尺寸注法

前面介绍的有关尺寸注法的要求和方法，在水利工程图中也适用。但水工图中的尺寸注法又有其自己的特点，本节根据水利工程图的特点，介绍水利工程图尺寸基准的确定和常用尺寸的注法。

常见水工建筑物平面图例　　　　表 1-7

序号	名称		图例	序号	名称		图例
1	水库	大型		13	淤区		
		小型		14	泵站		②
2	混凝土坝			15	水文站		Q
3	土石坝			16	水位站		G
4	水闸		①	17	船闸		
5	水电站	大比例尺		18	升船机		
		小比例尺		19	码头	栈桥式	
6	变电站					浮式	
7	渡槽			20	溢洪道		
8	隧洞			21	堤		
9	涵洞		(大) (小)	22	护岸		
10	虹吸		(大) (小)	23	挡土墙		
11	跌水			24	防浪堤	直墙式	
12	斗门					斜坡式	

续表

序号	名称		图例	序号	名称	图例
25	明沟			30	渠	
26	暗沟			31	运河	
27	灌区			32	铁路桥	
28	分(蓄)洪区			33	公路桥	
29	道路	公路		34	便桥人行桥	
		大路				
		小路				

注：① 序号 4 为水闸通用符号，当需区别类型时可标注文字，如：分洪闸 进水闸。

② 序号 14 为泵站通用符号，当需区别类型时可标注文字，如：机排站 水轮泵站。

（1）水工图的尺寸注法

1）图样中标注的尺寸单位，除标高、桩号及规划图（流域规划图以千米为尺寸单位）、总布置图以米为单位外，其余尺寸以毫米为单位，图中不必说明。若采用其他尺寸单位时，必须在图纸中加以说明。

2）水工图中铅垂方向的尺寸多需注明高程；水平轴线上常要标注桩号。

3）水工图由于视图较多，而且往往有不按投影关系配置的情况，所以，为了看图方便，同一尺寸常常重复注写在不同的视图上，这种重复尺寸在水工图中是允许的。图中也允许注写封闭尺寸，即标注全部分段尺寸又注写总尺寸。重复尺寸和封闭尺寸在机械图中是不允许出现的。

4. 尺寸基准的选择及几种尺寸的注法

（1）铅垂（高度）尺寸的注法

1）标高的注法

水工图中的标高是采用规定的海平面为基准来标注的。标高尺寸包括标高符号和尺寸数字两部分。

① 立面图和铅垂方向的剖视图、剖面图中，标高符号一般采用如图 1-70（a）所示的符号（等腰直角三角形），用细实线画出，其中 h 约为数字高的 2/3。标高符号的尖端可

以向下指，也可以向上指，但尖端必须与被标注高度的轮廓线或引出线接触，如图 1-70（e）所示。标高数字一律注写在标高符号的右边，如图 1-70（e）所示。

② 平面图中的标高符号采用如图 1-70（b）所示的形式，用细实线画出矩形线框，标高数字写入线框中。当图形较小时，可将符号引出标注，如图 1-70（e）、（f）所示。

③ 水面标高（简称水位）的符号如图 1-70（c），水面以下画三条细实线。特征水位标高的标注形式如图 1-70（d）所示。

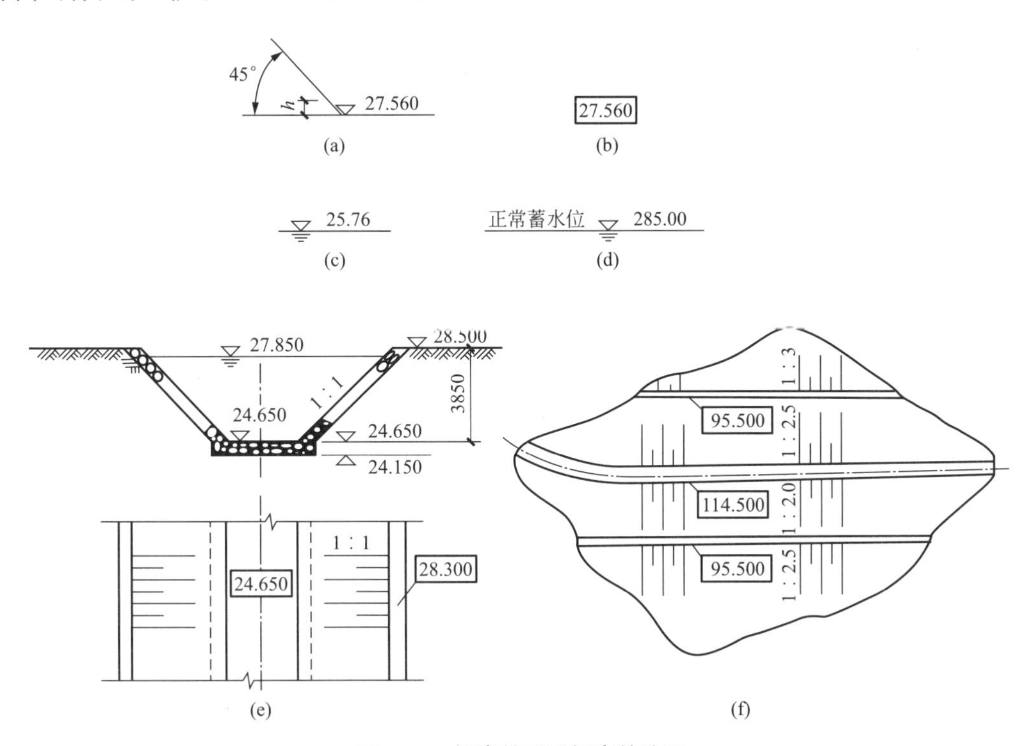

图 1-70　标高符号及标高的注写

④ 标高数字应以米为单位，注写到小数点以后第三位，在总布置图中，可以注写到小数点以后第二位。

⑤ 零点标高注成±0.000 或±0.00，正数标高数字以前一律不加“+”，如 27.560、285.00；负数标高数字前必须加注“−”号，如−3.340、−3.74。

2）高度尺寸的注法

在标注高度尺寸时，其尺寸一般以建筑物的底面为基准，这是因为建筑物都是由下向上修建的，以底面为基准，便于随时进行量度检验。常在建筑物立面图和垂直方向的剖视图、断面图中标注，如图 1-71 所示为标高注法的应用实例。

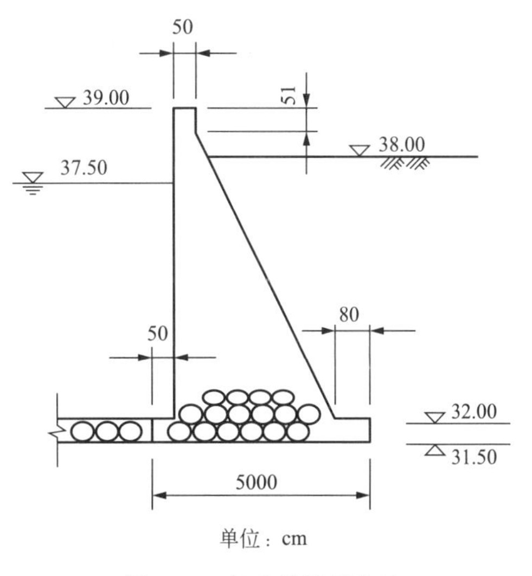

图 1-71　标高的注写方法

（2）长度尺寸的注法

对于坝、隧洞、渠道等较长的水工建筑物，沿轴线的长度方向一般采用“桩号”的注法，标注形式为Km±M，Km为千米数，M为米数。起点桩号为0+000，起点桩号之前注成Km-M，为负值，起点桩号之后注成Km+M，为正值。桩号数字一般垂直于轴线方向注写，且标注在同一侧。当轴线为折线时，转折点的桩号数字应重复标注。当同一图中几种建筑物均采用“桩号”进行标注时，可在桩号数字前加注文字以示区别，如图1-72所示，为某隧洞桩号的标注。

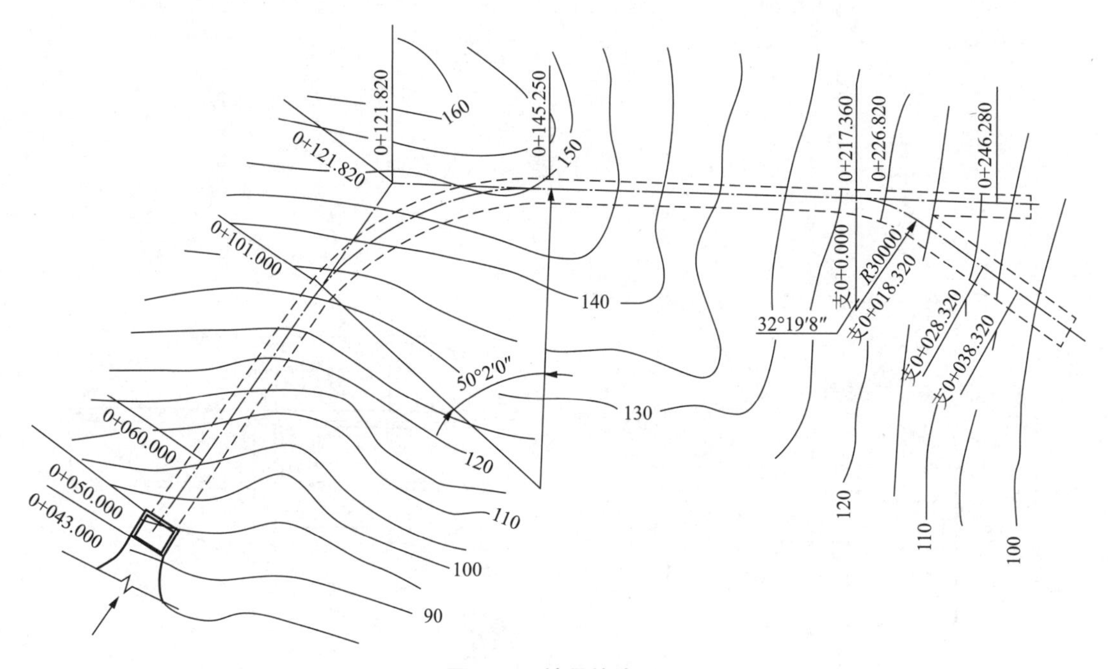

图1-72　桩号的注写

水平尺寸的基准一般以建筑物对称线、轴线为基准，不对称时就以水平方向较重要的面为基准。河道、渠道、隧洞、堤坝等以建筑物的进口即轴线的始点为起点桩号。

（3）连接圆弧与非圆曲线的尺寸注法

连接圆弧需注出圆弧半径、圆心角，夹角的两边指向圆弧的端点、切点。根据施工放样的需要，还应注出圆弧的圆心、切点和端点的高程以及它们长度方向的尺寸，如图1-73所示。

非圆曲线尺寸的标注一般是在图中给出曲线方程式，画出方程的坐标轴，并在图附近列表给出曲线上一系列点的坐标值，如图1-73所示溢流坝面的标注。

（4）简化标注

1）多层结构尺寸的注法

在水利工程图中，多层结构的尺寸常用引出线引出标注。引出线必须垂直通过被引的各层，文字说明和尺寸数字应按结构的层次注写，如图1-74所示。

2）均布与相同构造的尺寸注法

在水利工程图中，均匀分布的相同构件或构造，其尺寸可按图1-75所示的方法标注。

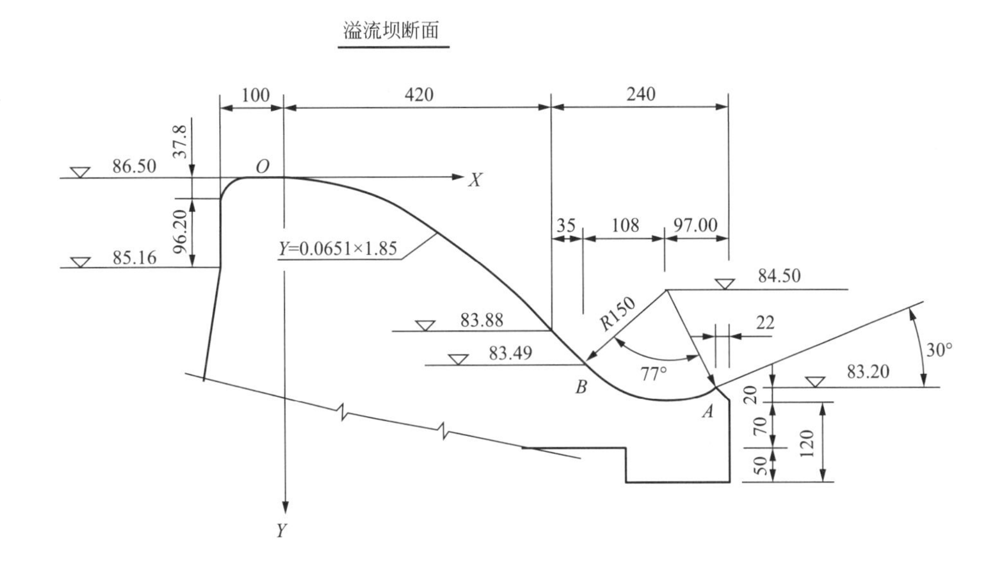

溢流坝面坐标值表(单位：m)

X	1	2	3	4	5	6	7	8	9	10	11
Y	0.062	0.235	0.496	0.846	1.270	1.790	2.315	3.040	3.790	5.490	6.475

图 1-73　连接圆弧与非圆曲线的尺寸注法

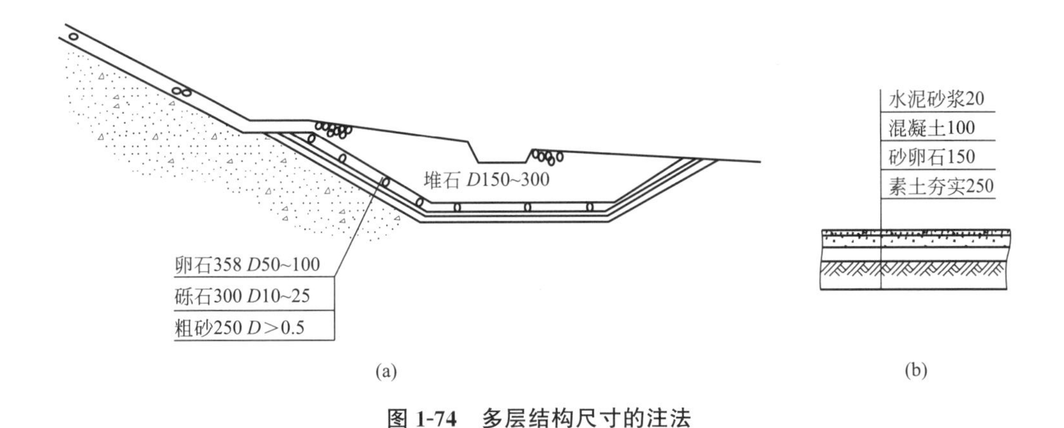

图 1-74　多层结构尺寸的注法

(5) 封闭尺寸链与重复尺寸

图样中既标注各分段尺寸又标注总体尺寸时就形成了封闭尺寸链。由于水工建筑物的施工是分段进行的，为便于施工与测量，需要标注封闭尺寸。

若表达水工建筑物的视图较多，难以按投影关系布置，甚至不能画在同一张图纸上，或采用了不同的比例绘制，致使看图时不易找到对应的投影关系，为便于看图，允许标注重复尺寸，但应尽量减少不必要的重复尺寸。

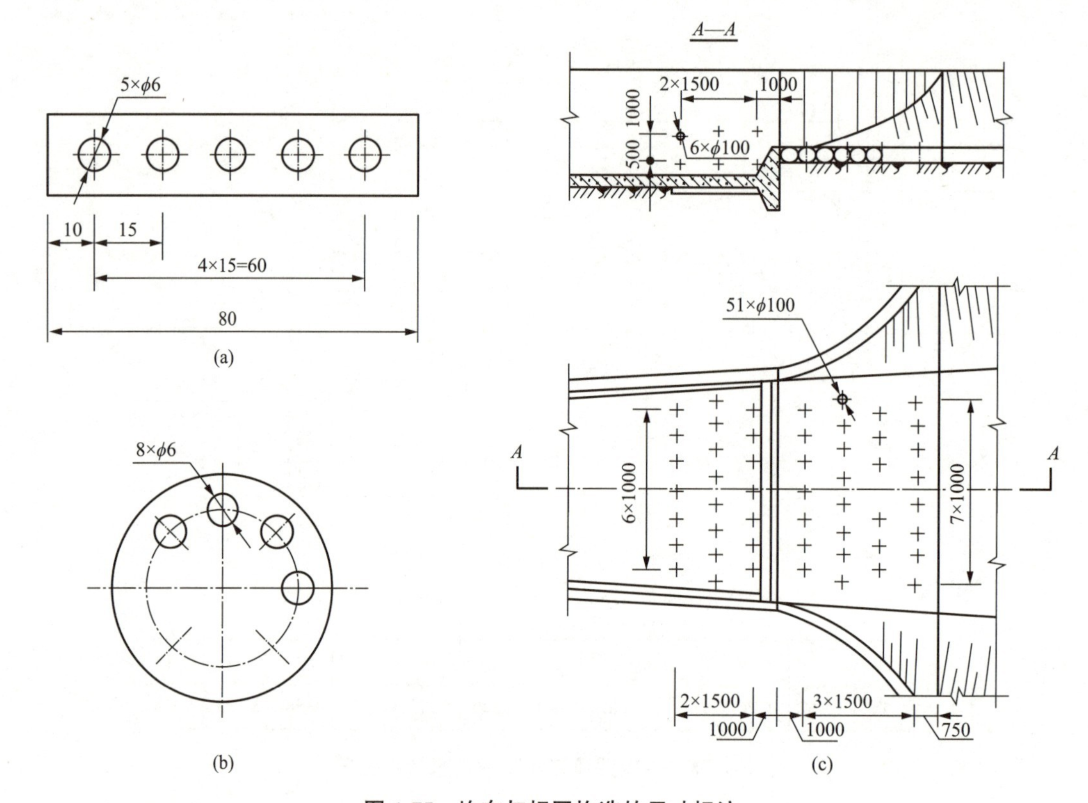

图 1-75　均布与相同构造的尺寸标注

项目 1.3　水工建筑物简介

学习目标

了解水工建筑的主要分类及作用；了解土石坝的特点、工作条件与类型及组成；了解水闸的功能与分类、工作特点及组成部分；了解渡槽的组成及渡槽的类型；了解涵洞的分类及涵洞的构造；了解重力坝的工作原理、特点及重力坝的类型。

1.3.1　水工建筑物的分类

1. 按建筑物用途划分

水工建筑物按其用途可分为一般性建筑物与专门性建筑物。不仅为某一水利事业服务的水工建筑物称为一般性建筑物，仅为一个水利事业服务的水工建筑物称为专门性建筑物。有些水工建筑物的作用并不是单一的，如溢流坝既能挡水，又能泄水；水闸既可挡水，又能泄水，还可作取水之用。

（1）一般性水工建筑物

1）挡水建筑物。用以拦截江河，形成水库或壅高水位。如各种闸坝类建筑物，以及为抗御洪水或挡潮，而沿江河、海岸修建的堤防、海塘等。

2）泄水建筑物。用以宣泄在各种情况下，特别是洪水期宣泄多余的入库和河道水量，确保大坝和其他建筑物的安全。如溢流坝、溢洪道、泄洪洞、泄洪闸等。

3）输水建筑物。为灌溉、发电和供水的需要从上游向下游输水用的建筑物，如输水洞、引水管、渠道、渡槽等。

4）取水建筑物。布置在输水建筑物的首部，如进水闸、扬水站等。

5）整治建筑物。用以整治河道，改善河道的水流条件的建筑物，如丁坝、顺坝、导流堤、护岸等。

（2）专门性水工建筑物

专门为灌溉、发电、供水、过坝需要而修建的建筑物，如电站厂房、沉沙池、船闸、升船机、鱼道、筏道等。

2. 按建筑物使用时间划分

水工建筑物按使用的时间长短分为永久性建筑物和临时性建筑物两类。

（1）永久性建筑物。这种建筑物在运用期长期使用，根据其在枢纽工程中的重要性又分为主要建筑物和次要建筑物。主要建筑物是指该建筑物失事后将造成下游灾害或严重影响工程效益的建筑物，如闸、坝、泄水、输水建筑物及水电站厂房等；次要建筑物是指失事后不致造成下游灾害和对工程效益影响不大且易于检修的建筑物，如挡土墙、导流墙、工作桥及护岸等。

（2）临时性建筑物。这种建筑物仅在工程施工期间使用，如围堰、浮桥、导流建筑物等。

1.3.2 水工建筑物简介

1. 土石坝简介

土石坝是用当地土料、石料或土石混合料填筑而成的坝，又称当地材料坝。土石坝是历史最为悠久、应用最为广泛的一种坝型。随着大型土石方施工机械、岩土理论和计算技术的发展，由于缩短了建坝工期，放宽了筑坝材料的使用范围，土石坝成为当今世界坝工建设中发展最快的一种坝型。据统计，至20世纪80年代末期，世界上兴建的百米以上高坝中，土石坝的比例已达75%以上。目前，世界上最高的大坝——塔吉克斯坦的罗贡坝（坝高335m）就是土石坝。我国已建的黄河小浪底水库（坝高154m）、红水河天生桥一级水电站（坝高178m）、清江水布垭水电站（坝高241m）均为土石坝。

（1）土石坝的特点、工作条件与类型

1）土石坝的特点

① 土石坝的优点。土石坝在实践中之所以能被广泛采用并得到不断发展，与其自身的优越性是密不可分的。同混凝土坝相比，它的优点主要体现在以下几方面。

A 筑坝材料来源直接、方便，能就地取材，材料运输成本低，还能节省大量的钢材、水泥和木材等建筑材料。

B 适应地基变形的能力强。土石坝为土料或石料填筑的散粒结构，能较好地适应地基的变形，对地基的要求在各种坝型中是最低的。

C 构造简单，施工技术容易掌握，便于组织机械化施工。

D 运用管理方便，工作可靠，寿命长，维修加固和扩建均较容易。

② 土石坝的缺点。同其他的坝型类似，土石坝自身也有其不足的一面，主要体现在以下几方面。

A 坝顶不能溢流。受散粒体材料整体强度的限制，土石坝坝身通常不允许过流，因此需在坝外单独设置泄水建筑物。

B 施工导流不如混凝土坝方便，因而相应地增加了工程造价。

C 坝体填筑工程量大，且土料填筑质量受气候条件的影响较大。

2）土石坝的工作条件

① 渗流影响。由于土石料颗粒间孔隙率较大，坝体挡水后，在水位差作用下，库水会经过坝身、坝基和岸坡处向下游渗漏。在渗流影响下，如果渗透坡降大于土体的允许坡降，会产生渗透变形；渗流使浸润线以下土体的有效重量降低，内摩擦角和黏聚力减小；渗透水压力对坝体稳定不利。

② 冲刷影响。雨水自坡面流至坡脚，会对坝坡造成冲刷，还可能渗入坝身内部，降低坝体的稳定性。另外，库内波浪对坝面也将产生冲击和淘刷作用。

③ 沉陷影响。由于坝体及坝基土体的孔隙率较大，在自重和外荷载作用下，因压缩而产生坝体沉陷。如沉陷量过大会造成坝顶高程不足；过大的不均匀沉陷会导致坝体开裂或使防渗体结构遭到破坏。

④ 其他影响。除了上面提及的影响外，还有其他一些不利因素，如气候变化引起冻融和干裂，地震引起坝体失稳和液化，动物（如白蚁、獾子等）在坝身内筑造洞穴，形成集中渗流通道等。

3）土石坝的类型

① 按坝高分类

土石坝按坝高可分为低坝、中坝和高坝。我国《碾压式土石坝设计规范》SL274—2020 规定：高度低于 30m 的为低坝，高度在 30～70m 之间的为中坝，高度超过 70m 的为高坝。土石坝的坝高均从清基后的地面算起。

② 按施工方法分类

A 碾压式土石坝。它是用适当的土料分层堆筑，并逐层加以压实而成的坝。这种方法在土坝中应用广泛。近年来用振动碾压修建堆石坝得到了迅速的发展。

B 水力冲填坝。又称水坠坝，亦叫“泥浆坝”“流泥坝”。它是以水力为动力完成土料的开采、运输和填筑全部工序而建成的坝。其施工方法是用机械抽水到高出坝顶的土场，以水冲击土料形成泥浆，然后通过泥浆泵将泥浆送到坝址，再经过沉淀和排水固结而筑成坝体。

C 定向爆破堆石坝。它是按预定要求埋设炸药，使爆出的大部分岩石抛向预期地点而形成的坝。这种坝填筑防渗部分比较困难。

③ 按坝体材料的组合和防渗体的相对位置分类

根据土料的分布情况，碾压式土石坝又可分为以下几种类型（图 1-76）。

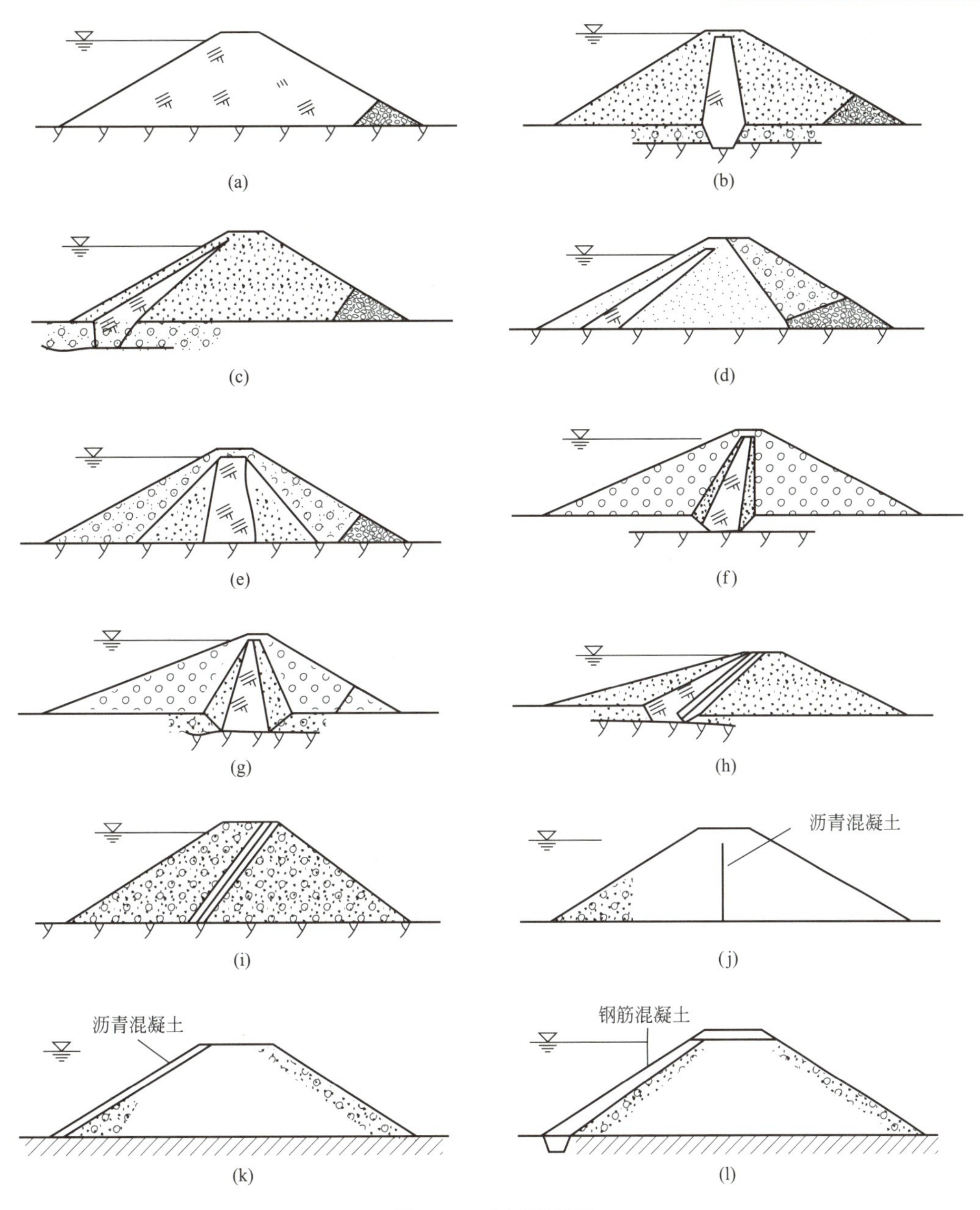

图 1-76 土石坝类型

(a) 均质坝；(b) 黏土心墙；(c) 黏土斜墙坝；(d) 多种土质坝；(e) 多种土质坝；(f) 黏土斜心墙土石混合坝；(g) 黏土心墙土石混合坝；(h) 黏土斜墙土石混合坝；(i) 土石混合坝；(j) 沥青混凝土心墙坝；(k) 沥青混凝土斜墙坝；(l) 钢筋混凝土斜墙坝

A 均质坝

均质坝的坝体断面不分防渗体和坝壳，基本上是由一种土料组成，整个坝体用以防渗并保持自身的稳定。均质坝宜分为坝体、排水体、反滤层和护坡等区。由于筑坝土料抗剪强度较低，故均质坝多用于低坝。

均质坝要求土料应具有一定的抗渗性能，其渗透系数不宜大于 1×10^{-4}cm/s；黏粒含量一般为10%～30%；有机质含量（按质量计）不大于5%，有较好的渗透稳定性，浸水和失水时体积变化小。最常用于均质坝的土料是砂质黏土和壤土。

B土质防渗体分区坝

土质防渗体分区坝坝体断面由土质防渗体及若干透水性不同的土石料分区构成，可分为黏土心墙坝、黏土斜心墙坝、黏土斜墙坝以及其他不同形式的土质防渗体分区坝。防渗体设在坝体中央的或稍向上游的称为黏土心墙坝或黏土斜心墙坝，防渗体设在上游面的称为黏土斜墙坝。土质防渗体分区坝可分为防渗体、反滤层、过渡层、坝壳、排水体和护坡等区。防渗体在上游面时，坝体渗透性宜从上游至下游逐步增大；防渗体在中间时，坝体渗透性可向上、下游逐步增大。

土质防渗体要求土料首先应具有足够的防渗性。一般要求渗透系数不大于1×10^{-3}cm/s，它与坝壳材料的渗透系数之比应不大于1/1000，以便有效地降低坝体浸润线，提高防渗效果。防渗土料还应具有足够的塑性（塑性是一种在某种给定载荷下，材料产生永久变形的特性），能适应坝体及坝基的变形而不致产生裂缝。浸水后膨胀软化较大的黏土以及开挖压实困难的干硬性黏土、冻土应尽量不用。含有石膏和含有交换钠离子数量太多的土料也不宜用来防渗。防渗体对杂质含量的要求也比对坝体材料的要求更加严格，一般要求有机质含量不超过2%，水溶盐含量不超过3%（均按质量计）。

因为心墙坝和斜墙坝的坝壳土料没有防渗要求，只要求有足够的稳定性和透水性，所以很少全部用黏性土或壤土、砂壤土等建造。为优化利用当地资源，多用粒径级配较好的中砂、粗砂、砂石、卵石及其他透水性较高、抗剪强度参数较大的混合料。均匀的中、细砂料及粉料，特别是颗粒较细的砂料，不均匀系数$\eta=1.5\sim2.6$时，极易产生液化，可以用于中、低坝的干燥区，但高坝中应尽量不用，在地震区更应忌用。砾石土和风化料也可用作坝壳的材料，但要进行适当的布置和必要的处理。

C非土质材料防渗体坝

防渗体由混凝土、沥青混凝土或土工膜组成，其余部分由土料构成的坝，按防渗体的位置也可分为心墙坝和面板坝两种，防渗体在上游面的称为面板坝，防渗体在坝体中间的坝称为心墙坝。

有防渗体的土石坝，为避免因渗透系数和材料级配的突变而引起渗透变形，都要向上、下游方向分别设置2～3层逐层加粗的材料作为过渡层或反滤层。

在以上这些坝型中，用得最多的是斜墙坝或斜心墙土石坝，特别是斜心墙的土石混合坝，在改善坝体应力状态和避免裂缝方面具有良好的效能，高土石坝中应用得更多。

（2）土石坝的组成和基本剖面

土石坝的坝体剖面由坝身、防渗体、排水体、护坡四部分组成。

1）坝身。坝身是土石坝的主体，坝坡的稳定主要靠坝身来维持，并对防渗体起到保护作用。坝身土料应采用抗剪强度较高的土料，以减少坝体的工程量；当坝身土料为壤土时，由于其渗透系数较小，可以不再另设防渗体而成为均质坝。

2）防渗体。防渗体是土石坝的重要组成部分，其作用是防渗，必须满足降低坝体浸润线、降低渗透坡降和控制渗流量的要求，另外还需满足结构和施工上的要求。常见的防渗体形式有心墙、斜墙、斜墙＋铺盖、心墙＋截水墙、斜墙＋截水墙等。土石坝的防渗体包括土质防渗体和人工材料防渗体（沥青混凝土、钢筋混凝土、复合土工膜），其中已建工程中以土质防渗体居多。

3）排水体。土石坝设置坝身排水的目的主要是降低坝体浸润线及孔隙压力，改变渗流方向，增加坝体稳定；防止渗流逸出处的渗透变形，保护坝坡和坝基；防止下游波浪对坝坡的冲刷及冻胀破坏，起到保护下游坝坡的作用。

常见的排水型式有棱体排水、贴坡排水、褥垫排水和综合式排水等。

① 棱体排水（滤水坝趾）。棱体排水是在坝趾处用块石填筑堆石棱体，多用于下游有水和石料丰富的情况。这种型式排水效果好，除了能降低坝体浸润线、防止渗透变形外，还可支撑坝体、增加坝体的稳定性和保护下游坝脚免遭淘刷。在排水棱体与坝体及坝基之间需设反滤层，如图1-77所示。

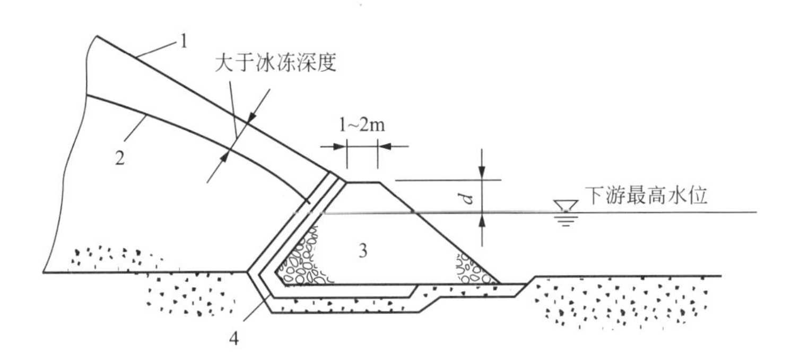

图1-77　棱体排水示意图（单位：m）

1—下游坝坡；2—浸润线；3—棱体排水；4—反滤层

② 贴坡排水。贴坡排水又称为表层排水，是在坝体下游坝坡一定范围内设置1～2层堆石。它不能降低浸润线，但能提高坝坡的抗渗稳定性和抗冲刷能力。这种排水结构简单，便于维修。贴坡排水的厚度（包括反滤层）应大于冰冻深度，顶部应高于浸润线的逸出点和下游最高壅水位，并满足抗冻要求。贴坡排水底脚处需设置排水沟或排水体，其深度应能满足在水面结冰后，排水沟（或排水体）的下部仍具有足够的排水断面的要求，如图1-78所示。

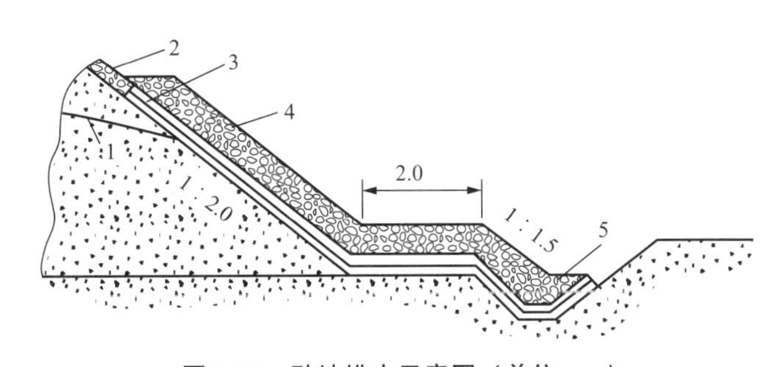

图1-78　贴坡排水示意图（单位：m）

1—浸润线；2—护坡；3—反滤层；4—排水体；5—排水沟

③ 褥垫排水。这种型式的排水体伸入坝体内部，能有效地降低坝体浸润线，但对增加下游坝坡的稳定性不明显，常用于下游水位较低或无水的情况。褥垫排水伸入坝体的长度由渗透坡降确定，一般不超过坝底宽度的1/4～1/3，褥垫厚度为0.4～0.5m，使用较均匀的块石，四周需设置反滤层，满足排水反滤要求，如图1-79所示。

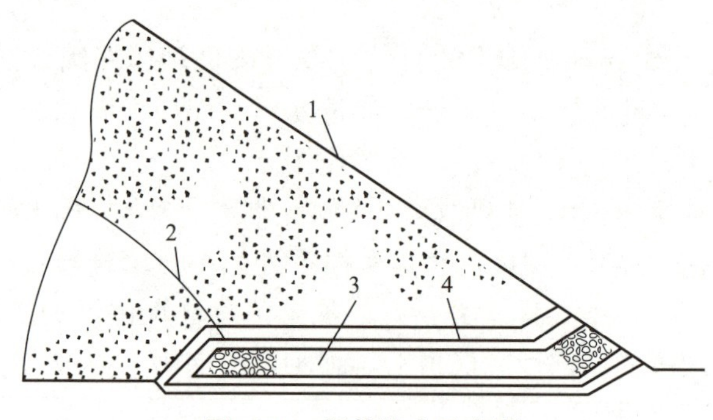

图 1-79 褥垫排水示意图

1—护坡；2—浸润线；3—排水体；4—反滤层

④ 综合式排水。在实际工程中，常根据具体情况将上述几种排水型式组合在一起，兼有各种单一排水形式的优点，如图 1-80 所示。

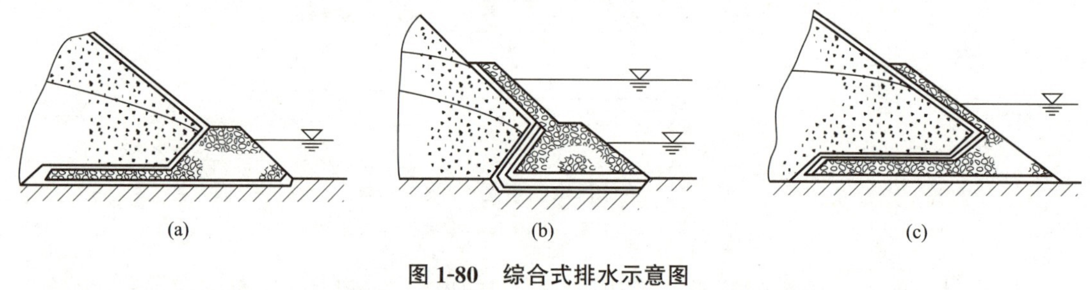

图 1-80 综合式排水示意图

(a) 褥垫+棱体；(b) 贴坡+棱体；(c) 褥垫+贴坡

4）护坡。为保护土石坝坝坡免受波浪淘刷、冰层和漂浮物的损害，降雨冲刷，防止坝体土料发生冻结、膨胀和收缩以及人畜破坏等，需设置护坡结构。土石坝护坡结构要求坚固耐久，能够抵抗各种不利因素对坝坡的破坏作用，还应尽量就地取材，方便施工和维修。上游护坡常采用堆石、干砌石或浆砌石（图 1-81）、混凝土或钢筋混凝土（图 1-82）、沥青混凝土等护坡形式。下游护坡要求略低，可采用草皮、干砌石、堆石等护坡形式。土石坝护坡的范围，对于上游面应由坝顶至最低水位以下一定距离，一般取 2.5m 左右；对于下游面应自坝顶护至排水设备，无排水设备或采用褥垫式排水时则需护至坡脚。

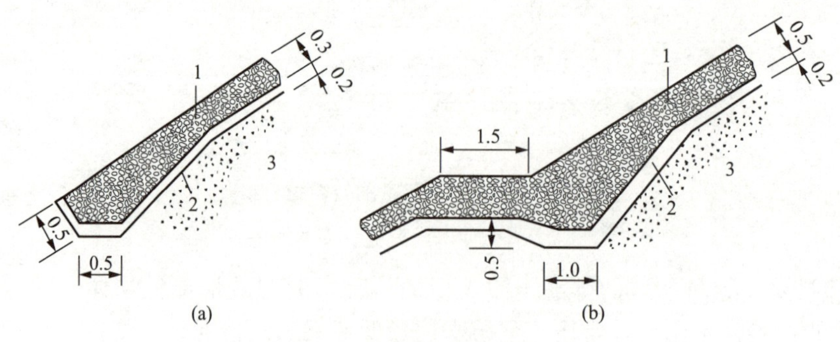

图 1-81 干砌石护坡（单位：m）

1—干砌石；2—垫层；3—坝体

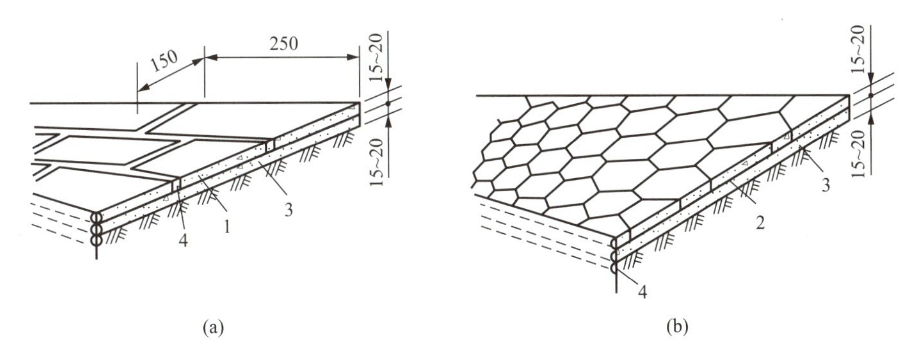

图 1-82　混凝土护坡（单位：cm）

1—矩形混凝土板；2—六角形混凝土板；3—碎石或砾石；4—结合缝

（a）矩形板；（b）六角形板

2. 水闸简介

水闸是一种利用闸门挡水和泄水的低水头水工建筑物，既能挡水，抬高水位，又能泄水，用以调节水位，控制泄水流量。水闸多修建于河道、渠系及水库、湖泊岸边，在水利工程中的应用十分广泛。中华人民共和国成立以来，我国修建了成千上万座水闸。我国修建的水闸有些规模是很大的，比如在长江干流上建成的葛洲坝水利枢纽长江二江 27 孔拦河闸，闸高 33m，最大泄流量可达 83900m^3/s，居全国之首。

（1）水闸的功能与分类

从水闸的概念知道：闸门关闭，挡水、挡潮，抬高水位，满足上游引水和航运，以兴水利；闸门开启，可以泄洪、排涝、冲沙，根据下游用水需要，控制泄流量，调节水位。概括起来，水闸具有挡水和泄水的双重作用。

1）水闸按其所承担的任务，可分为六种，如图 1-83 所示。

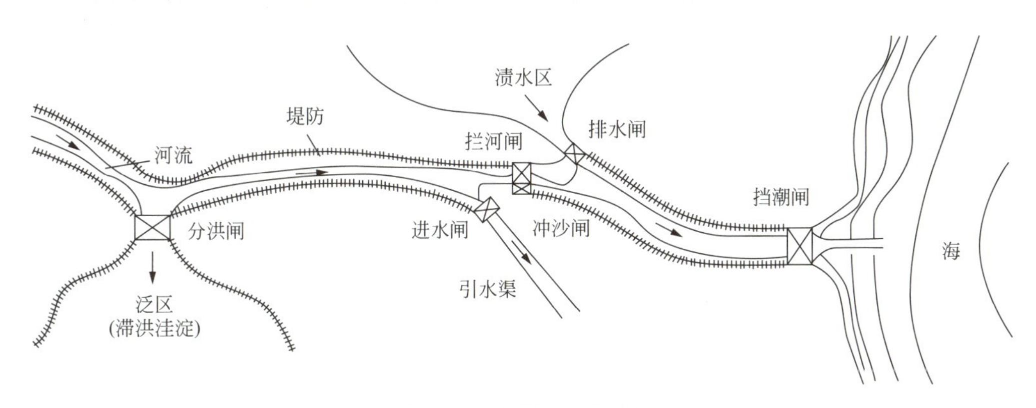

图 1-83　水闸分类示意图

① 节制闸。节制闸在河道上或在渠道上建造，枯水期用以抬高水位以满足上游引水或航运的需要；洪水期控制下泄流量，保证下游河道安全。位于河道上的节制闸也称拦河闸。

② 进水闸。进水闸建在河道、水库或湖泊的岸边，用来控制引水流量，以满足灌溉、发电或供水的需要。进水闸又称取水闸或渠首闸。南水北调中线工程从河南省淅川县陶岔

渠首开始，将丹江口水库南水引出，一路向北奔腾1432km，向河南、河北、天津、北京调水，最终汇入北京团城湖和天津外环河，滋润着干涸的北方大地，优化了我国北方水资源配置。

③ 分洪闸。分洪闸常建于河道的一侧，用来将超过下游河道安全泄量的洪水泄入分洪区（蓄洪区或滞洪区）或分洪道。如汉江干堤修建的杜家台30孔分洪闸，有“亚洲第一分洪闸”之称的黄河下游渠村56孔分洪闸。

④ 排水闸。排水闸常建于江河沿岸，用来排除河道两岸低洼地区对农作物有害的渍水。当河道内水位上涨时，为防止河水倒灌，需要关闭闸门；当洼地有蓄水、灌溉要求时，可以关门蓄水或从江河引水，所以这种水闸具有双向挡水，有时还有双向过流的特点。

⑤ 挡潮闸。挡潮闸建在入海河口附近，涨潮时关闸，防止海水倒灌；退潮时开闸泄水，具有双向挡水的特点。

⑥ 冲沙闸（排沙闸）。冲沙闸建在多泥沙河流上，用于排除进水闸、节制闸前或渠系中沉积的泥沙，减少引水水流的含沙量，防止渠道和闸前河道淤积。冲沙闸常建在进水闸一侧的河道上，与节制闸并排布置或设在水渠内的进水闸旁。

2）水闸按闸室的结构型式可分为开敞式和封闭（涵洞）式等。

① 开敞式水闸。水闸闸室上面没有填土，是开敞的。这种水闸又分为胸墙式和无胸墙式两种。当上游水位变幅较大而过闸流量又不是很大时，即挡水位高于泄水位时，可采用胸墙式，如进水闸、挡潮闸及排水闸等。有泄洪、通航、排冰、过木要求的水闸常采用无胸墙的开敞式水闸，如图1-84所示。

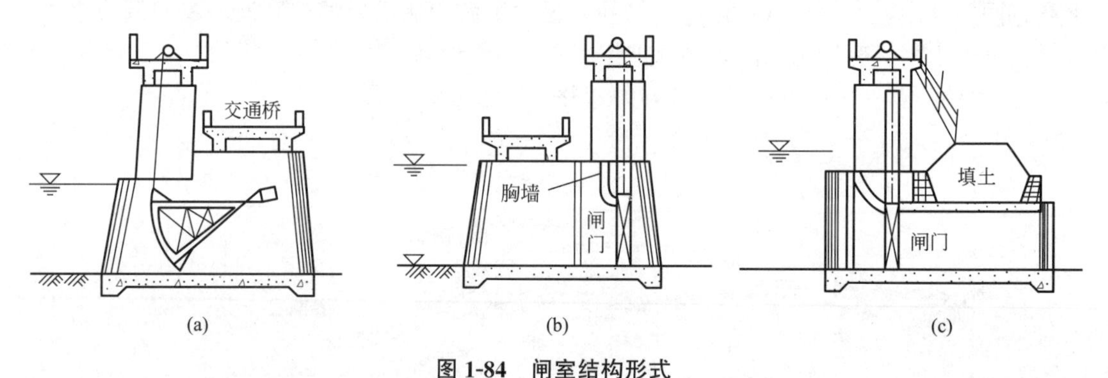

图1-84　闸室结构形式

（a）不带胸墙开敞式；（b）带胸墙开敞式；（c）封闭式

② 涵洞式水闸。水闸修建在河（渠）堤之下，闸（洞）身上面填土封闭的则称为涵洞式水闸。它的适用条件基本上与胸墙式水闸相同。根据水力条件的不同，涵洞式水闸分为有压式和无压式两类，如图1-85所示。

3）水闸按最大过闸流量分为：流量不小于5000m^3/s为大（1）型；流量5000～1000m^3/s为大（2）型；流量1000～100m^3/s为中型；流量100～20m^3/s为小（1）型；流量小于20m^3/s为小（2）型。

（2）水闸的组成部分

水闸一般由闸室、上游连接段和下游连接段3部分组成，如图1-86所示。

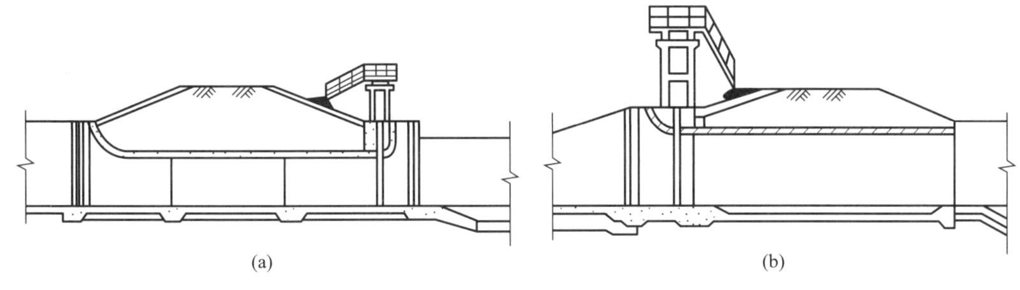

图 1-85　涵洞式水闸

（a）有压式涵洞进水闸；（b）无压式涵洞进水闸

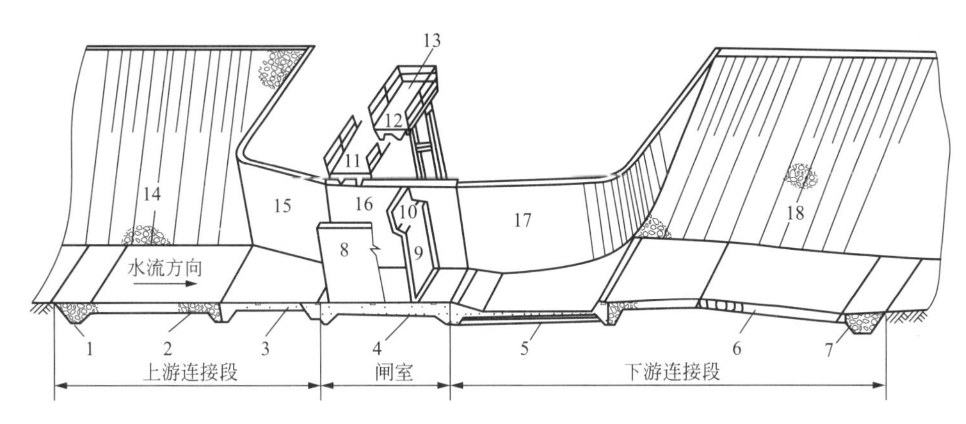

图 1-86　水闸的组成部分

1—上游防冲槽；2—上游护底；3—铺盖；4—底板；5—护坦（消力池）；6—海漫；7—下游防冲槽；8—闸墩；9—闸门；10—胸墙；11—交通桥；12—工作桥；13—启闭机；14—上游护坡；15—上游翼墙；16—边墩；17—下游翼墙；18—下游护坡

1）闸室。闸室是水闸的主体，起着控制水流和连接两岸的作用。闸室包括闸门、闸墩、底板、工作桥、交通桥等几个部分。底板是闸室的基础，闸室的稳定主要由底板与地基间的摩擦力来维持。底板同时还起着防冲防渗的作用。闸门则用于控制水流。闸墩用以分隔闸孔和支承闸门、胸墙、工作桥、交通桥。工作桥用以安装启闭机械。交通桥用以沟通河、渠两岸的交通。

2）上游连接段。上游连接段处于水流行近区，其主要作用是引导水流平稳地进入闸室，保护上游河床及两岸免于冲刷，并有防渗作用。上游连接段一般包括上游防冲槽、铺盖、上游翼墙及两岸护坡等。

3）下游连接段。下游连接段的主要作用是消能、防冲和安全排出经闸基及两岸的渗流，通常包括护坦、海漫、下游防冲槽、下游翼墙及两岸护坡等。

（3）水闸的工作特点

水闸可以修建在岩基上，也可建在软土地基上，但大多修建在河流或渠道的软土地基上。建在软土地基上的水闸具有以下一些工作特点。

1）软土地基的压缩性大，承载能力低，在闸室自重和外荷载作用下，地基易产生较大的沉降或沉降差，造成闸室倾斜、闸底板断裂，甚至发生塑性破坏，引起水闸失事。

2）水闸泄流时，水流具有较大的能量，而土壤的抗冲能力较低，可能引起水闸下游的冲刷。

3）在上下游水头差作用下，将在闸基及两岸连接部分产生渗流。渗流对闸室及两岸连接建筑物的稳定和侧向稳定不利，而且还可能产生有害的渗透变形。

3. 渡槽简介

渡槽是输送水流跨越渠道、河流、道路、沟谷等的架空输水建筑物。渡槽一般适用于渠（沟）道跨越宽深河谷且洪水流量较大、跨越较广阔的滩地或洼地等情况。它与倒虹吸管相比较，水头损失小，便于通航，不易淤积堵塞，管理运用方便，是交叉建筑物中采用最多的一种形式。

（1）渡槽的组成

渡槽一般由进口连接段、槽身、出口连接段、支承结构、基础等组成（图 1-87）。槽身搁置于支承结构上，槽身自重及槽中的水重等荷载通过支承结构传递给基础，由基础再传给地基。

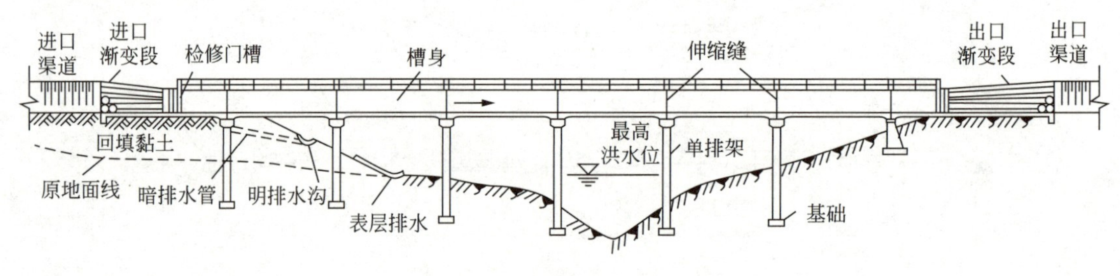

图 1-87　渡槽纵剖面图

1）进、出口段

渡槽的进出口段应与渐变段、渠道平顺连接，渐变段可用直立翼墙式和扭曲翼墙的形式，防止冲刷和渗漏。一般将槽身伸入两岸 2～5m。出口段比进口段的扩散角应平缓些，如图 1-88 所示。

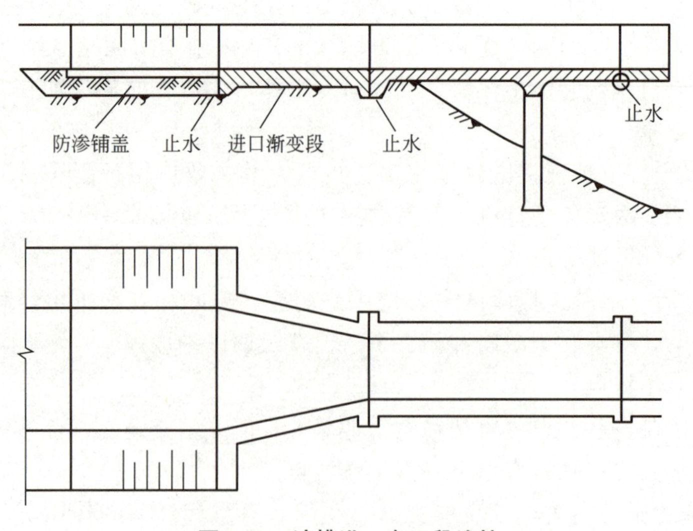

图 1-88　渡槽进、出口段连接

2）槽身

一般为矩形或U形，包括底板、侧墙和间隔设置的拉梁。由浆砌块石和钢筋混凝土构成。

3）下部支承结构

一般与农桥相同，常用浆砌石或钢筋混凝土材料做成。常用重力墩、空心重力墩、排架和支承拱做成。

（2）渡槽的类型

渡槽的类型一般是指输水槽身及其支承结构的类型。槽身及支承结构的类型各式各样，所用材料又有所不同，施工方法也各异，因而分类方式就很多。

1）按施工方法分，有现浇整体式渡槽、预制装配式渡槽、预应力渡槽等。按所用材料分，有木渡槽、砌石渡槽、混凝土渡槽、钢筋混凝土渡槽等。

2）按槽身断面分，有矩形槽、U形槽、梯形槽、圆管形槽等，通常用的是前两种。

3）按支承结构形式分，有梁式渡槽、拱式渡槽（图1-89、图1-90）、桁架式渡槽、组合式渡槽、悬吊式渡槽、斜拉式渡槽等，其中常用的是前两类。按支承结构形式分，能反映渡槽的结构特点、受力状态、荷载传递方式、结构计算方法。

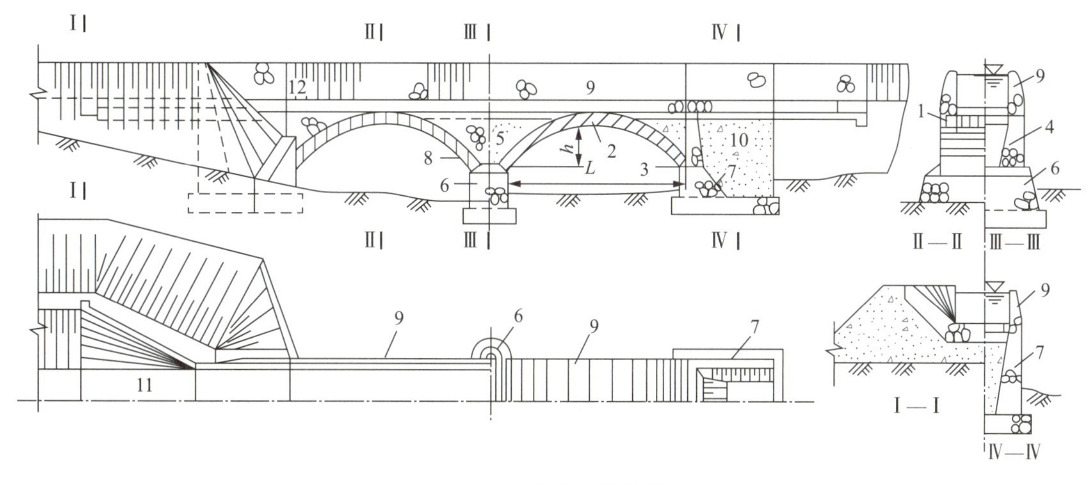

图1-89 实腹式拱渡槽

1—拱圈；2—拱顶；3—拱脚；4—边墙；5—拱上填料；6—槽墩；7—槽台；8—排水管；
9—槽身；10—垫层；11—渐变段；12—变形缝

4. 涵洞简介

涵洞是渠系建筑物中较常见的一种交叉建筑物。当渠道与道路、沟谷等障碍物相交时，在道路或填方渠道下面，为输送渠水或宣泄沟谷来水而修建的建筑物称为涵洞。

涵洞的走向一般应与渠堤或道路正交，以缩短洞身的长度，并尽量与原沟溪渠道水流方向一致，以保证水流顺畅，为防止冲刷或淤积，洞底高程应等于或接近于原渠道水底高程，坡度稍大于原水道坡度。

通常所说的涵洞主要指不设闸门的输水涵洞和排洪涵洞，一般由进口、洞身、出口三部分组成。如图1-91所示。

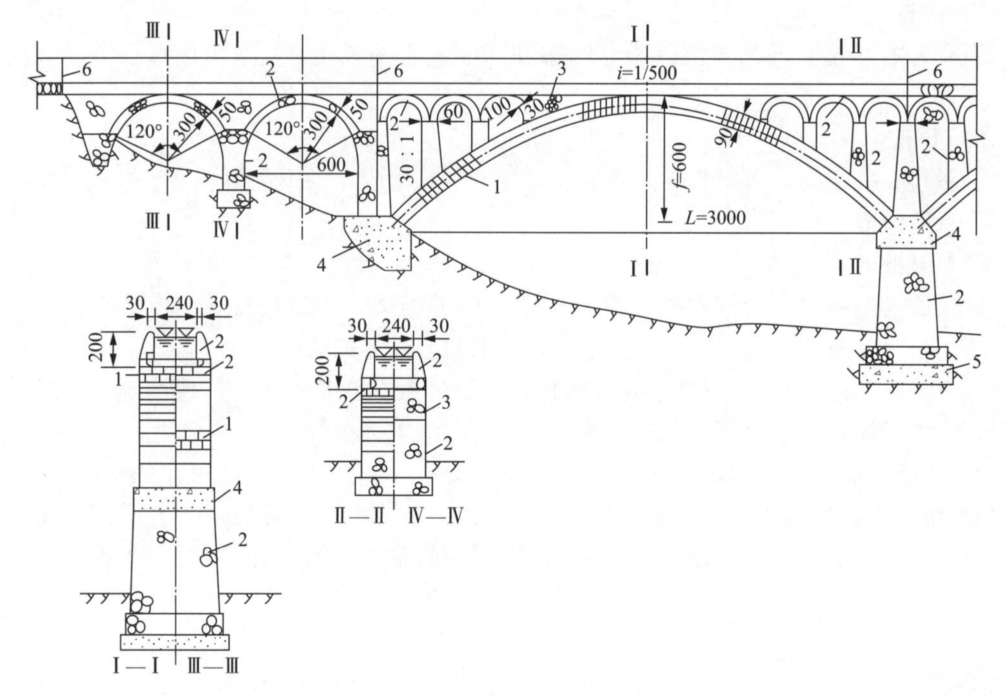

图 1-90 空腹式拱渡槽

1—水泥砂浆砌条石；2—水泥砂浆砌块；3—水泥砂浆砌块石；4—C20 混凝土；5—C10 混凝土；6—伸缩缝

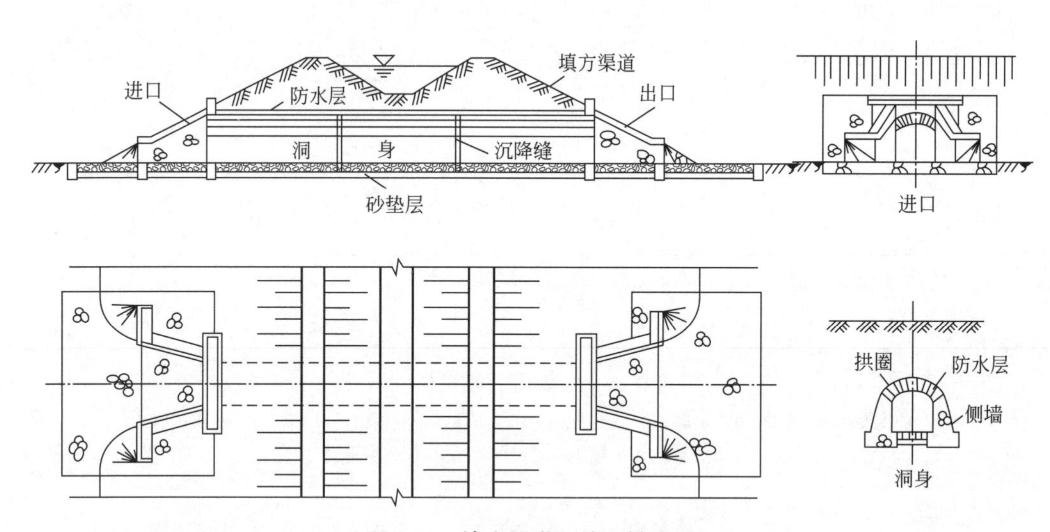

图 1-91 填方渠道下的石拱涵洞

排洪涵洞可以设计成有压涵洞、无压涵洞、半有压涵洞。

(1) 涵洞的分类

1) 涵洞按水流通过时的形态可以分为无压涵洞、半有压涵洞、有压涵洞，如图 1-92 所示。

无压明流涵洞水头损失较少，一般适用于平原渠道。上下游水位差较小，其过涵流速一般在 2m/s 左右，故一般可以不考虑专门的防渗、排水及消能问题。

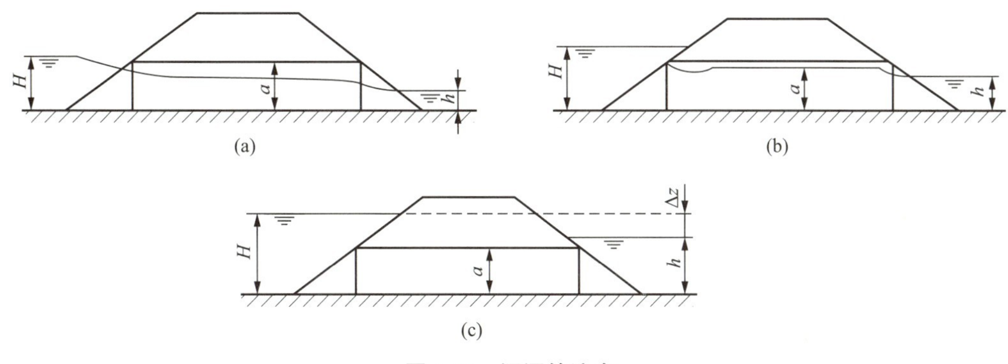

图 1-92　涵洞的流态

（a）无压涵洞；（b）半有压涵洞；（c）有压涵洞

当不会因涵洞前壅水而淹没农田和村庄时采用有压涵洞或半有压涵洞。在布置半有压涵洞时需采用必要措施，保证过涵水流只在进口一小段为有压流，其后的洞身直到出口均为稳定的无压明流。设计时应根据流速的大小及洪水持续时间的长短考虑消能防冲、防渗及排水问题。

高填方土堤下的涵洞可用压力流。半有压流的状态不稳定，周期性作用时对洞壁产生不利影响，一般情况下设计时应避免这种流态。

2）涵洞根据材料一般分为浆砌石涵洞、混凝土涵洞及钢筋混凝土涵洞。

3）涵洞按断面形式分为圆涵、箱涵、盖板涵、拱涵。

① 圆涵

圆涵的水力条件和受力条件较好，能承受较大的填土和内水压力作用，一般多用钢筋混凝土或混凝土建造，便于采用预制管安装，是最常采用的一种形式。其优点是结构简单、工程量小、便于施工。当泄水量大时，可采用双管或多管涵洞，其单管直径一般为 0.5～6m，如图 1-93 所示。

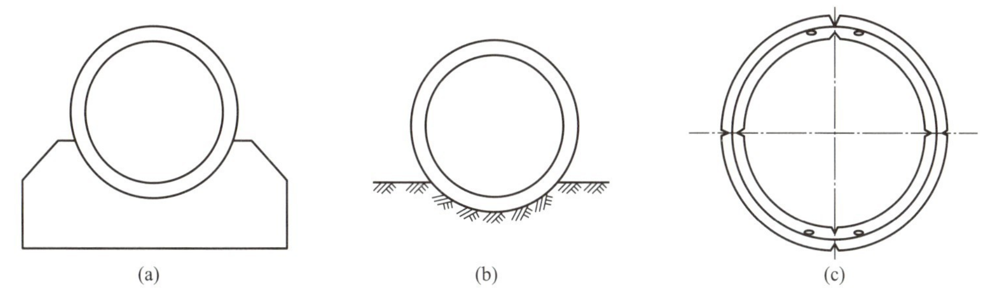

图 1-93　圆涵

（a）有基圆涵；（b）无基圆涵；（c）四铰圆涵

② 箱涵

箱涵多为矩形钢筋混凝土结构，具有较好的静力工作条件，对地基不均匀沉降的适应性好，可根据需要灵活调节宽高比，泄流量较大时可采用双孔或多孔布置。适用于洞顶填土较厚、洞跨较大和地基较差的无压或低压涵洞，可直接铺设于砂石地基、砌石、混凝土垫层上。小跨度箱涵可以分段预制，然后现场安装，如图 1-94 所示。

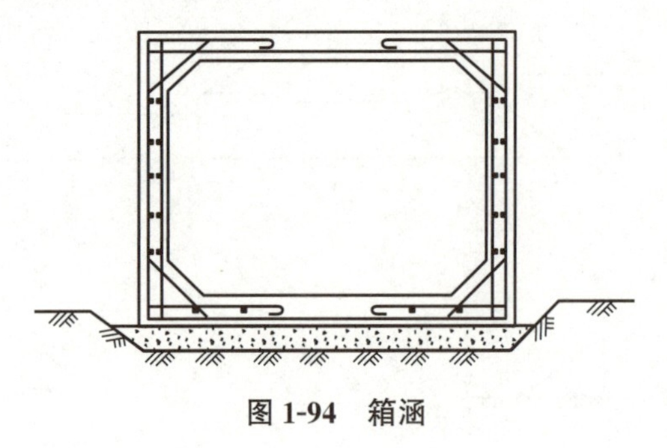

图 1-94　箱涵

③ 盖板涵

盖板涵一般采用矩形或方形断面，由侧墙、底板、盖板组成，如图 1-95 所示。侧墙和底板可用混凝土或浆砌石建造。盖板一般采用预制钢筋混凝土板，盖板一般简支于侧墙上。若地基较好、孔径不大，底板可做成分离式，底部用混凝土或砌石保护，下垫砂石以利于排水。主要用于填土较薄或跨度较小的无压涵洞。

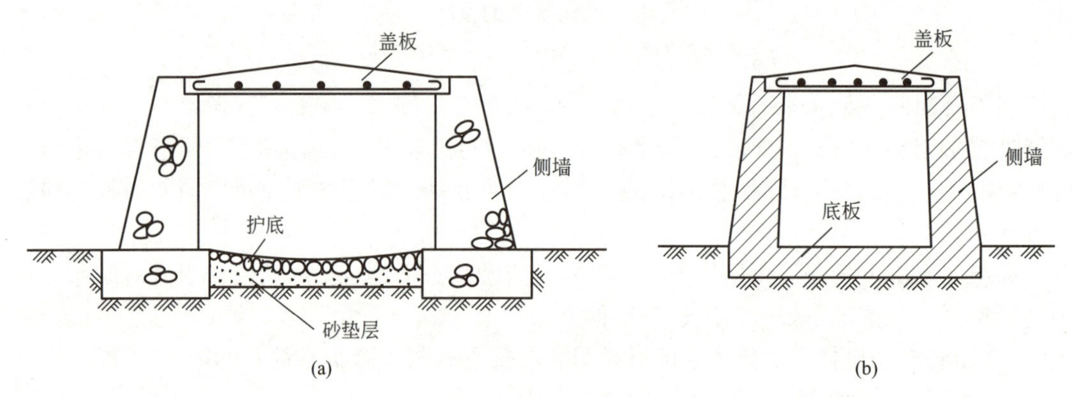

图 1-95　盖板涵

（a）侧墙和底板为浆砌石的盖板涵；（b）侧墙和底板为混凝土的盖板涵

④ 拱涵

拱涵由拱圈、侧墙、底板组成。工程中最常见的有半圆拱、平拱两种形式。拱圈可做成等厚或变厚的，混凝土拱厚一般不小于 20cm，砌石拱厚一般不小于 30cm。拱涵多用于地基条件较好、填土较高、跨度较大、泄量较大的无压涵洞。

拱涵的底板根据跨度大小以及地基情况，可采用整体式、分体式两种形式，如图 1-96 所示。为改善整体式底板的受力条件，工程上常采用反拱底板，如图 1-97 所示。

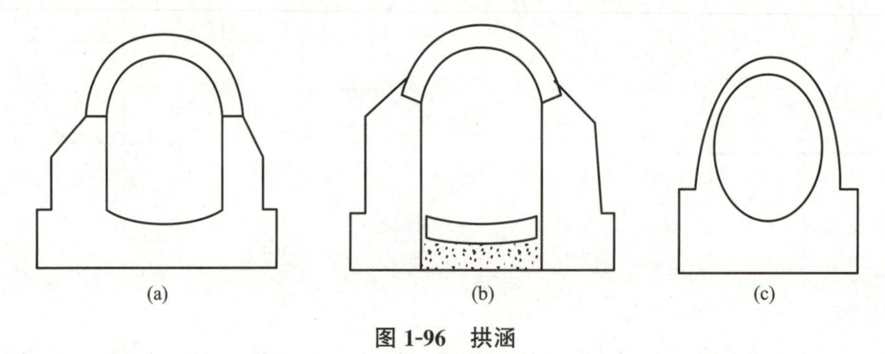

图 1-96　拱涵

（a）、（c）整体式拱涵；（b）分体式拱涵

（2）涵洞的构造

涵洞由进口、洞身和出口部分组成。

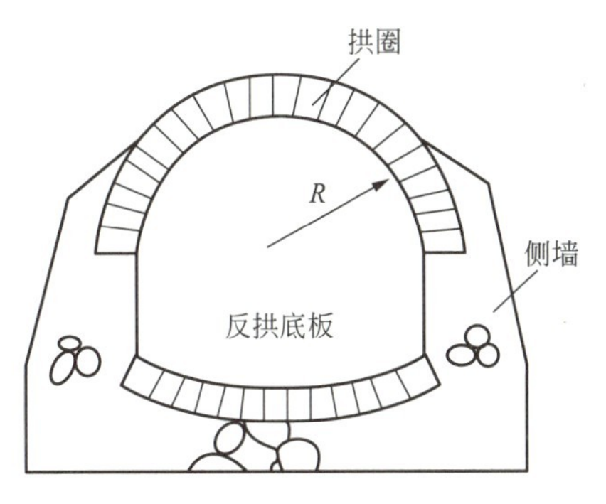

图 1-97　反拱底板

1）进出口是洞身与填土边坡相连接的部分，其结松型式和布置应保证水流平顺、工程量小。

① 圆锥护坡式，如图 1-98（a）所示。进口、出口设圆锥形护坡与渠堤外坡连接，构造简单、省材料，但进口水流收缩大，与其他形式的进水口相比，在同样条件下，上游壅水时易封住洞顶，这种形式一般用于小型工程。

② 八字形斜降墙式，如图 1-98（b）所示。翼墙在平面上呈八字形，八字墙与水流方向成 30°～40°交角，墙顶面随两侧土坡的降低而逐渐降低，进流条件比圆锥护坡式有所改善，但仍易使上游产生壅水而封住洞顶。

③ 反翼墙走廊式，如图 1-98（c）所示。指涵洞进水口两侧翼墙高度不变以形成廊道，水面降落产生在该段翼墙内，可降低洞身高程，适用于无压涵洞的进口，但工程量较大，采用较少。

④ 八字墙式，如图 1-98（d）所示。将八字翼墙伸出填土边坡之外，其作用与走廊式相似，若翼墙改用扭曲面式，即成为扭曲面护坡式，水流条件会更好，但施工较麻烦。

⑤ 进口段洞顶抬高式，如图 1-98（e）所示。对于无压涵洞，为了保证进口水流不封住洞顶，可将进口 1.2*H*（*H* 为洞高）长度范围内洞身高度适当加大，以使进口水面降落位于此段范围内，以免水流封住洞口；对于半有压涵洞，为使水流封住进口洞顶时洞内仍

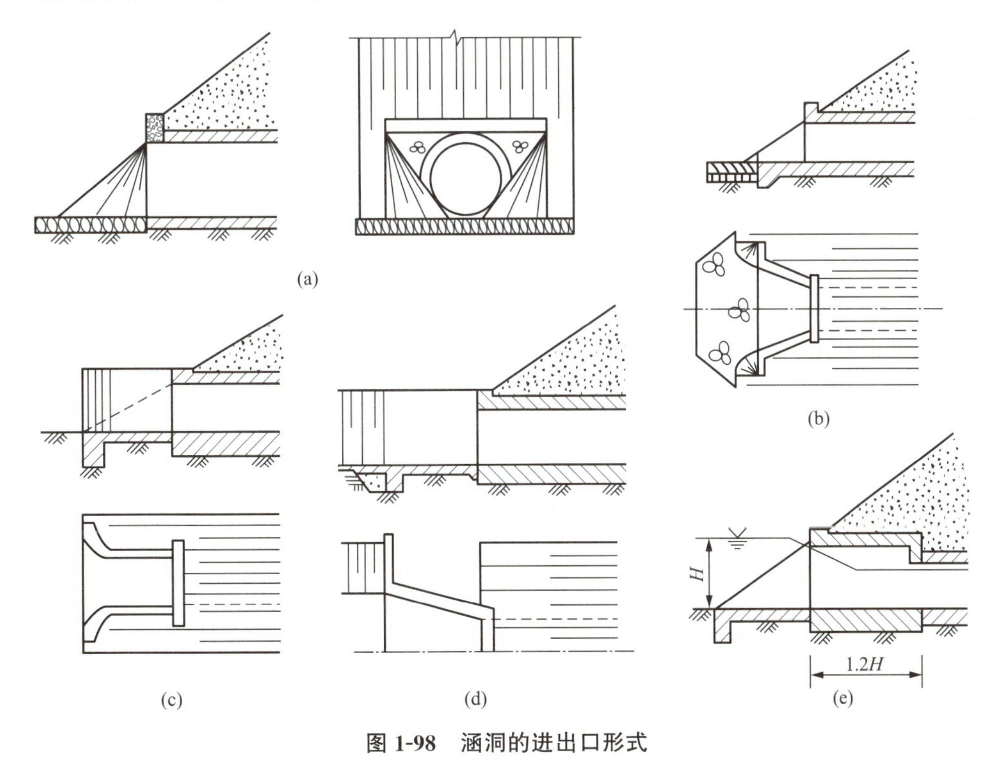

图 1-98　涵洞的进出口形式

（a）圆锥护坡式；（b）八字斜降墙式；（c）反翼墙走廊式；（d）八字墙伸出填土坡外式；（e）进口抬高式

能保持稳定的无压流态，可将进口一小段洞身高度适当减小，并在其后设通气孔，以稳定洞内水面；对于有压涵洞，可将进口段洞身的顶部做成逐渐收缩的曲线形式，使进口有平顺的水流边界和必要的进流能力。

2）洞身构造

为了适应温度变化引起的伸缩变形和地基的不均匀沉降，涵洞应分段设置沉降缝。对于砌石、混凝土、钢筋混凝土涵洞，分缝间距一般不大于 10m，且不小于 2～3 倍洞高；对于预制安装管涵，按管节长度设缝。常在进出口与洞身连接处及洞身上荷载变化较大处设沉降缝，该缝为永久缝，缝中应设止水，构造要求与倒虹吸管相似。

若涵洞顶部为渠道，则顶部应设一层防渗层，洞顶填土应不小于 1.0m，对于有衬砌的渠道，也应不小于 0.5m，以保证洞身具有良好的工作条件。

无压涵洞的净空高度应大于或等于洞高的 1/6～1/4，净空面积应大于或等于涵洞断面的 10%～30%。

3）基础

涵洞基础一般采用混凝土或浆砌石管座，管座顶部的弧形部分与管体底部形状吻合，其包角一般采用 90°～135°，如图 1-99 所示。箱涵和拱涵在岩基上只需将基面整平即可；对于在压缩性小的土层上只需采用素土或三合土夯实；在软基上通常用碎石垫层。在寒冷地区，基础应埋于冰冻层以下 0.3～0.5m。

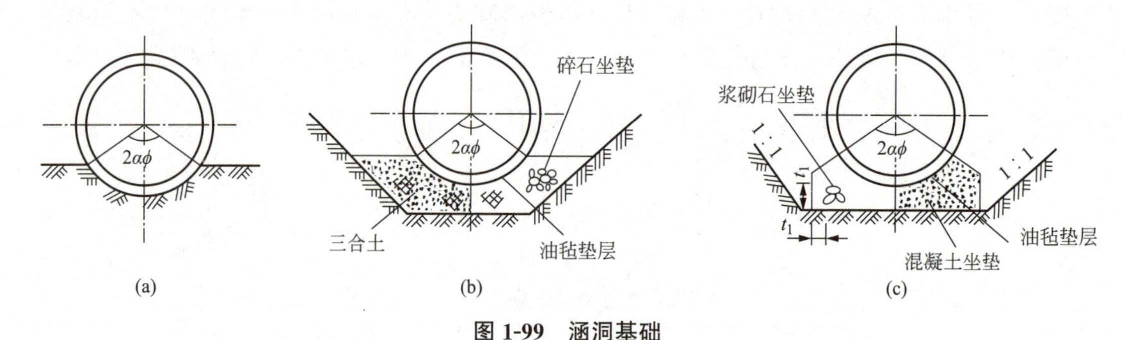

图 1-99 涵洞基础

（a）原状土基础；（b）三合土基础；（c）混凝土基础

5. 重力坝简介

重力坝是一种古老而且应用广泛的坝型，它因主要依靠坝体自重与地基间产生的抗滑力维持稳定而得名。19 世纪以前，重力坝基本上都采用浆砌毛石修建，19 世纪后期逐渐采用混凝土浇筑坝体。进入 20 世纪，逐渐形成了现代的混凝土重力坝。目前，世界上最高的重力坝是瑞士的大狄克桑斯坝，坝高 285m。举世瞩目的三峡大坝为混凝土重力坝，最大坝高 185m，正常蓄水高度 175m，三峡工程是国之重器，三峡水电站也是世界上规模最大的水力发电站。由于重力坝结构简单，施工方便，抵御洪水能力强，抵抗战争破坏等意外事故的能力也较强，工作安全可靠，至今仍被广泛采用。

（1）重力坝的工作原理及特点

1）重力坝的工作原理

重力坝的工作原理是在水压力及其他荷载的作用下，主要依靠坝体自身重量在滑动面上产生的抗滑力来抵消坝前水压力以满足稳定的要求；同时也依靠坝体自重在水平截面上产生的压应力来抵消由于水压力所引起的拉应力以满足强度的要求。

重力坝基本剖面为上游面近于垂直的三角形剖面。在平面上，坝轴线通常呈直线，有时为了适应地形、地质条件，或为了枢纽布置上的要求，也可布置成折线或曲率不大的拱向上游的拱形。为了适应地基变形、温度变化和混凝土的浇筑能力，沿垂直轴线方向常设有永久伸缩缝，将坝体分成若干独立工作的坝段。重力坝通常由溢流坝段、非溢流坝段和二者之间的连接边墩、导墙等组成，如图 1-100 所示，布置时需根据地形、地质条件结合其他建筑物综合考虑。

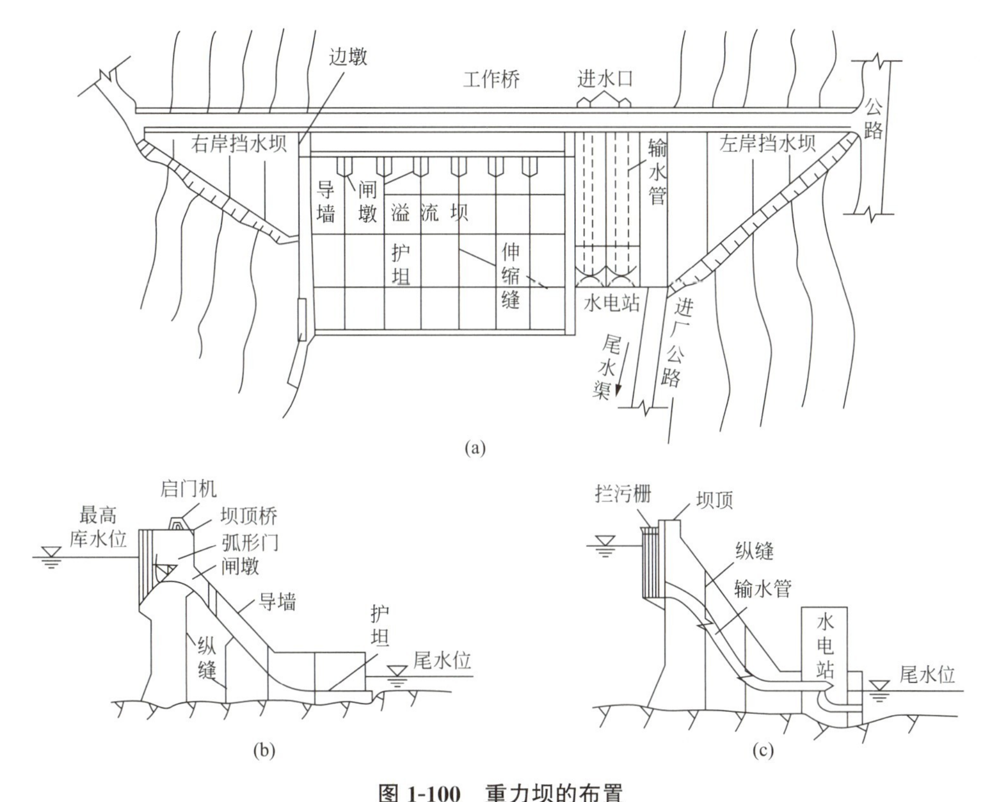

图 1-100　重力坝的布置

（a）平面布置；（b）溢流坝剖面；（c）非溢流坝剖面

溢流坝段通常布置在中部对准原河道主流位置，两端用非溢流坝段与岸坡相接，溢流坝段与非溢流坝段之间用边墩、导墙隔开。各个坝段的外形应尽量协调一致，上游坝面保持平整。当地形、地质及运用条件有显著差别时，可按不同情况分别用不同的下游坝坡，使各坝段均达到安全和经济的目的。

2）重力坝的特点。重力坝具有以下主要特点。

① 对地形、地质条件适应性强。地形条件对重力坝的影响不大，几乎任何形状的河谷均可修建重力坝。因为坝体作用于地基面上的压应力不高，所以对地质条件的要求也较低。重力坝对地基的要求虽比土石坝高，但低于拱坝及支墩坝。无重大缺陷的一般强度的岩基均可满足要求，较低的重力坝可建在软基上。另外，由于重力坝沿坝轴线方向被横缝分成若干个独立的坝段，适应不均匀沉降能力强，因此能较好地适应各种非均质地基。

② 安全可靠，结构简单，施工技术比较容易掌握。坝体放样、立模、混凝土浇筑和

振捣等都比较方便，有利于机械化施工。而且由于坝体剖面尺寸大，筑坝材料强度高，耐久性好，因而抵抗水的渗透、冲刷以及地震和战争破坏能力都比较强，安全性较高。据统计，在各种坝型中，重力坝失事率是较低的。但是，从另一方面看，由于坝体剖面尺寸大，坝体内部应力一般比较小，坝体材料强度不能得到充分发挥。

③ 泄洪和施工导流比较容易解决。由于重力坝的断面尺寸大，筑坝材料抗冲刷能力强，适用于在坝顶溢流和坝身设置泄水孔。在施工期可以利用坝体或底孔导流。一般不需要另设河岸溢洪道或泄洪隧洞。在偶然的情况下，即使从坝顶少量过水，一般也不会招致坝体失事，不像土坝那样一旦洪水漫顶很快就会溃坝成灾。这是重力坝的突出优点。在坝址河谷较窄而洪水流量又大的情况下，重力坝可以较好地适应这种自然条件。

④ 受扬压力影响较大。坝体和坝基在某种程度上都是透水的，渗透水流将对坝体产生扬压力。重力坝由于坝体和坝基接触面较大，受扬压力影响也大。扬压力的作用方向与坝体自重的方向相反，会抵消部分坝体的有效重量，对坝体的稳定和应力情况不利，应该采取有效的防渗排水措施，减小扬压力的作用，以减少坝体工程量。

⑤ 坝体体积大，水泥用量多，温度控制要求严格。由于混凝土重力坝体积大，水泥用量多，施工期混凝土的水化热和硬化收缩将产生不利的温度应力和收缩应力。一般均需采取温控散热措施。许多工程因温度控制不当而出现裂缝，有的甚至形成危害性裂缝，从而削弱坝体的整体性能。

（2）重力坝的类型

1）按坝的高度可分为高坝、中坝、低坝。坝高大于 70m 的为高坝；坝高为 30～70m 的是中坝；坝高小于 30m 的为低坝。坝高指的是坝体最低面（不包括局部深槽或井、洞）至坝顶路面的高度。

2）按照筑坝材料可分为混凝土重力坝和浆砌石重力坝。一般情况下，较高的坝和重要的工程经常采用混凝土重力坝；中、低坝则可以采用浆砌石重力坝。

3）按照坝体是否过水可分为溢流坝和非溢流坝。坝体内设有泄水底孔的坝段和溢流坝段统称为泄水坝段。非溢流坝段也称作挡水坝段，如图 1-101 所示。

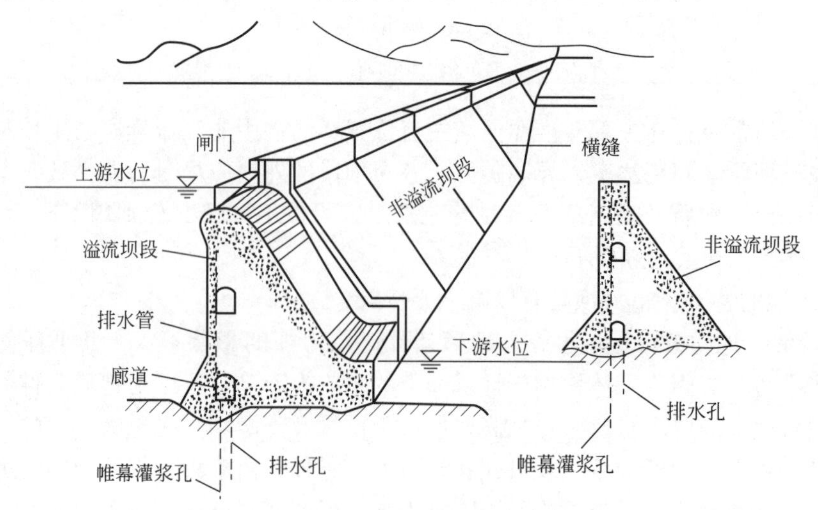

图 1-101　混凝土重力坝示意图

4）按照施工方法混凝土重力坝可分为浇筑式混凝土重力坝和碾压式混凝土重力坝。

5）按照坝体的结构形式可分为实体重力坝、宽缝重力坝、空腹重力坝，如图1-102所示。

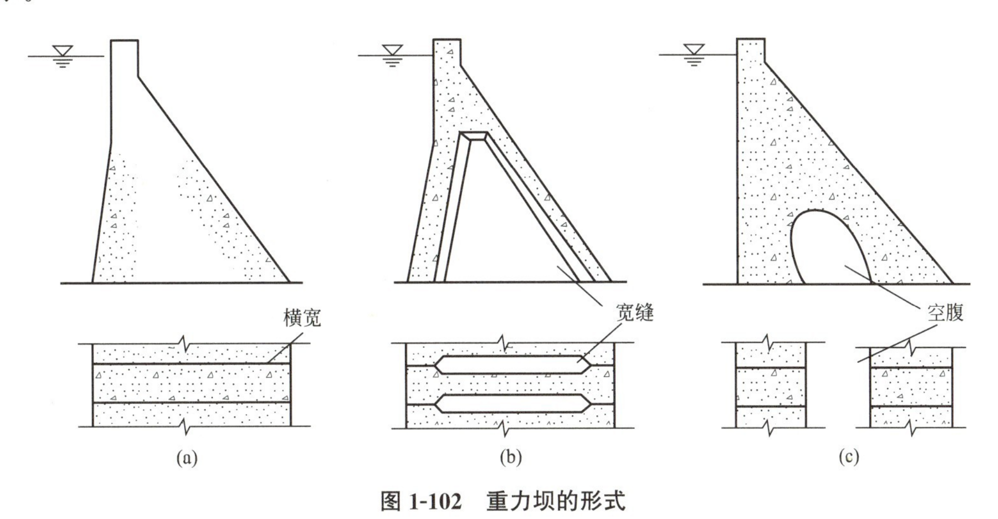

图1-102 重力坝的形式

（a）实体重力坝；（b）宽缝重力坝；（c）空腹重力坝

模块2 Project 02

水利工程图绘制

模块导读

本模块在水利工程制图及CAD基本知识的基础上，介绍CAD绘制水利工程图的环境设置和样板创建；水工建筑物一般修建在地面上，与地面会产生交线，本模块以土建施工过程中填筑和开挖为例，介绍建筑物交线的作图方法；以挡水建筑物中的土石坝、混凝土坝和输水建筑物中的水闸、跌水为例，介绍水工图的识读与绘制技巧。

项目 2.1　绘图环境设置

学习目标

了解 CAD 工作界面的组成与功能，掌握文件管理及 CAD 常用命令的基本操作，熟悉水工图绘图环境的基本设置。

2.1.1　CAD 基础知识

1. 工作界面

启动 ZWCAD2024 简体中文版，整个工作界面由标题栏、菜单栏、工具栏、绘图区、命令行、状态栏等组成，如图 2-1 所示。

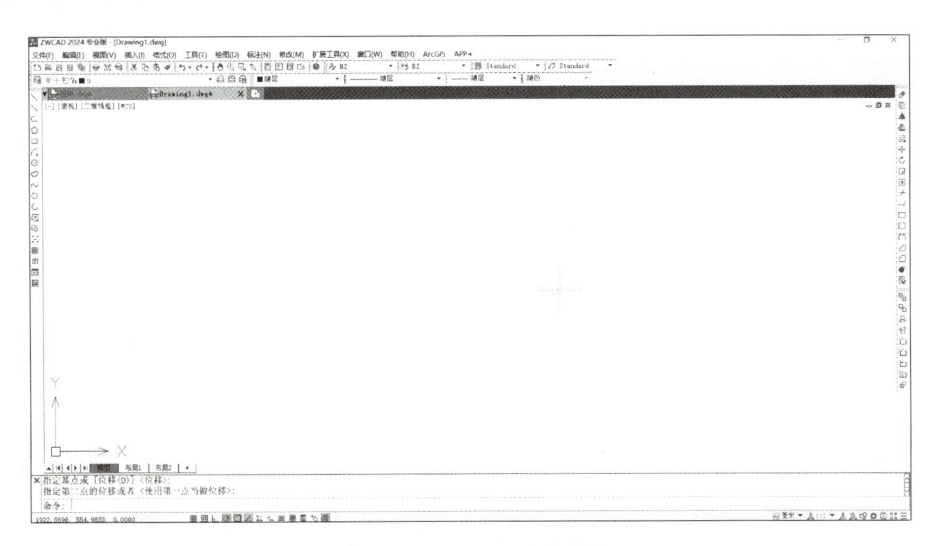

图 2-1　ZWCAD 工作界面

（1）标题栏

标题栏位于 ZWCAD 工作界面的最上端，标题栏右端有 3 个控制按钮，从左至右分别为最小化按钮、最大化（还原）按钮、关闭按钮，单击这些按钮可以使窗口最小化、最大化（还原）和关闭。在标题栏中，显示了系统当前正在运行的应用程序和用户正在使用的图形文件。如图 2-1 所示，标题栏显示软件启动创建并打开的图形文件 Drawing1. dwg。

（2）菜单栏

菜单栏位于标题栏下方，由“文件”“编辑”“视图”“插入”“格式”“工具”“绘图”“标注”“修改”“扩展工具”“窗口”“帮助”等下拉菜单组成。每个下拉菜单包含若干菜单项，每个菜单项都对应一个命令，单击菜单项时将执行这个命令。例如，单击“绘图”菜单，指向其下拉菜单“矩形（G）”命令，系统将直接执行该命令，如图 2-2 所示。

如某一菜单右端有三角形，说明该菜单有子菜单。例如单击“绘图”菜单，指向其下拉菜单“圆弧（A）”命令，屏幕上就会出现圆弧（A）命令的子菜单，如图 2-3 所示。

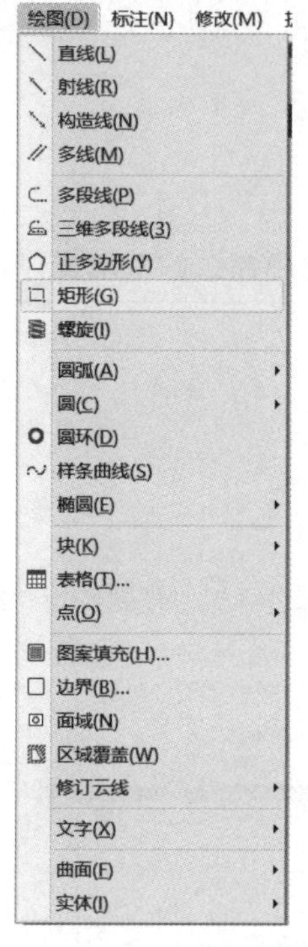

图 2-2　直接执行的菜单命令

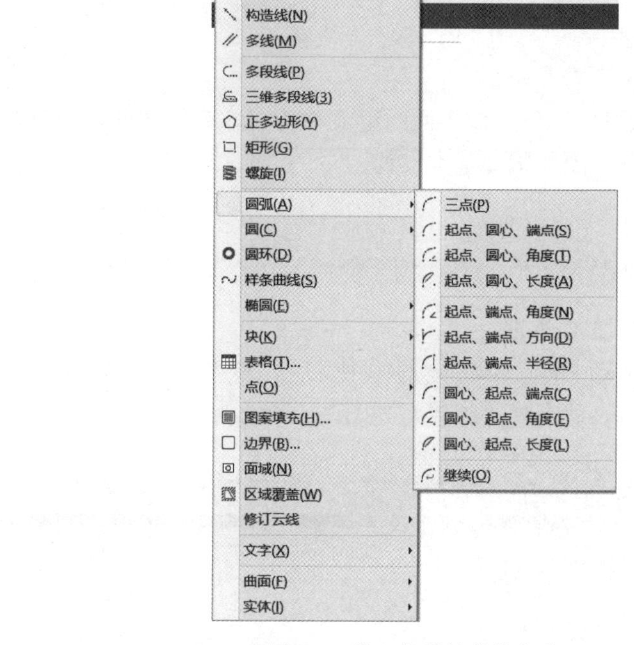

图 2-3　带三角形的菜单命令

如某一菜单后有省略号，则说明该菜单项引出一个对话框，用户可通过对话框实施操作。例如，单击“格式”菜单中“文字样式（S）…”命令，系统将弹出“文字样式管理器”对话框，如图 2-4 所示。

如某一菜单项为灰色，则表示该项不可选，如图 2-4 所示“格式”菜单中“打印样式（Y）…”。

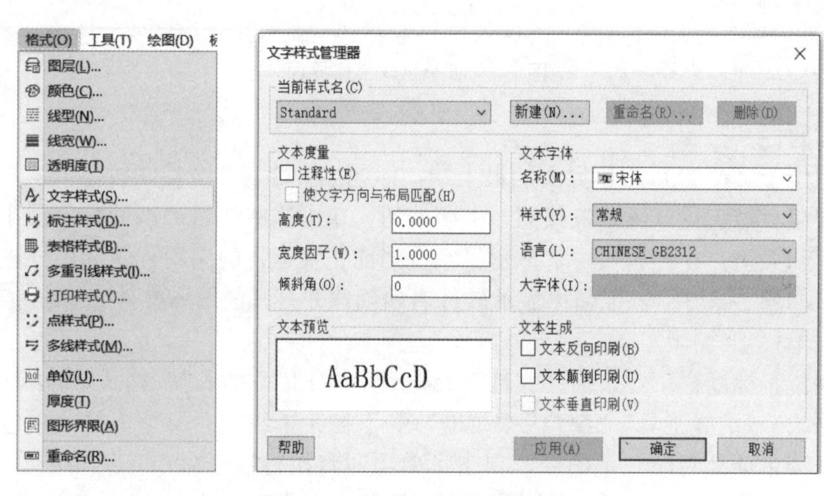

图 2-4　打开对话框的菜单命令

(3) 工具栏

工具栏是一组图标型工具的集合，把光标移动到某个图标，在图标一侧就会显示出该工具的命令名，单击图标就可以执行相应命令。

在默认情况下，在绘图区上部显示“标准”工具栏、“样式”工具栏、“图层”工具栏以及“对象特性”工具栏，绘图区左侧显示“绘图”工具栏，绘图区右侧显示“修改”工具栏。

1）设置工具栏

ZWCAD 提供了几十种工具栏，将光标放在任意工具栏的非标题区，单击鼠标右键，系统会打开快捷菜单，快捷菜单中的 ZWCAD 将显示工具栏标签，前边带“√”标记的表示界面显示该工具栏，如图 2-5 所示。用鼠标左键单击某一个未在界面显示的工具栏名，系统会在界面打开该工具栏，用这样的方法，可以将自己常用的工具栏显示出来，也可以隐藏某些不常用的工具栏。

2）工具栏的“浮动”“固定”与“弹出”

工具栏可以在绘图区域“浮动”，并可关闭该工具栏，如图 2-6 所示。用鼠标可以拖动“浮动”工具栏到图形区域边界，使它变为“固定”工具栏，也可以把“固定”工具栏拖出，使它成为“浮动”工具栏。

在某些图标的右下角带有一个小三角，按住鼠标左键可以打开相应的工具下拉列表，如图 2-7 所示。移动光标到某一图标上，然后松开，该图标就成为当前图标，单击当前图标即可执行相应的命令。

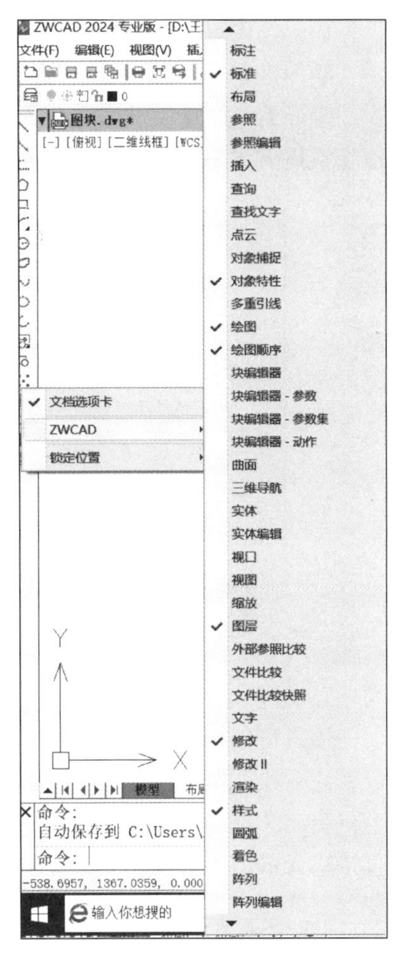

图 2-5　工具栏的设置

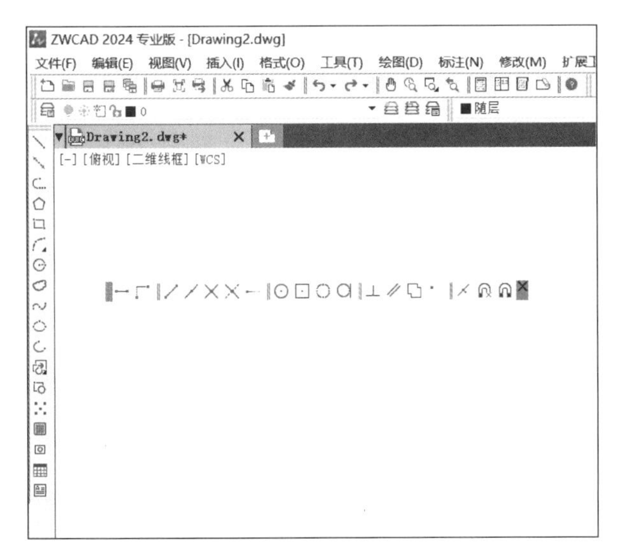

图 2-6　浮动工具栏

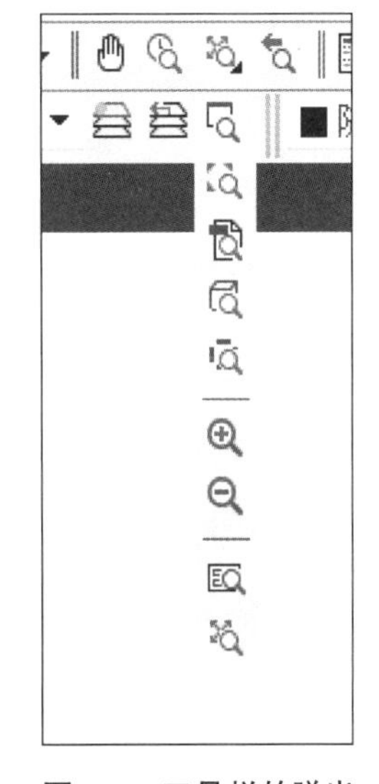

图 2-7　工具栏的弹出

（4）绘图区

绘图区是显示图形、绘制图形和编辑图形对象的区域。一个完整的绘图区包括标题栏、坐标系统、十字光标、布局选项卡等，如图 2-8 所示。布局选项卡为在不同布局间迅速切换提供了方便。

图 2-8　绘图区

1）设置十字光标的大小

用户可以根据绘图的实际需要更改光标大小，单击“工具”下拉菜单中的“选项”命令，或在绘图区单击鼠标右键，单击“选项”标签，或在命令行键入“op”快捷键，屏幕上将弹出“选项”对话框，在对话框中单击“显示”选项卡，在十字光标大小的文本框中直接输入数值或者拖动编辑框中的滑块，即可对十字光标的大小进行调整，如图 2-9 所示。

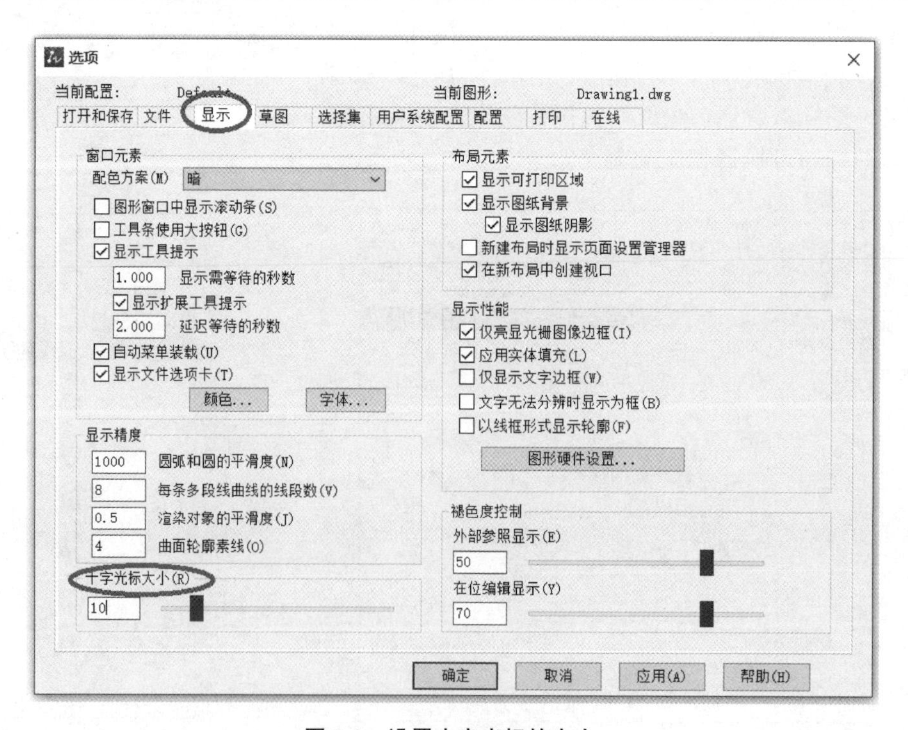

图 2-9　设置十字光标的大小

2）设置绘图窗口的颜色

在“显示”选项卡中单击“窗口元素”选项组中的“颜色”按钮，将打开“图形窗口颜色”对话框，可根据需求调整窗口颜色，如图 2-10 所示。

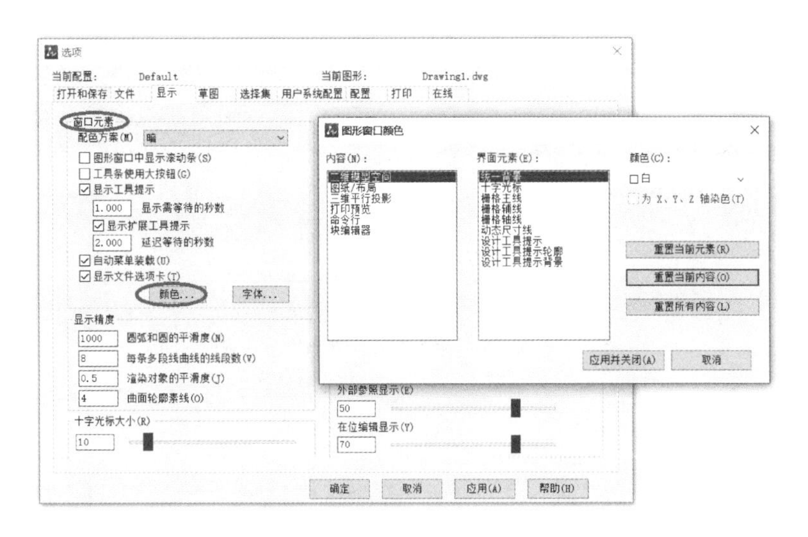

图 2-10　设置绘图窗口的颜色

（5）命令行

命令行是输入命令名和显示命令提示的区域，默认的命令行布置在绘图区域下方，如图 2-11 所示。命令行可以移动拆分，命令行窗口可以扩大与缩小，文本窗口和命令行窗口可以通过 F2 功能键随时切换，如图 2-12 所示。

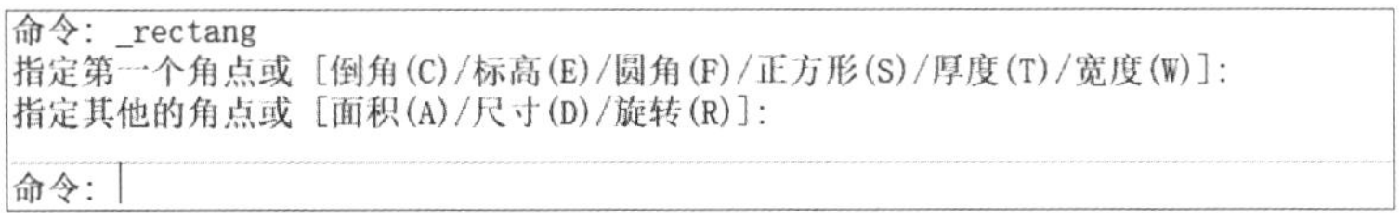

```
命令: _rectang
指定第一个角点或 [倒角(C)/标高(E)/圆角(F)/正方形(S)/厚度(T)/宽度(W)]:
指定其他的角点或 [面积(A)/尺寸(D)/旋转(R)]:

命令: |
```

图 2-11　命令行窗口

```
ZWCAD 文本窗口 - Drawing2.dwg
命令: _erase

选择对象:
指定对角点:
找到 0 个
选择对象:
命令:
命令:
命令: _erase

选择对象:
指定对角点:
找到 1 个
选择对象:
命令:
命令:
命令: _rectang

指定第一个角点或 [倒角(C)/标高(E)/圆角(F)/正方形(S)/厚度(T)/宽度(W)]:
指定其他的角点或 [面积(A)/尺寸(D)/旋转(R)]:
命令: |
```

图 2-12　命令行文本窗口

（6）状态栏

状态栏在屏幕的底部，左端显示绘图区域光标的坐标值 X、Y、Z，右侧依次有“捕捉模式”“栅格显示”“正交模式”“极轴追踪”“对象捕捉”“对象捕捉追踪”“动态 UCS”“动态输入”“显示/隐藏线宽”“显示/隐藏透明度”“快捷特性”“选择循环”“模型或图纸空间”13 个辅助绘图功能图标，如图 2-13 所示。单击鼠标左键，可以实现这些辅助功能的开关切换。单击鼠标右键，弹出快捷菜单，左键单击“设置（S）…”，可以调出“草图设置”对话框，用户可根据需求进行参数设置，如图 2-14 所示。

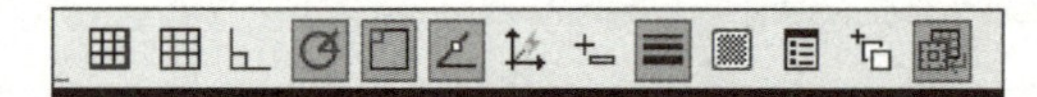

图 2-13　辅助绘图功能图标

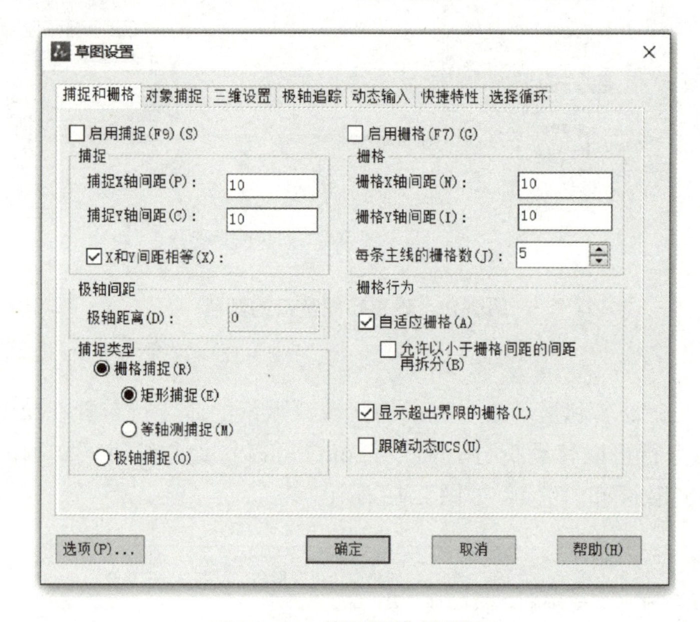

图 2-14　草图设置对话框

2. 基本操作

（1）输入命令

1）在命令行输入命令名

在命令行输入命令名，命令字符不区分大小写。命令提示中不带括号的为默认选项，如果要选择其他选项，则应首先输入该选项的标识字符，如“放弃（U）”选项的标识字符为“U”，然后按系统提示输入数据即可。在命令选项的后面有时候还带有尖括号，尖括号内的数值为默认数值。

2）在命令行输入已定义的快捷键命令

如 L（Line）、C（Circle）、A（Arc）、Z（Zoom）、M（Move）、Co（Copy）、PL（Pline）、E（Erase）等。

3）单击下拉菜单对应的菜单选项

4）单击工具栏中的对应图标

5）使用历史命令

绘图过程中如果要用到前面刚刚使用过的命令，可单击鼠标右键，然后在快捷菜单中选择最近的输入，找到对应选项，单击鼠标左键即可，如图 2-15 所示。

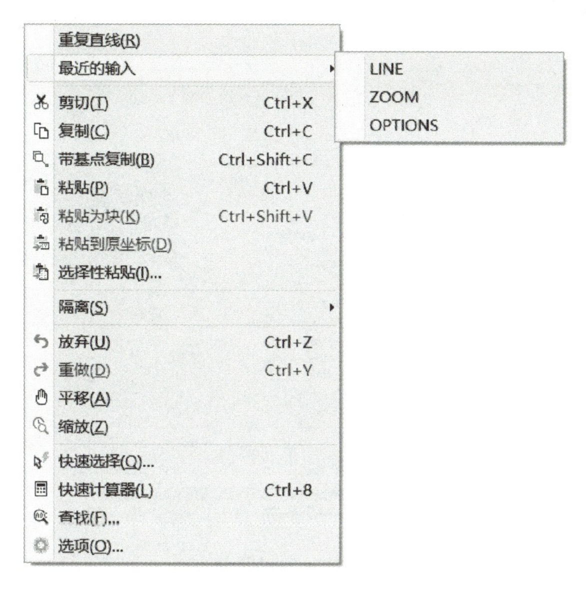

图 2-15　近期使用的命令

6）重复访问上一个命令

重复访问上一个命令，可通过“空格”或“Enter”键来实现。

（2）选择对象

选择对象有三种方式，如图 2-16 所示。

直接选取：使用鼠标左键单击对象进行选择，这种方式每次操作只能选择一个对象。

窗口方式：使用鼠标左键，从左向右进行选择，全部位于矩形选择框内的对象将会被选中。

窗交方式：使用鼠标左键，从右向左进行选择，凡是进入矩形选择框或与矩形选择框相交的对象都会被选中。

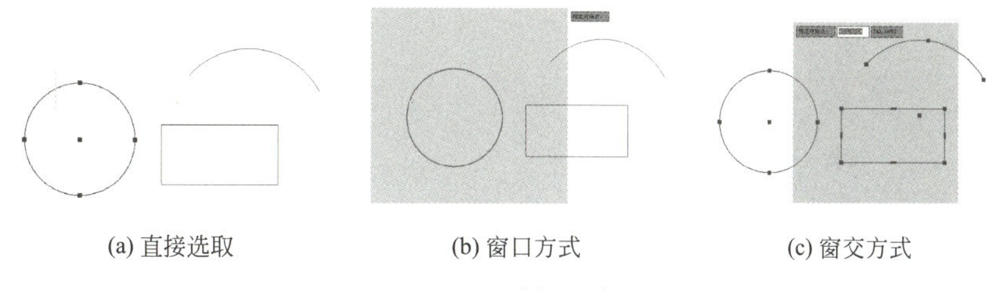

(a) 直接选取　(b) 窗口方式　(c) 窗交方式

图 2-16　选择对象

3. 文件管理

（1）新建文件

调用新建文件命令的方法如下：

在命令行输入“New”命令。

单击“文件”下拉菜单/“新建（N）…”。

单击“标准”工具栏。

输入新建文件命令，系统将打开“选择样板文件”对话框，用户可以根据需求，在文件类型列表框中选择“＊.dwt”“＊.dwg”“＊.dws”不同类型的样板文件，如图 2-17 所示。

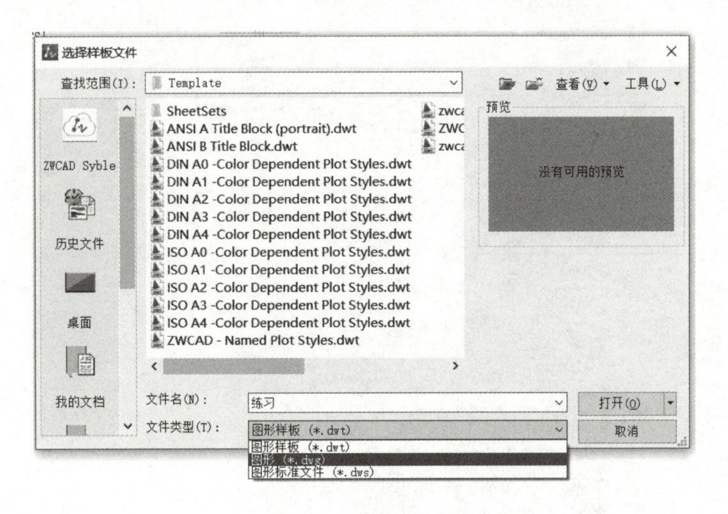

图 2-17　新建文件

（2）保存文件

调用保存文件命令的方法如下：

在命令行输入“Save”命令。

单击“文件”下拉菜单/“保存（S）”。

单击“标准”工具栏 。

系统将打开“图形另存为”对话框，根据实际需要，输入文件名及文件保存位置，在文件类型列表框中选择高版本或低版本的文件类型，单击保存按钮，如图 2-18 所示。

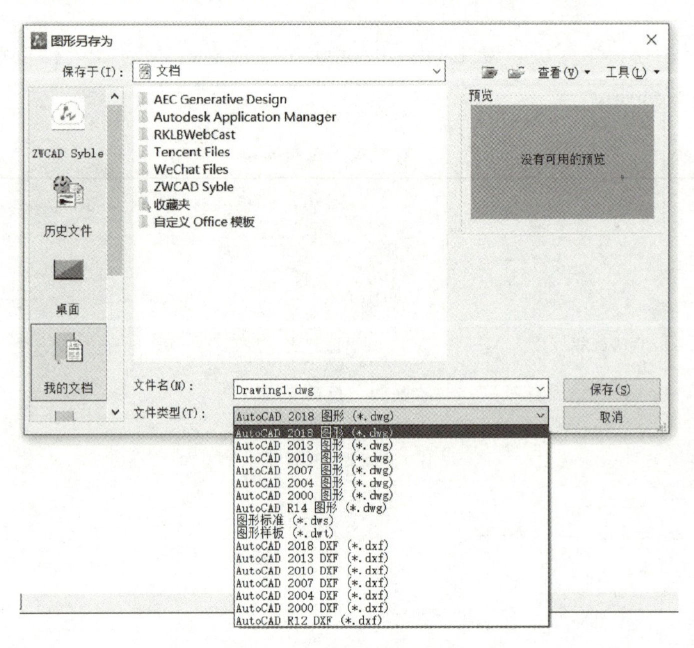

图 2-18　保存文件

（3）打开文件

调用打开文件命令的方法如下：

在命令行输入“Open”命令。

单击“文件”下拉菜单/“打开（O）…”。

单击“标准”工具栏 。

系统将打开“选择文件”对话框，在文件类型列表框中，可以选择“＊.dwt”“＊.dwg”“＊.dws”等文件类型，如图 2-19 所示。

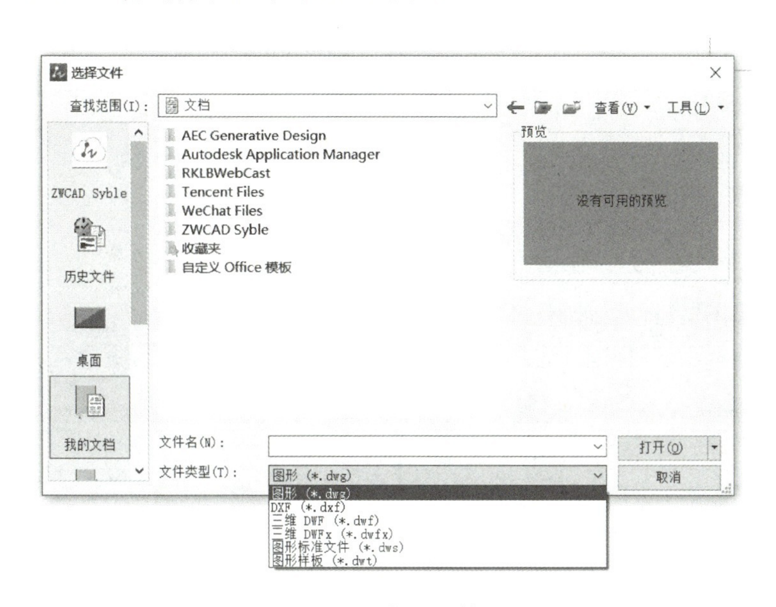

图 2-19　打开文件

（4）退出软件

在命令行输入“Quit”命令，或单击“文件”下拉菜单的“退出（X）”，或者单击操作界面右上角的关闭按钮“×”都可以退出软件。

2.1.2　CAD 绘图环境

1. 图层设置

在水利工程 CAD 制图中，为保证所绘图纸正确、规范、美观，所设置的图层应符合《水利水电工程制图标准 基础制图》SL 73.1—2013 中关于线型、线宽的要求，具体见表 2-1。

线宽　　表 2-1

线宽号	线宽(mm)	图幅				
		A0	A1	A2	A3	A4
7	2.0	特粗线	特粗线			
6	1.4	加粗线	加粗线	特粗线	特粗线	
5	1.0	粗线(b)	粗线(b)	加粗线	加粗线	特粗线

续表

线宽号	线宽（mm）	图幅				
		A0	A1	A2	A3	A4
4	0.7			粗线(b)	粗线(b)	加粗线
3	0.5	中粗线($b/2$)	中粗线($b/2$)			粗线(b)
2	0.35			中粗线($b/2$)	中粗线($b/2$)	
1	0.25	细线($b/4$)	细线($b/4$)			中粗线($b/2$)
0	0.18			细线($b/4$)	细线($b/4$)	细线($b/3$)

（1）创建图层

调用创建图层命令的方法如下：

在命令行输入命令“Layer”。

单击“格式”下拉菜单“图层（L）…”。

单击“图层”工具栏按钮。

系统将弹出图层特性管理器对话框，在默认状态下，系统提供了一个图层“0”，单击图层列表左上角的新建按钮可新建图层，用户可根据需求对图层名进行重命名，如图 2-20 所示。

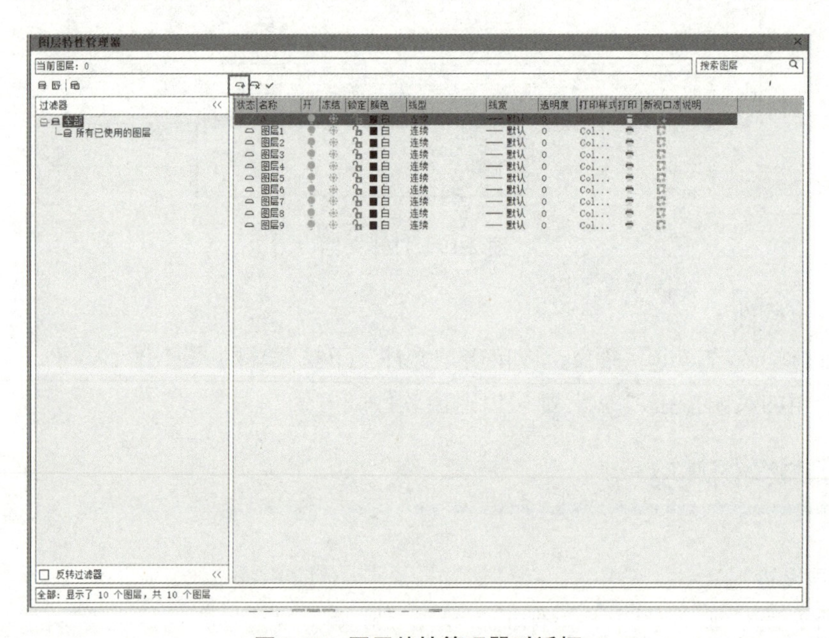

图 2-20 图层特性管理器对话框

（2）设置图层颜色

新建图层的颜色为默认颜色，单击颜色块，弹出“选择颜色”对话框，可以根据作图需求对各图层的颜色进行设置，如图 2-21 所示。

（3）设置图层线型

在 ZWCAD 中，默认线型为“连续”，为满足绘制水利工程图样的实际需求，用户可以为各个图层设置不同的线型。要改变某个图层的线型，可单击该图层的“连续”线型，在打开的“线型管理器”对话框中进行设置。

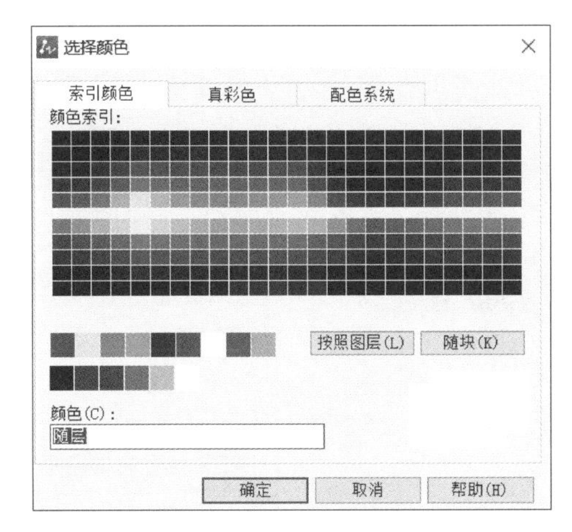

图 2-21　选择颜色对话框

默认情况下，在“线型管理器”对话框中，只列出了当前图形文件所加载的线型，如图 2-22 所示。如果要使用其他线型，如中心线“CENTER”，可以单击“加载”按钮，打开“添加线型”对话框，选中 CENTER 线型，单击“确定”，将需要的“CENTER”线型加载到线型列表框中，在“线型管理器”对话框中，同样选中“CENTER”线型，单击“确定”，则完成图层线型设置，图 2-23 所示。

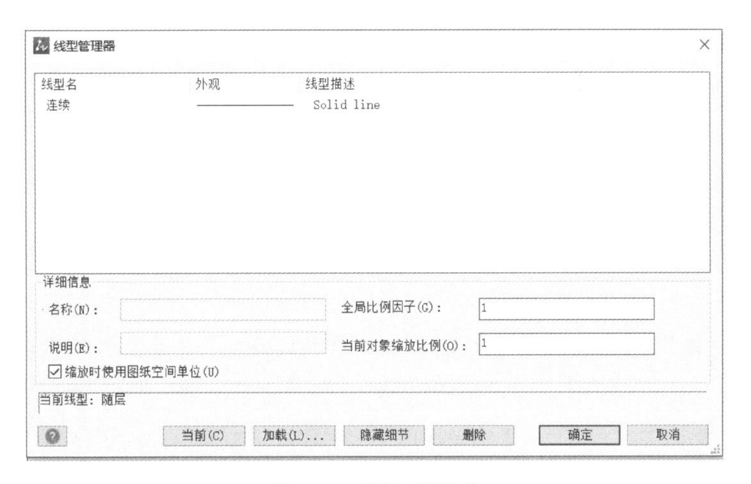

图 2-22　添加线型前

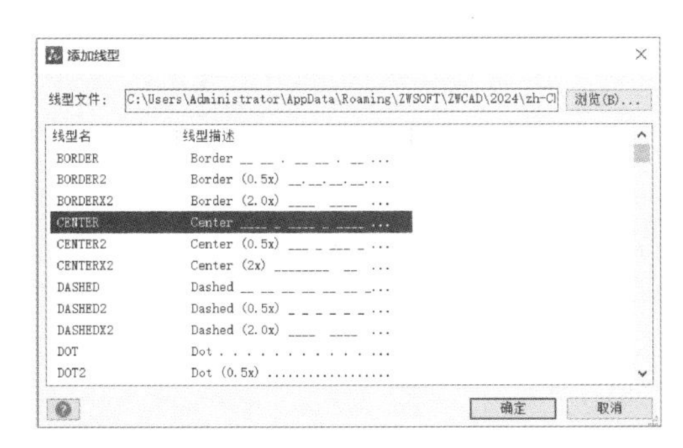

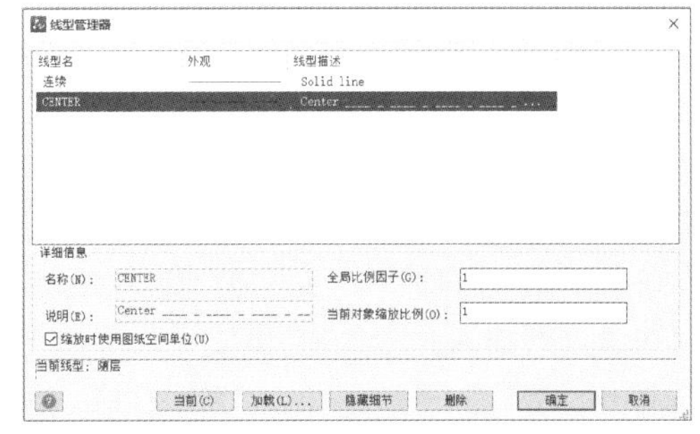

图 2-23　添加线型后

（4）设置图层线宽

图层线宽为“默认”，可以根据图层线型及用途的不同为各个图层设置不同的线宽，如图 2-24 所示。

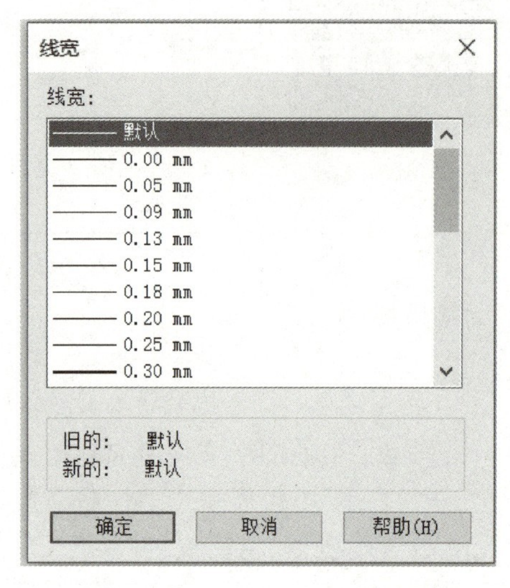

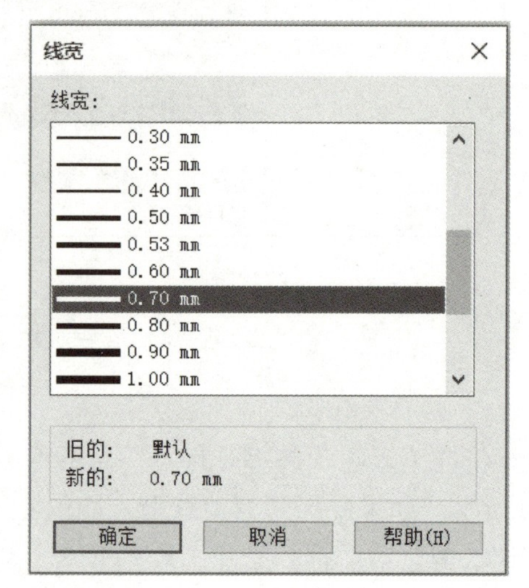

图 2-24　设置图层线宽

颜色、线型、线宽是 CAD 图形对象的重要特性。需要指出的是，一般不单独设置图形对象的颜色、线型和线宽，而是把图形对象特性设置为随层，因此，图层设置完成后，在图样绘制过程中，图形对象的颜色、线型和线宽均随层而变。

（5）设置图层状态

在图层的实际使用过程中，有时为了编辑修改的方便或打印出图的需求，需要对图层进行保护性的管理操作，即关闭、冻结和锁定。

打开/关闭：如果关闭图层，则该图层上的图形对象不能被显示或打印，但这些图形对象仍然是存在的，在重生成图形时，该图层上的图形对象可以重新生成。

冻结/解冻：如果图层被冻结，该图层上的图形对象不能被显示或打印，并且不能重新生成，也就是说，被冻结图层上的图形对象不参加后台计算，因此在绘制比较复杂的工程图样时，适当冻结某些图层，可明显提高绘图速度。但要注意，不能冻结当前层。

锁定/解锁，如果图层被锁定，图层上的图形对象仍然可以在屏幕上显示，也可以打印出来，只是不能对图形进行编辑修改。

2. 文字样式

文字样式包括文字的字体、高度、宽度因子等，在输入文字时使用不同的文字样式，就会得到不同的文字效果。

在工程图样中，图名、尺寸标注、标题栏、施工说明等不同位置的文字，字体、字高都不相同，所以在绘图前需要设置不同的文字样式，以满足不同文字对象的使用需求。

（1）设置“汉字”文字样式

在命令行输入命令“Style”。

单击“格式”下拉菜单/“文字样式（S）…”。

单击“样式”工具栏 A 按钮。

打开“文字样式管理器”对话框，显示默认的文字样式“Standard”，如图 2-25 所示。单击新建按钮，打开图 2-26 所示的“新建文字样式”对话框。输入新样式名称如“HZ”，单击确定按钮，返回“文字样式管理器”对话框，并在当前样式名列表框中显示新建的“HZ”文字样式名。

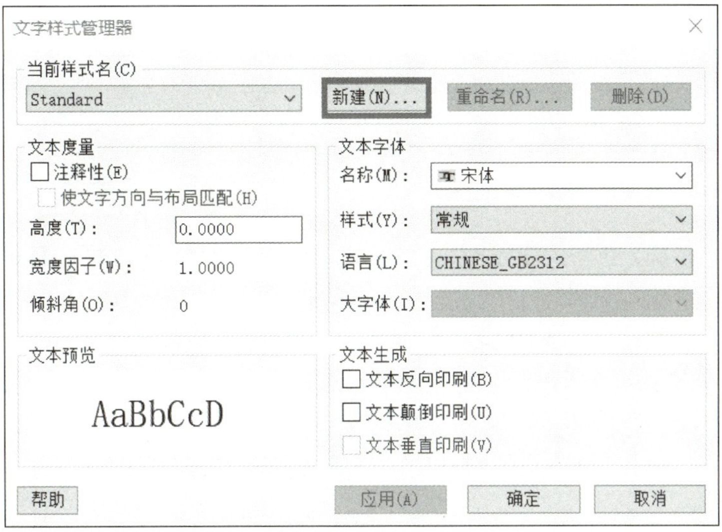

图 2-25　默认文字样式

在“文字样式管理器”对话框中，在文本字体区设置“HZ”字体为仿宋，样式为常规，语言为 CHINESE _ GB2312；在文本度量区设置“HZ”的文字高度为 0，宽度因子为 0.7，倾斜角度为 0。单击应用按钮，“汉字”的文字样式设置完成，如图 2-27 所示。

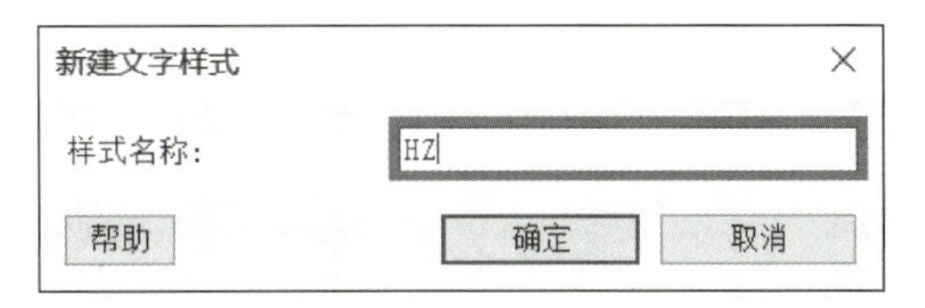

图 2-26　“新建文字样式”对话框

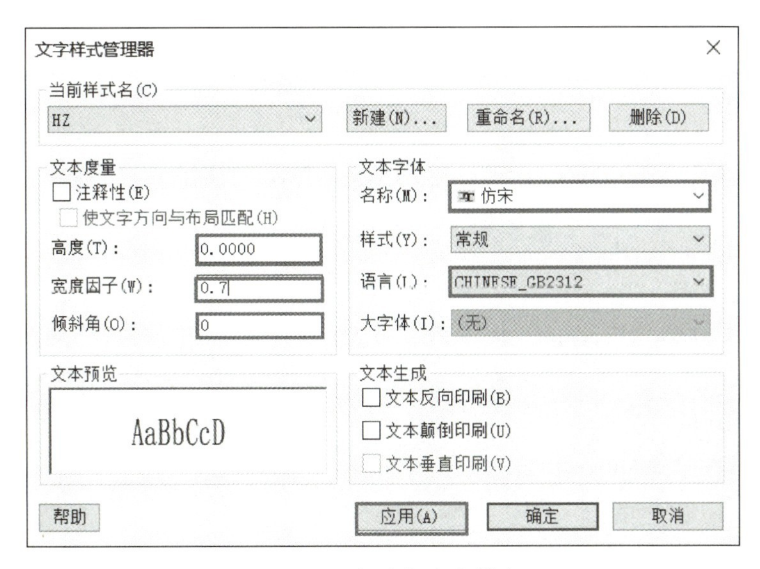

图 2-27　“汉字”文字样式

如果在文本度量区将文字高度设置为某一具体数值，在使用该文字样式时，输入的文字将使用统一的高度；如果将文字高度设置为零，则在使用该样式输入文字时，将出现高度提示，这样同一种文字样式，用户可根据需求的不同而设置不同的高度，使用比较方便。

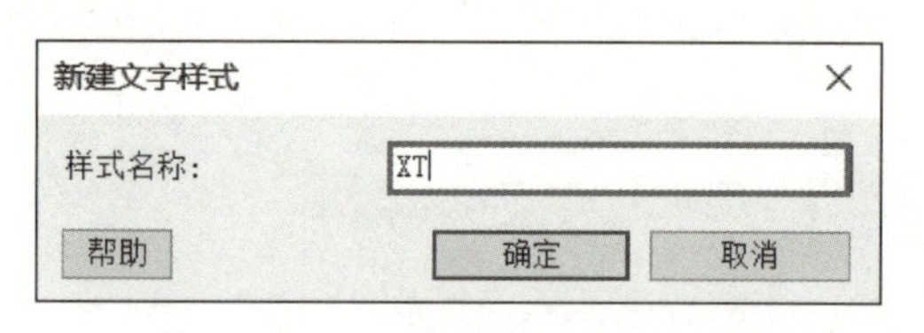

图 2-28　新建“数字和字母”文字样式

（2）设置“数字和字母”文字样式

完成“汉字”的文字样式设置后，单击应用按钮，可继续在“文字样式管理器”对话框中，设置“数字和字母”文字样式。单击新建按钮，在“新建文字样式”对话框中，输入“数字和字母”的样式名称“XT”，如图 2-28 所示。单击确定按钮，返回“文字样式管理器”对话框，并在新样式名列表框中显示新建的“XT”文字样式名。

在“文字样式管理器”对话框中，文本字体区设置字体为 simplex. shx，大字体为 GBCBIG. SHX；文本度量区设置“数字和字母”的文字高度为 0，宽度因子 0.7，倾斜角度为 15，单击“应用”按钮，数字和字母的文字样式设置完成，如图 2-29 所示。单击确定按钮，关闭“文字样式管理器”对话框，完成文字样式的设置。

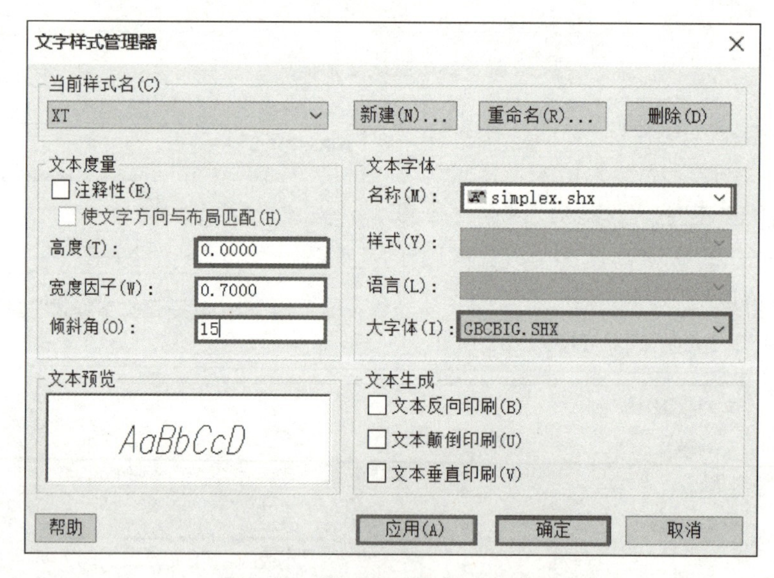

图 2-29　“数字和字母”文字样式

3. 标注样式

尺寸标注是绘制工程图样的一项重要内容，为了使尺寸标注正确、规范，符合国家制图标准及水利水电工程制图标准，在尺寸标注之前，应对尺寸标注样式进行设置。

创建标注样式的方法如下：

在命令行输入命令 Dimstyle。

单击“格式”下拉菜单/“标注样式（D）…”。

单击“样式”工具栏按钮。

系统默认的样式名为“ISO-25”和“Standard”，下边创建一个适合标注水工图的标注样式。打开“标注样式管理器”对话框，单击“新建”按钮，打开“新建标注样式”对话框，输入尺寸标注样式名“BZ”，如图 2-30 所示。单击“继续”按钮，打开新建标注样式“BZ”对话框，首先对线性标注进行设置。

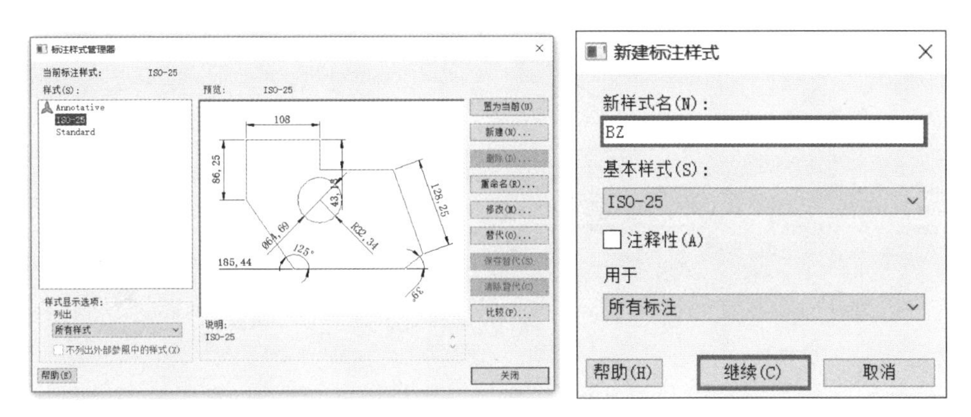

图 2-30　新建标注样式

(1) 设置线性标注样式

1) 设置“标注线”选项卡

单击“标注线”选项卡，在尺寸线区修改基线间距为 7，在尺寸界线偏移区设置原点为 2，尺寸线为 2，其余选项按默认设置，如图 2-31 所示。

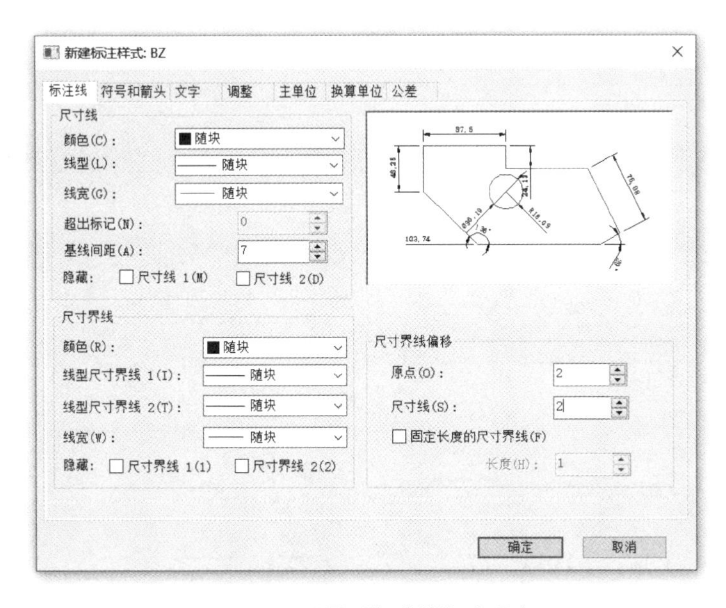

图 2-31　设置“标注线”选项卡

2) 设置“符号和箭头”选项卡

单击“符号和箭头”选项卡，在箭头区将起始箭头设置为实心闭合，设置箭头大小为 2.5，其他采用默认设置，如图 2-32 所示。

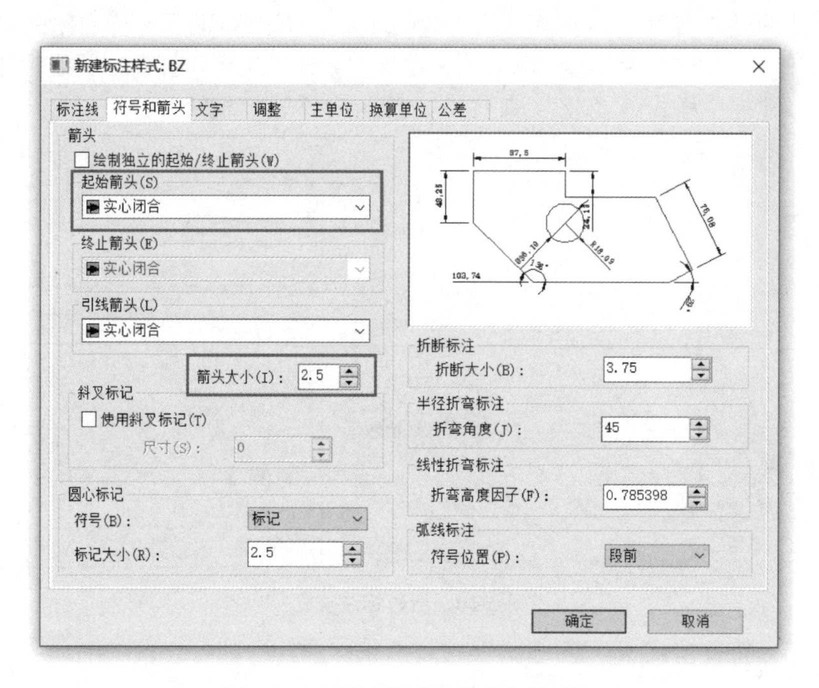

图 2-32　设置“符号和箭头”选项卡

3）设置“文字”选项卡

单击文字选项卡，在文字外观区选择文字样式“XT”，将文字高度设为 2.5，其他设置选默认，如图 2-33 所示。

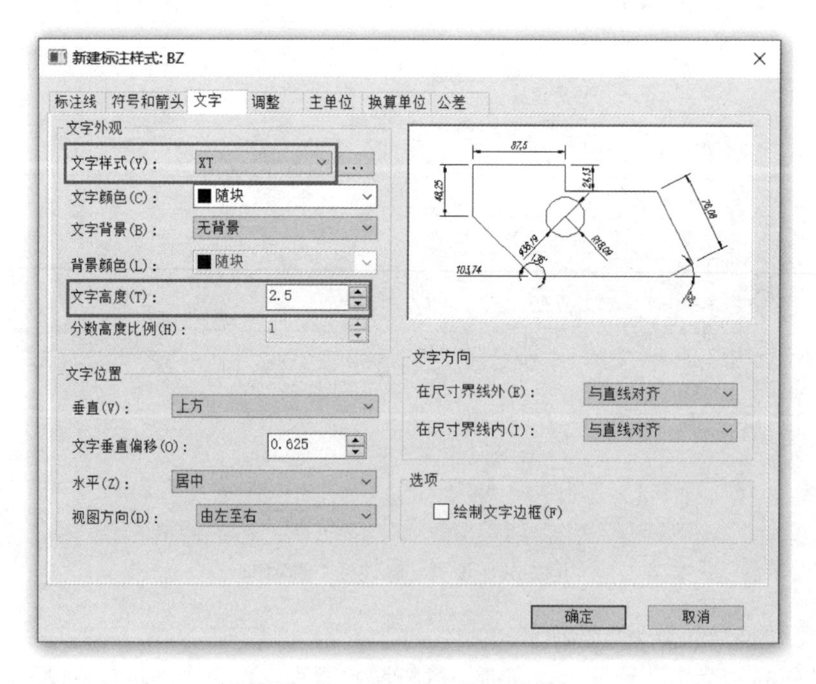

图 2-33　设置“文字”选项卡

这里的文字样式“XT”是预先设置好的“数字和字母”文字样式，如果预先没有设置，可以单击“…”按钮，打开文字样式对话框进行设置。

4）设置“调整”选项卡

单击调整选项卡，“调整方式”区选择“文字或箭头在内，取最佳效果（E）”；“标注特征比例”中，使用全局比例选择 1；“文字位置”区选择尺寸线旁边，如图 2-34 所示。

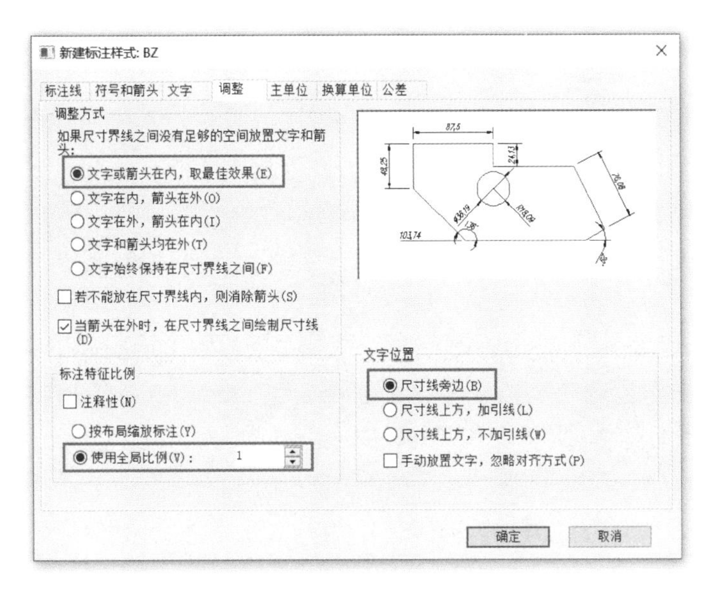

图 2-34　设置“调整”选项卡

5）设置“主单位”选项卡

单击“主单位”选项卡，在“线性标注”区将小数分隔符设置为句点，其余按默认设置，单击“确定”按钮，线性标注样式设置完成，如图 2-35 所示。

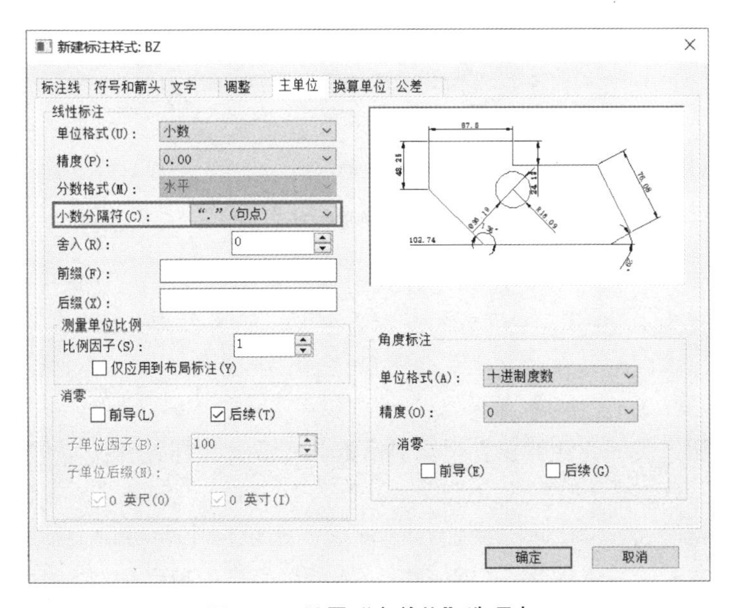

图 2-35　设置“主单位”选项卡

（2）创建角度标注子样式

由于新建的“BZ”标注样式只适合标注线性尺寸，对于角度尺寸，则不符合制图标准，下边在“BZ”标注样式基础上，创建角度标注子样式。

在“标注样式管理器”对话框样式列表中选中“BZ”，单击“新建”按钮，弹出“新建标注样式”对话框，在用于的下拉列表框中选择“角度标注”，表示以下设置只对角度尺寸起作用，如图 2-36 所示。

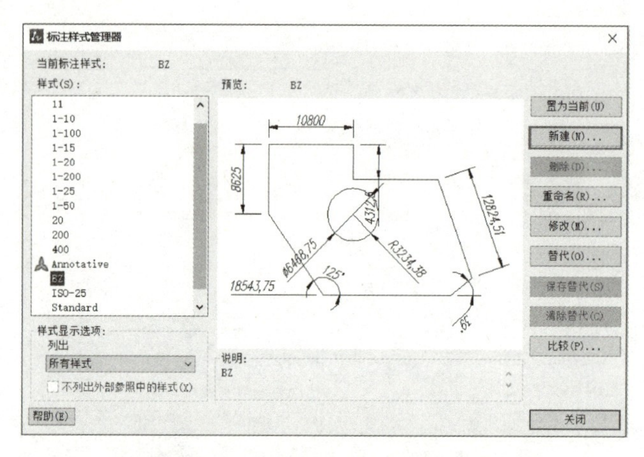

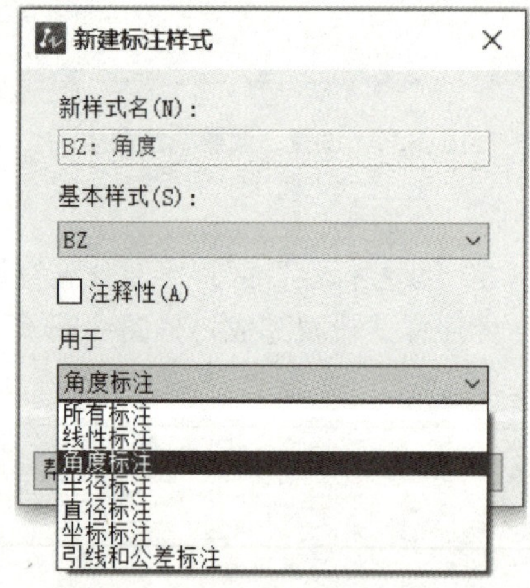

图 2-36　创建角度标注子样式

单击继续按钮，再次打开新建标注样式对话框，单击“文字”选项卡，在“文字位置”区将垂直设置为“外部”，文字方向设置为水平，如图 2-37 所示。

单击“调整”选项卡，在“文字位置”区选择“尺寸线上方，不加引线”，如图 2-38 所示。

单击确定按钮，关闭标注样式管理器对话框，完成标注样式“BZ”的设置。

4. 表格样式

水工图中的钢筋表、溢流坝断面曲线坐标表、建筑图中的门窗表都需要创建表格对象。创建表格对象时，首先创建一个空表格，然后在表格的单元中添加标题、表头、数据等内容。

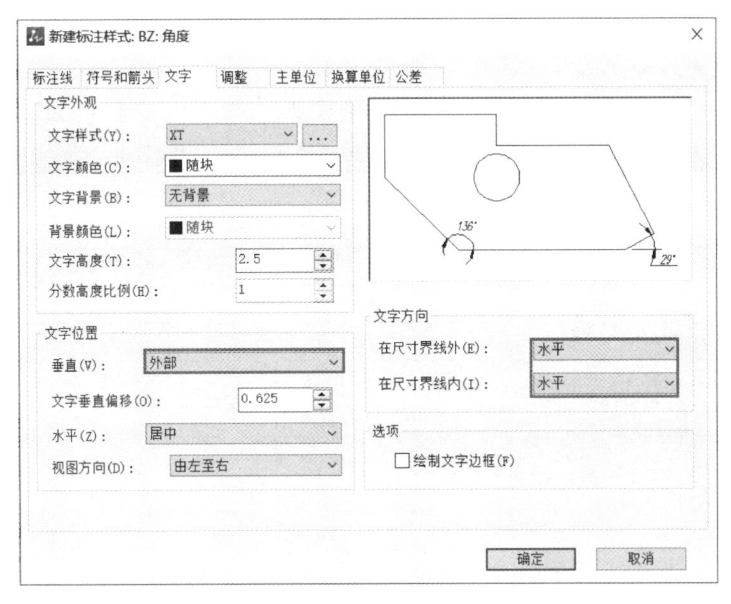

图 2-37　角度标注“文字”选项卡设置

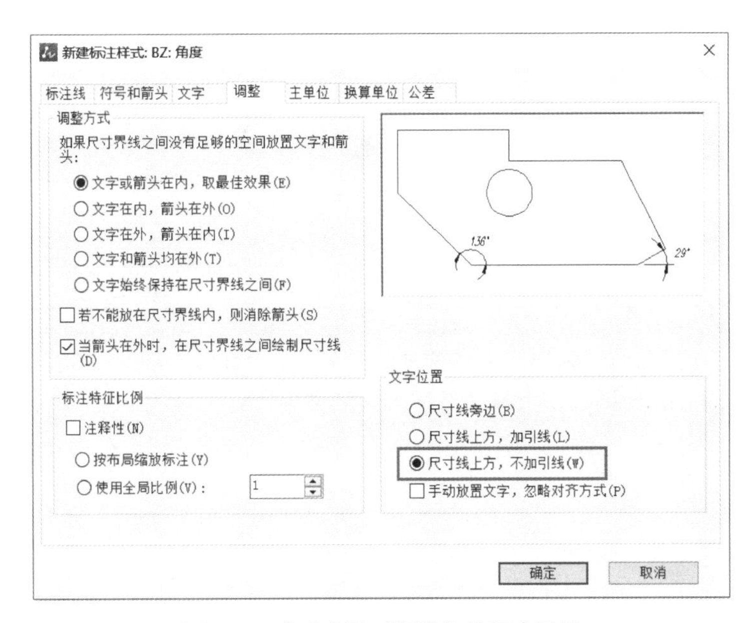

图 2-38　角度标注“调整”选项卡设置

（1）设置表格样式

调用创建表格样式命令的方法如下：

命令行输入命令 Tablestyle（TS）。

单击“格式”下拉菜单/“表格样式（B）…”。

单击“样式”工具栏按钮。

表格的外观由表格样式控制，可以使用默认表格样式 Standard，也可以创建自己的表格样式。这里创建一个如表 2-2 所示的钢筋表的表格样式，过程如下。

钢筋表 **表 2-2**

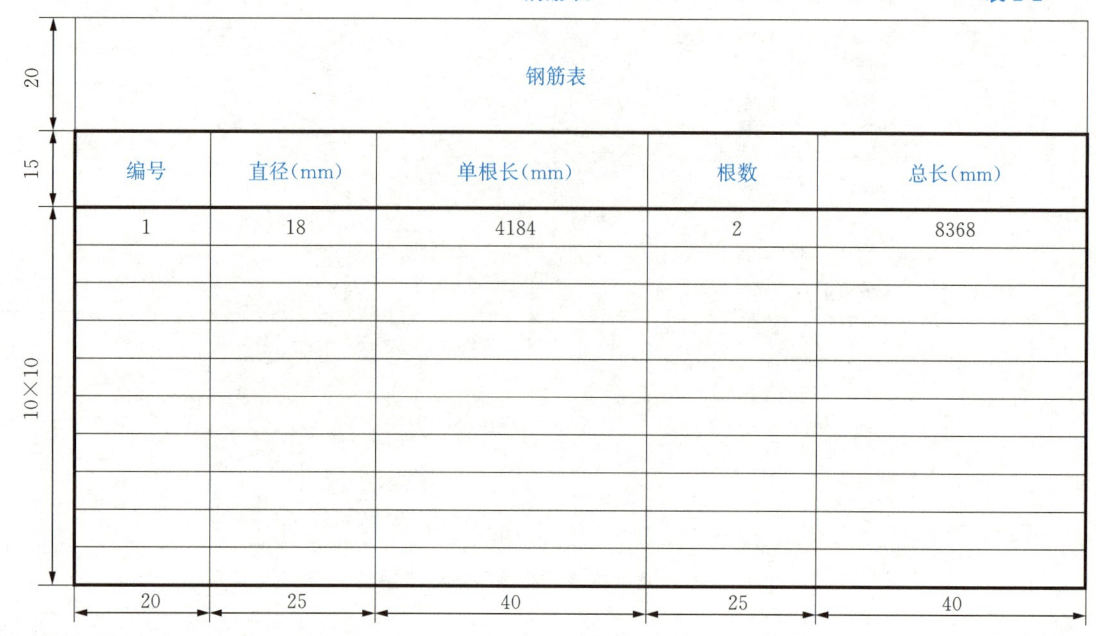

钢筋表				
编号	直径(mm)	单根长(mm)	根数	总长(mm)
1	18	4184	2	8368

1）按表 2-3 设置文字样式

文字样式 **表 2-3**

样式名	字体名	效果	字高	说明
XT	simplex. shx	宽度因子 0.7，倾斜角 15	3.5	数据
HZ	仿宋	宽度因子 0.7，其余默认	4	表头
黑体	黑体	宽度因子 0.7，其余默认	5	标题

2）启动表格样式命令，弹出“表格样式管理器”对话框，如图 2-39 所示。样式列表下已有一个名为 Standard 的样式，这就是系统默认的表格样式。单击“新建”按钮，弹出“创建新的表格样式”对话框，在“新样式名”输入框输入“钢筋表”，单击“继续”按钮。

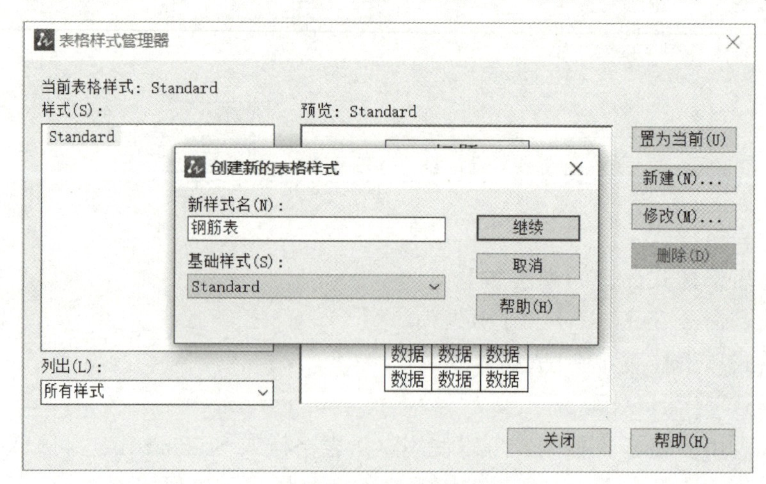

图 2-39 新建表格样式

3）设置“数据”单元样式

在弹出的“新建表格样式：钢筋表”对话框中，“单元样式”选项选择“数据”，分别设置“基本”“文字”“边框”特性，如图 2-40 所示。整个表格的外框线宽设为 0.35mm，内框线宽设为 0.18mm。设置方法是：先选择线宽，再单击相应的按钮。

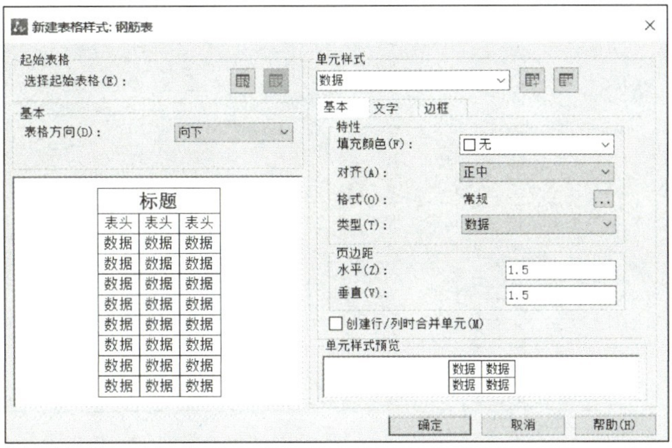

新建表格样式：钢筋表
起始表格
选择起始表格(E)：
基本
表格方向(D)：　向下
单元样式
数据
基本　文字　边框
特性
填充颜色(F)：　□无
对齐(A)：　正中
格式(O)：　常规
类型(T)：　数据
页边距
水平(Z)：　1.5
垂直(V)：　1.5
□创建行/列时合并单元(M)
单元样式预览

标题		
表头	表头	表头
数据	数据	数据
数据	数据	数据
数据	数据	数据
数据	数据	数据
数据	数据	数据
数据	数据	数据
数据	数据	数据
数据	数据	数据

数据	数据
数据	数据

确定　取消　帮助(H)

(a)

新建表格样式：钢筋表
起始表格
选择起始表格(E)：
基本
表格方向(D)：　向下
单元样式
数据
基本　文字　边框
特性
文字样式(S)：　XT
文字高度(I)：　3.5
文字颜色(C)：　■随块
文字角度(G)：　0
单元样式预览
确定　取消　帮助(H)

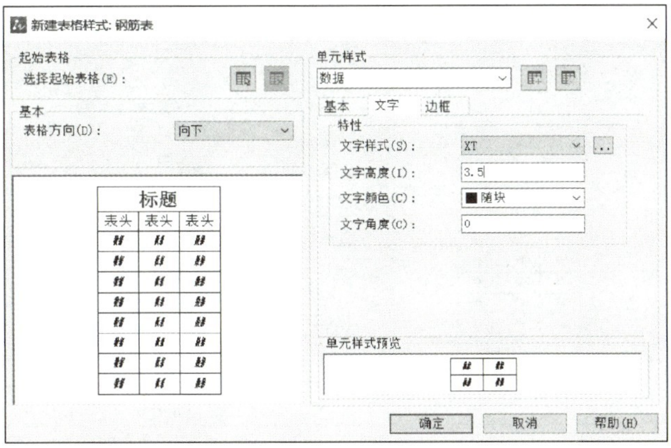

(b)

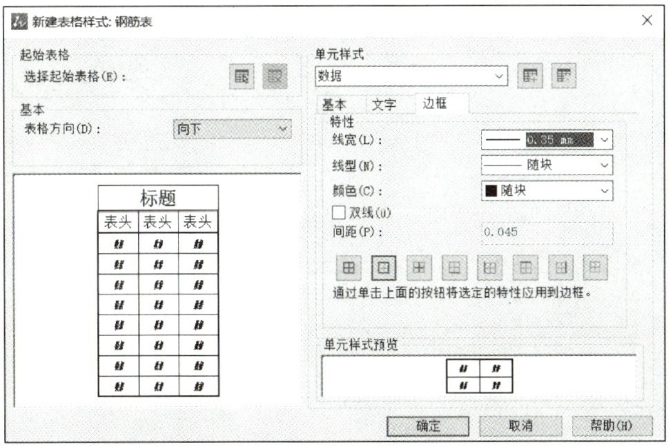

新建表格样式：钢筋表
起始表格
选择起始表格(E)：
基本
表格方向(D)：　向下
单元样式
数据
基本　文字　边框
特性
线宽(L)：　0.35 mm
线型(N)：　随块
颜色(C)：　■随块
□双线(U)
间距(P)：　0.045
通过单击上面的按钮将选定的特性应用到边框。
单元样式预览
确定　取消　帮助(H)

(c)

图 2-40　数据单元样式

4）设置“表头”单元样式

选择“表头”选项，分别设置“基本”“文字”“边框”特性，仍然设置外边框线宽为0.35mm，内边框线宽为0.18mm，如图 2-41 所示。

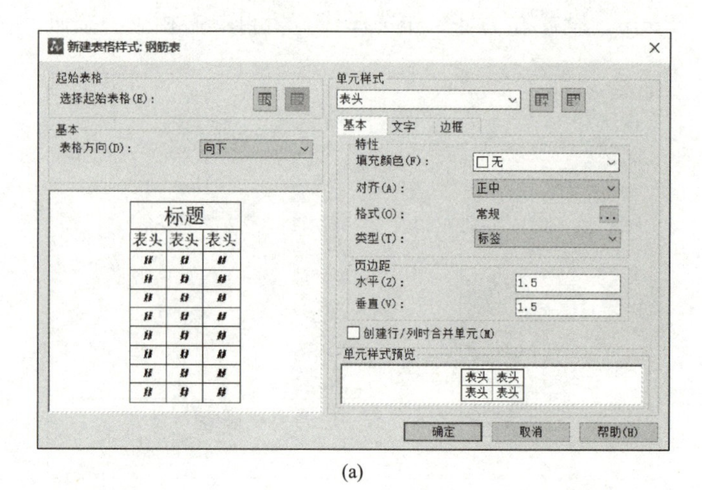

(a)

(b)

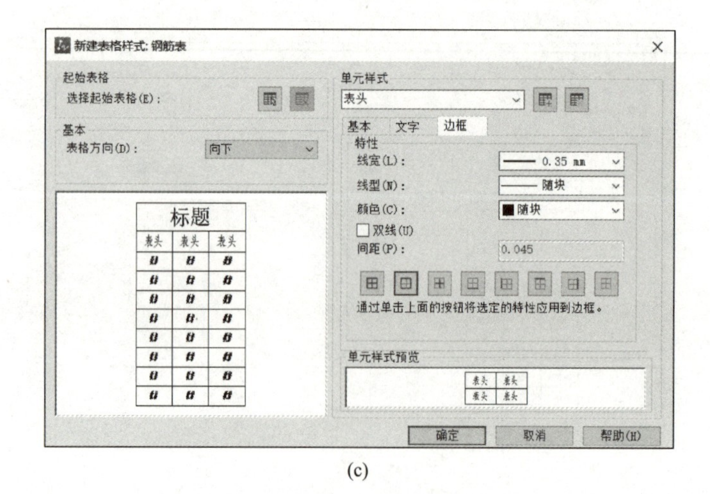

(c)

图 2-41　表头单元样式

5）设置“标题”单元样式

单击“标题”选项卡，分别设置“基本”“文字”“边框”特性，设置外边框线宽为 0.18mm，如图 2-42 所示。

新建表格样式: 钢筋表
起始表格
选择起始表格(E)：
基本
表格方向(D)： 向下
标题
表头 表头 表头
单元样式
标题
基本 文字 边框
特性
填充颜色(F)： 无
对齐(A)： 正中
格式(O)： 常规
类型(T)： 标签
页边距
水平(Z)： 1.5
垂直(V)： 1.5
☑创建行/列时合并单元(M)
单元样式预览
标题
标题
确定 取消 帮助(H)

(a)

新建表格样式: 钢筋表
起始表格
选择起始表格(E)：
基本
表格方向(D)： 向下
标题
表头 表头 表头
单元样式
标题
基本 文字 边框
特性
文字样式(S)： 黑体
文字高度(I)： 5
文字颜色(C)： 随块
文字角度(G)： 0
单元样式预览
标题
标题
确定 取消 帮助(H)

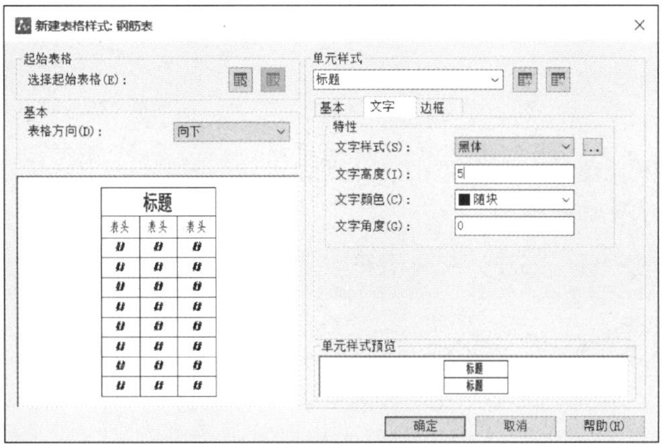

(b)

新建表格样式: 钢筋表
起始表格
选择起始表格(E)：
基本
表格方向(D)： 向下
标题
表头 表头 表头
单元样式
标题
基本 文字 边框
特性
线宽(L)： 0.18 mm
线型(N)： 随块
颜色(C)： 随块
☐双线(U)
间距(P)： 0.045
通过单击上面的按钮将选定的特性应用到边框。
单元样式预览
标题
标题
确定 取消 帮助(H)

(c)

图 2-42　标题单元样式

6）单击“确定”按钮，返回“表格样式管理器”对话框，样式列表内出现一个名为“钢筋表”的样式，如图 2-43 所示。新建的表格样式即为当前样式，单击“关闭”按钮退出对话框。

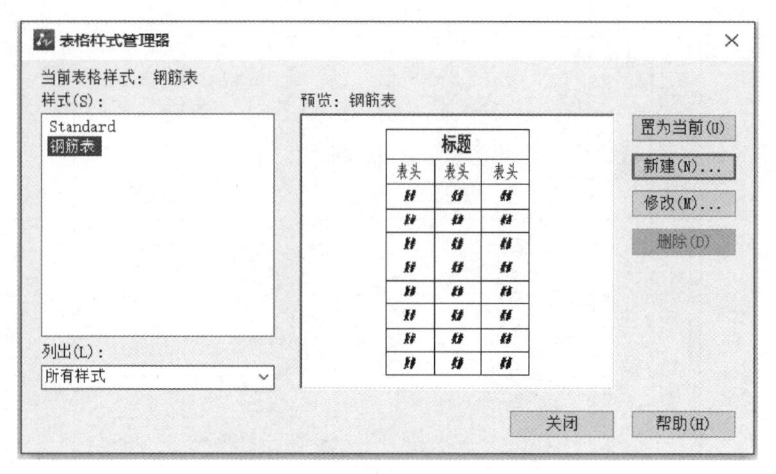

图 2-43　完成新建表格样式设置

（2）创建表格

调用表格命令的方法如下：

命令行输入命令 Table（TB）。

单击“绘图”下拉菜单/“表格（T）…”。

单击“绘图”工具栏▦按钮。

创建表格对象时，首先创建一个空表格，然后在表格的单元中添加内容，具体操作步骤如下：

1）设置表格基本参数

启动表格命令，弹出“插入表格”对话框，如图 2-44 所示。根据表 2-2 钢筋表格式设置 5 列 10 行，行高、列宽取默认值不变，待编辑时修改确定。

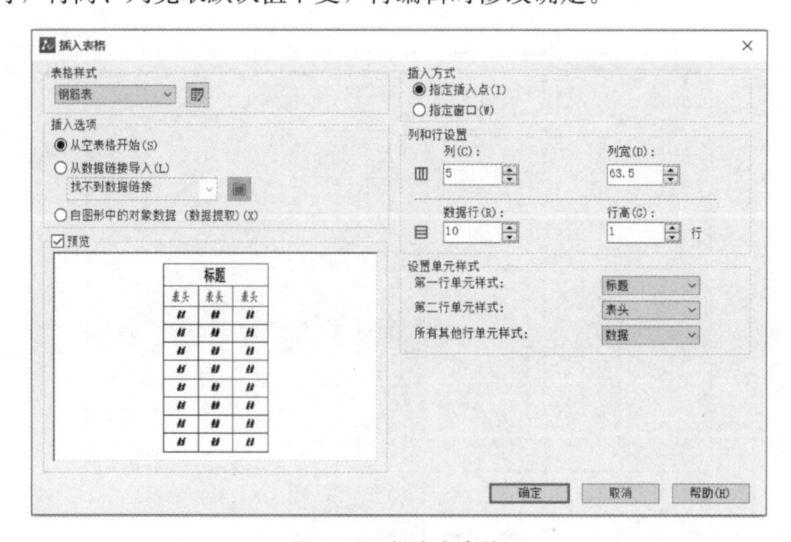

图 2-44　创建空表格

2）填写表格

按提示指定表格的插入位置，随即弹出“多行文字编辑器”填写表格数据，自动按标题、表头、单元格数据的次序进行，如图 2-45 所示。填写过程中按 Tab 键或方向键切换单元格，如果退出了编辑器，则双击单元格即可。

图 2-45　填写表格内容

3）修改行高和列宽

单元宽度用于确定该单元格所在列的列宽，单元高度用于确定该单元格所在行的行高。选择一个单元格如“编号”单元格，单击鼠标右键，打开“特性”选项板，在“单元”选项组按需要修改“单元宽度”为 20，“单元高度”为 15，如图 2-46 所示。

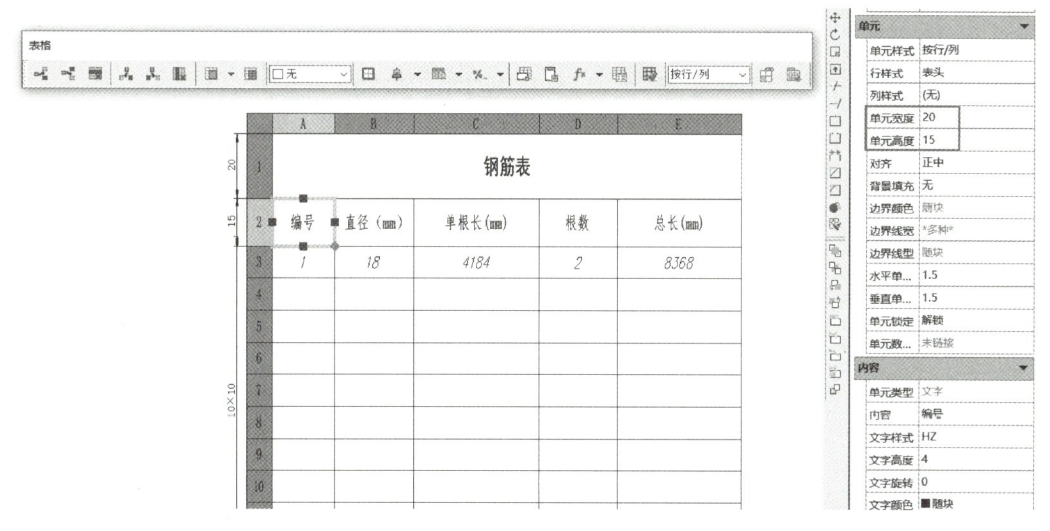

图 2-46　修改行高和列宽

按表格要求的尺寸修改所有列宽与行高，完成结果如图 2-47 所示。

单元格可以框选，这样可以一次修改多个单元格尺寸；单击单元格，右击，弹出快捷菜单，有更多编辑功能可选择，如合并单元格、删除、插入行和列等。

钢筋表				
编号	直径（mm）	单根长（mm）	根数	总长（mm）
1	18	4184	2	8368

图 2-47 完成表格设置

2.1.3 常用符号和图块

1. 常用符号

如图 2-48 所示，图中建筑材料有钢筋混凝土、浆砌石、天然土、夯实土，在水工图

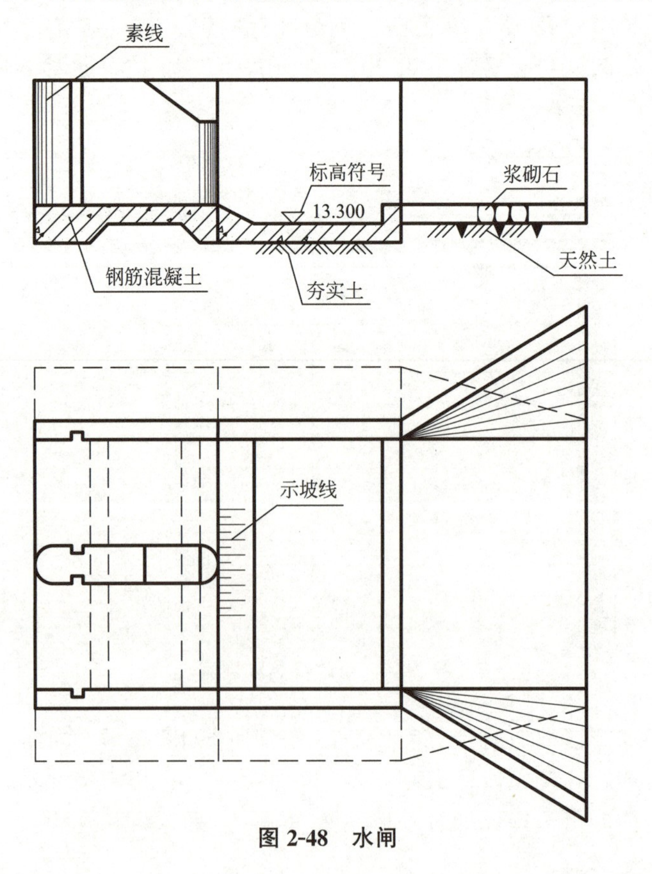

图 2-48 水闸

中，除各种建筑材料符号外，还有表示坡面的示坡线，圆柱面、圆锥面、扭面和方圆渐变面的素线，高程符号、水面标高符号、水流符号、指北针符号等。

（1）示坡线

工程上一般用示坡线及坡度值表示坡面的坡度大小和下坡方向。示坡线从坡面上比较高的轮廓线指向低处，用长短相间，间隔均匀的一组细实线绘制，示坡线与坡面上的等高线互相垂直。

（2）素线

圆柱面的素线为平行于轴线的细实线，间隔不等，靠近轮廓素线处密集，靠近轴线处稀疏。圆锥面的素线通过圆锥顶点，长短相间，间隔均匀。

（3）天然土和夯实土

夯实土用 45°的细实线，每组 3 条，相邻一组方向相反；天然土在两组斜线间加绘较密集的折线，如图 2-49 所示。

（4）干砌块石、浆砌块石

用“样条曲线”命令，先创建一个石块作为基本单元，将该石块复制到其他地方，并通过“夹点编辑”调整石块的外形，完成干砌块石绘制；在干砌块石的基础上，用 Solid 图案填充石块间隙得到浆砌块石，如图 2-50 所示。

图 2-49　天然土和夯实土　　**图 2-50　干砌块石和浆砌块石**

（5）标高

由高程符号和高程数字组成。在立面图和铅垂方向的剖视图、断面图中，高程符号用细实线绘制的等腰直角三角形表示，标高符号高度约为字高的 2/3；平面图中高程符号是细实线绘制的矩形线框，高程数字写在矩形线框内；水面标高符号即在三角形标高符号下画三条渐短的细实线，如图 2-51 所示。

（6）钢筋混凝土

钢筋混凝土先选用图案 AR-CONC 进行填充；再选用图案 ANSI31，进行第二次填充，如图 2-52 所示。

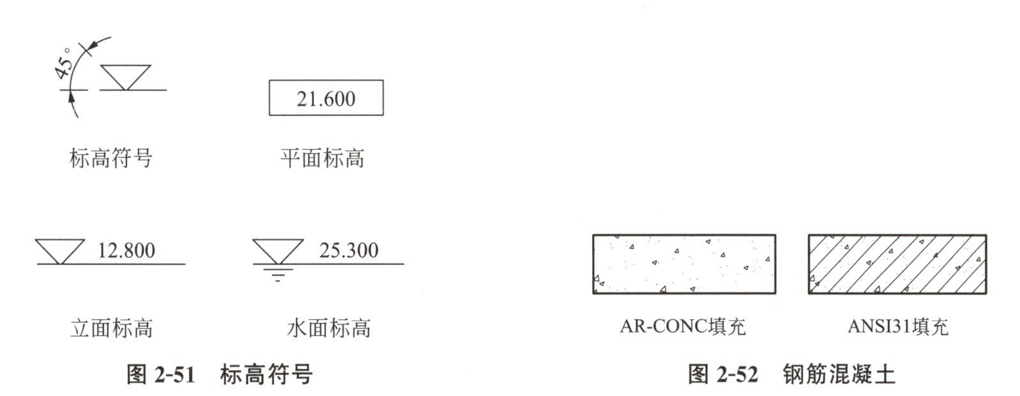

图 2-51　标高符号　　**图 2-52　钢筋混凝土**

（7）水流方向符号和指北针符号

水流方向符号和指北针符号如图 2-53 所示，水流方向一般自上而下或自左向右。

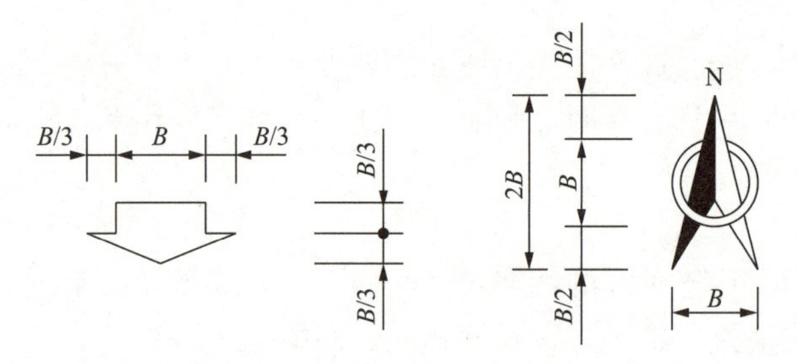

图 2-53　水流方向和指北针符号

2. 图块

在绘图过程中，往往需要重复使用某些图形对象，如图框、标题栏、材料符号、图例等。ZWCAD 可以将经常使用的图形对象定义为一个整体，组成一个对象，这就是图块。在需要的时候插入这些图块，可大大提高绘图的工作效率。

（1）创建块

创建块的方法如下：

在命令行输入命令“Block（B）”。

单击下拉菜单“绘图”/“块（K）”/“创建（C）…”。

单击“绘图”工具栏按钮。

现将夯实土符号定义为图块，具体操作如下：

1）在 0 层绘制夯实土符号，如图 2-54（a）所示。

2）启动“创建块”命令，弹出“块定义”对话框，在块定义“名称”列表框中输入块名称“夯实土”，如图 2-54（b）所示。

3）单击“选择对象”按钮，框选夯实土符号，回车结束选择，返回对话框；

4）单击“拾取基点”按钮，拾取夯实土最左边斜线端点（特征点）为基点，返回对话框；

5）单击“确定”按钮，完成夯实土符号图块的定义。

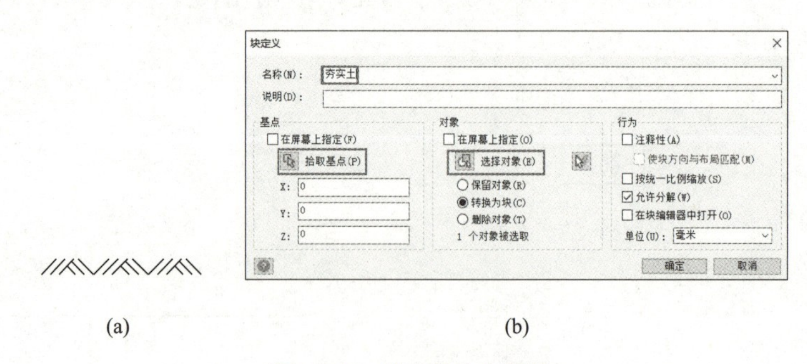

(a)　　(b)

图 2-54　创建夯实土图块

考虑到插入图块时定位的准确性和方便性，在拾取基点时，一般使用对象捕捉命令拾取图形对象的特征点。

“对象”选项区的“选择对象”用于选择块所要包含的对象，这些对象被定义成块之后，有三种处理方式：保留对象、转换为块和删除对象，选择“转换为块”，即将所选图形对象直接转换为块。

同样的方法，可以创建水工图中常用的图块，如天然土、干砌石、浆砌石、指北针、比例尺、示坡线、水流符号、岩石等，如图 2-55 所示。

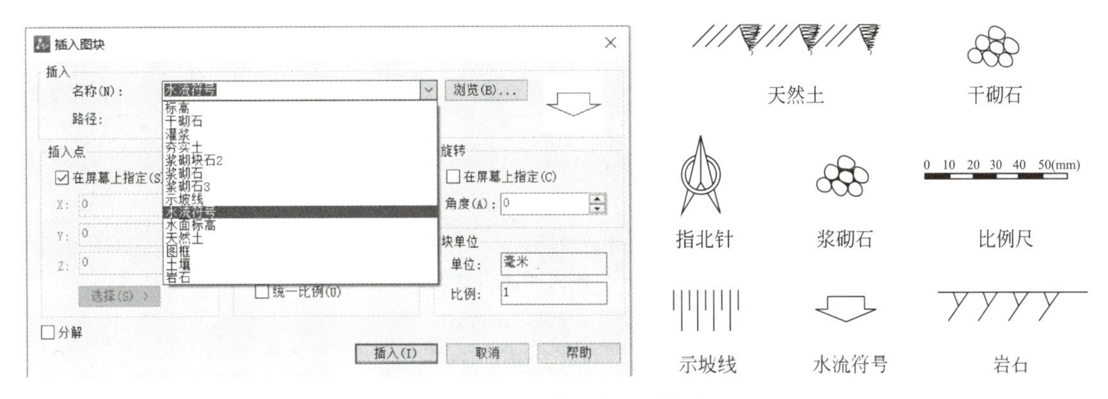

图 2-55　水工图中常用的图块

注意：在 0 层绘制各对象，并设置其特性为“随层”，这样创建的图块，在插入图形后将具有当前层的颜色、线型和线宽，方便使用。

（2）插入块

插入块的方法如下：

在命令行输入命令名“Insert（I）”。

单击下拉菜单“插入”/“块（B）…”。

单击“绘图”工具栏按钮。

参照图 2-56 完成插入图块“夯实土”，具体操作如下：

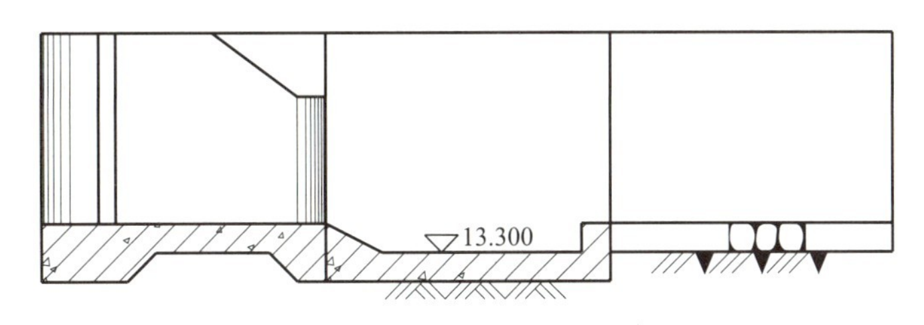

图 2-56　插入图块“夯实土”

1）切换“填充”层为当前图层，启动“插入块”命令，弹出“插入图块”对话框；

2）展开图块名称下拉列表，从中选择“夯实土”，插入点在屏幕上指定，其他按默认设置，如图 2-57 所示；

3）单击“插入”按钮，移动鼠标到图形适当位置，单击鼠标左键，完成图块插入。

“插入图块”对话框中各选项的含义如下。

“名称”下拉列表中的块是当前图形中已定义的块，可根据需要从中选择。另外 ZWCAD 允许直接将图形文件作为块插入到当前图形中，可单击“浏览”按钮，通过“插入

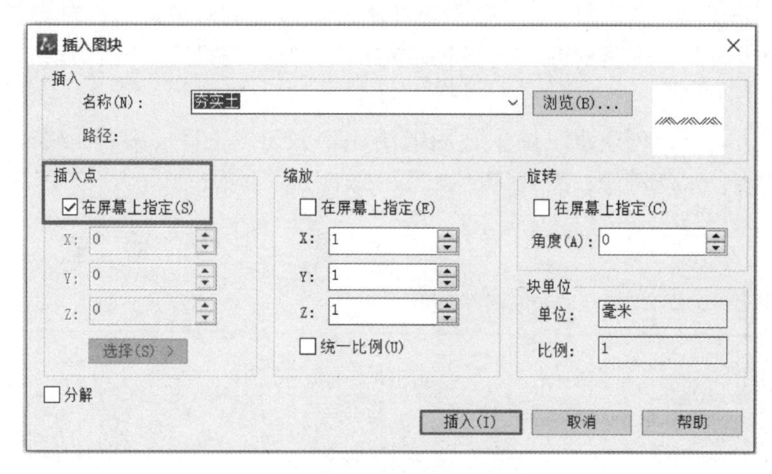

图 2-57　插入图块对话框

块”对话框找到已保存的图形文件，单击“插入”，完成文件的插入。

“插入点”指块的定位点，即创建块时的“基点”。默认方式为“在屏幕上指定”，插入块时由光标来拾取插入点。

“缩放”指插入块时的缩放比例，可以统一指定或分别指定长、宽、高各方向的比例。创建时按真实尺寸 1∶1 绘制的块，缩放比例应选择 1（默认值）；对于符号类图块，可根据图纸打印尺寸进行适当的比例缩放。

“旋转”用于确定插入块时的旋转角度。

“分解”复选框选中之后，图块插入后其组成对象是被分解的，这样不便于后期图形的编辑修改，不推荐这样做。

（3）编辑块

无论组成块的对象有多少个，块插入后就是一个整体，是一个对象。可以对块进行整体移动、复制、旋转、删除等编辑操作，但是不能直接修改块的组成对象。

1）分解

块分解命令的功能是将块由一个整体分解成为各个独立的组成对象。分解块的主要目的是修改块的组成对象，修改之后可以再重新创建块。

调用分解命令的方法如下：

在命令行输入命令名 Explode（X）。

单击“修改”下拉菜单/“分解（X）”。

单击“修改”工具栏的按钮。

2）块的重新定义

分解并修改图块后，只是修改了图形对象，并没有修改图块的定义，如果再次插入这个图块，它依旧是原来的样子。要想修改块定义，应该在分解并修改块图形对象后，以原块名重新定义块。

3）块的编辑

可以直接对块的组成对象进行编辑并重新定义，比以上“分解再重定义”的方法更加方便快捷，调用块编辑的方法如下：

在命令行输入命令 Bedit（BE）。

单击下拉菜单“工具”/“块编辑器（B）…”。

鼠标左键双击需要编辑的图块。

编辑图 2-56 中的天然土图块，具体操作步骤如下：

打开“图 2-56. dwg”图形文件，鼠标左键双击图块“天然土”，显示“块编辑”对话框，如图 2-58 所示，单击“确定”按钮，进入块编辑状态。

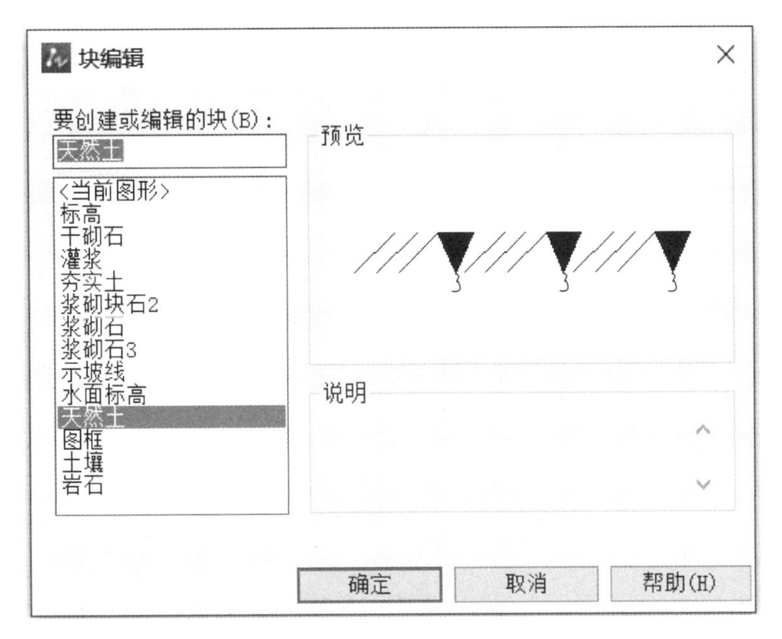

图 2-58　块编辑对话框

在编辑状态，天然土符号的组成对象是“分离”的，可按需要进行修改，如图 2-59 所示。

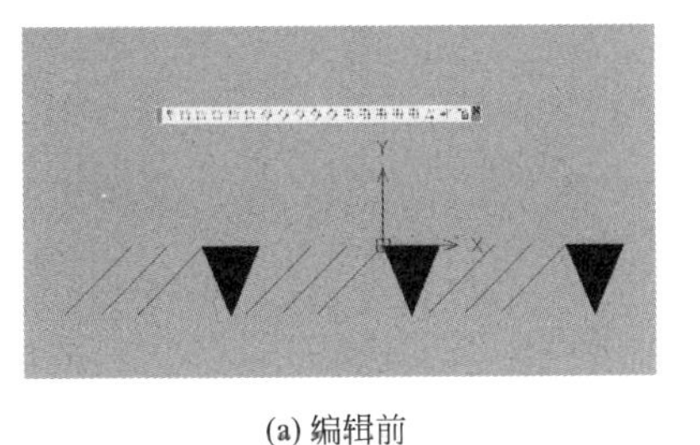

(a) 编辑前

(b) 编辑后

图 2-59　编辑块

修改之后关闭块编辑器，显示如图 2-60 所示的警告对话框，单击“是（Y）”，完成修改。

完成修改后，保存文件“图 2-56. dwg”。

（4）块的属性

图块除了包含图形对象以外，还可以具有非图形信息。例如把标高符号定义为图块，

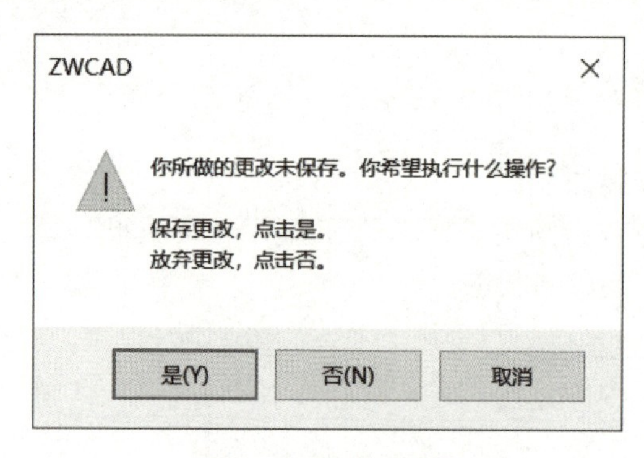

图 2-60 警告对话框

标高数值的文本信息也可以一并加入到图块中。图块的这些非图形信息叫作图块的属性，它是图块的一个组成部分，与图形对象一起构成一个整体。在插入图块时，CAD 把图形对象连同属性一起插入到图形中。

定义块属性方法如下：

在命令行输入命令名 Attdef（ATT）。

单击下拉菜单“绘图”/“块”/“定义属性（D）…”。

创建一个带属性的标高符号，步骤如下：

1）在 0 层绘制标高符号，如图 2-61（a）所示。

2）定义属性

执行 Attdef 命令，系统弹出“定义属性”对话框。在“定义属性”对话框中，属性名称为“标高”，文字样式选“XT”，对齐方式为“左”，文字高度为 2.5，旋转为 0，插入坐标选择在屏幕上指定，如图 2-61（b）所示。

3）创建“标高”图块

如图 2-61（c）所示，注意选择对象时，要将标高符号及属性“标高”全部选中。带属性的标高图块创建完成后，在插入标高图块时，可以根据水工建筑物位置的不同，输入不同的高程数值。

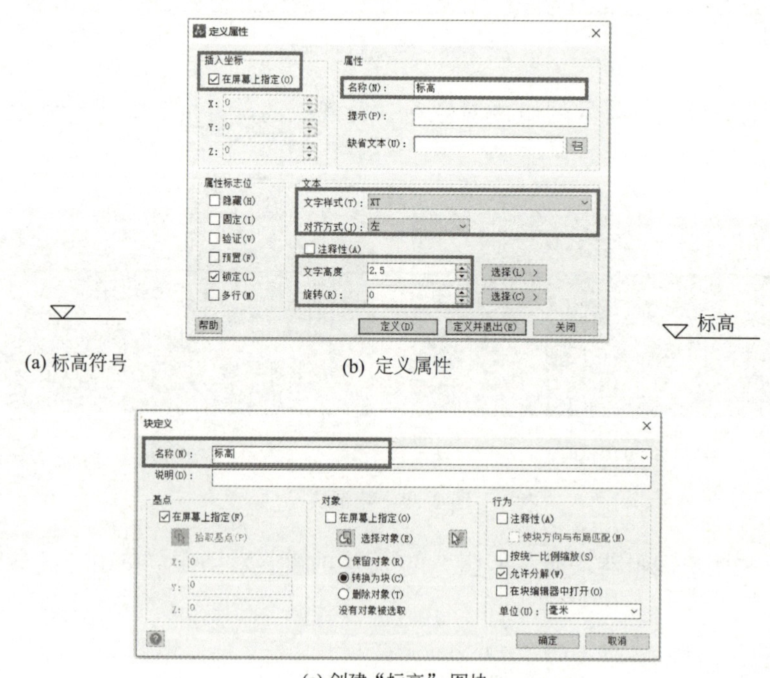

(a) 标高符号　(b) 定义属性

(c) 创建“标高”图块

图 2-61 块属性

2.1.4 创建样板文件

样板文件存储着图形的所有设置，包含预定义的图层、文字样式、标注样式、表格样式、常用图块等等。创建样板文件，除了可以满足制图的规范要求外，不同的行业、不同的设计部门还可以有自己的个性化设置，以便图纸的统一管理和编辑使用。

现创建一个 A3 图幅、适合绘制水工图的样板文件，具体步骤如下：

1. 设置图层

图层名称、颜色、线型、线宽按表 2-4 设置，图层包括粗实线、细实线、虚线、点画线、文字、标注、填充等，如图 2-62 所示。

2. 设置文字样式

设置两种文字样式，分别为“汉字”和“数字与英文字母”（表 2-5）。

图层设置　　表 2-4

名称	颜色	线型	线宽(mm)
粗实线	白	连续	0.70
细实线	绿	连续	0.18
虚线	黄	DASHED	0.35
点画线	红	CENTER	0.18
文字	绿	连续	0.18
标注	绿	连续	0.18
填充	绿	连续	0.18

状态	名称	开	冻结	锁定	颜色	线型	线宽	透明度	打印样式	打印	新视口冻	说明
	0				白	连续	默认	0	Col...			
	Defpo...				白	连续	默认	0	Col...			
	标注				绿	连续	0.1...	0	Col...			
	粗实线				白	连续	0.7...	0	Col...			
	点画线				红	CENTER	0.1...	0	Col...			
	填充				绿	连续	0.1...	0	Col...			
	文字				绿	连续	0.1...	0	Col...			
✓	细实线				绿	连续	0.1...	0	Col...			
	虚线				黄	DASHED	0.3...	0	Col...			

图 2-62　设置图层

文字样式　　表 2-5

样式名	字体	宽度因子	高度	倾斜角
XT	simplex. shx	0.7	0	15
HZ	仿宋	0.7	0	0

3. 设置尺寸标注样式

尺寸标注样式名为“BZ”，其中文字样式选用“XT”，其他参数根据制图标准的相关要求进行设置，具体内容见 2.1.2 CAD 绘图环境中的标注样式。

4. 设置表格样式

设置水工图中常用的钢筋表、曲线坐标表等样式。

5. 创建常用图块

6. 绘制图框、标题栏

在模型空间中按 1∶1 比例，按照装订式绘制 ISO A3 图框，标题栏尺寸如图 2-63 所示，保存日期为属性字段，文字居中书写。

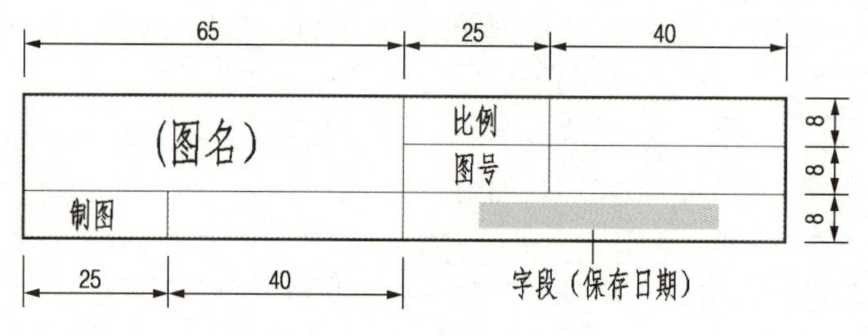

图 2-63　标题栏格式

7. 样板文件的保存

单击下拉菜单“文件”/“保存（S）”命令，打开“图形另存为”对话框。

选择文件类型“图形样板（*.dwt）”，指定文件名“01”，最后选择保存位置，单击“保存”按钮，完成样板文件的创建，如图 2-64 所示。

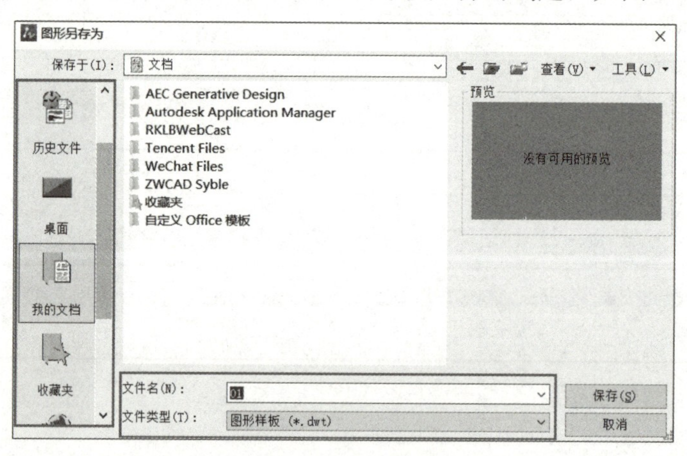

图 2-64　保存样板文件

项目 2.2　建筑物交线

了解建筑物坡面上等高线、坡度线的概念和特性，掌握建筑物坡面与平地面、自然地

形面相交，交线的性质及作图方法和作图步骤。

建筑物交线是指建筑物坡面与地面的交线以及建筑物本身坡面间的交线。土建施工后具有一定坡度的平面或曲面称为坡面，坡面与地面的交线称为坡边线。在工程图样中坡边线需要用粗实线绘制，坡边线分为开挖坡边线（简称开挖线）和填筑坡边线（简称坡脚线）。

由于建筑物的表面可能是平面或曲面，地面可能是水平地面或不规则的自然地形面，因此，它们的交线性质也不相同，但求解交线的基本方法仍然是用辅助平面法求共有点。若交线为直线，只需求两个共有点相连即得；若交线为曲线，则须求一系列共有点，然后依次顺序连接即可。

2.2.1　建筑物与平地面相交

1. 填方工程

如图 2-65 所示，土坝坝顶高程 8.00m，地面高程 4.00m，弯曲倾斜引道由地面逐渐升高与坝顶相连，土坝边坡为 1∶1，引道两侧为同坡曲面，坡度 1∶1。用 A3 图幅，比例 1∶200 抄绘平面图与 A-A 断面图，并补绘土坝与引道的坡脚线及土坝与引道的坡面交线。

5. 土坝与引道连接

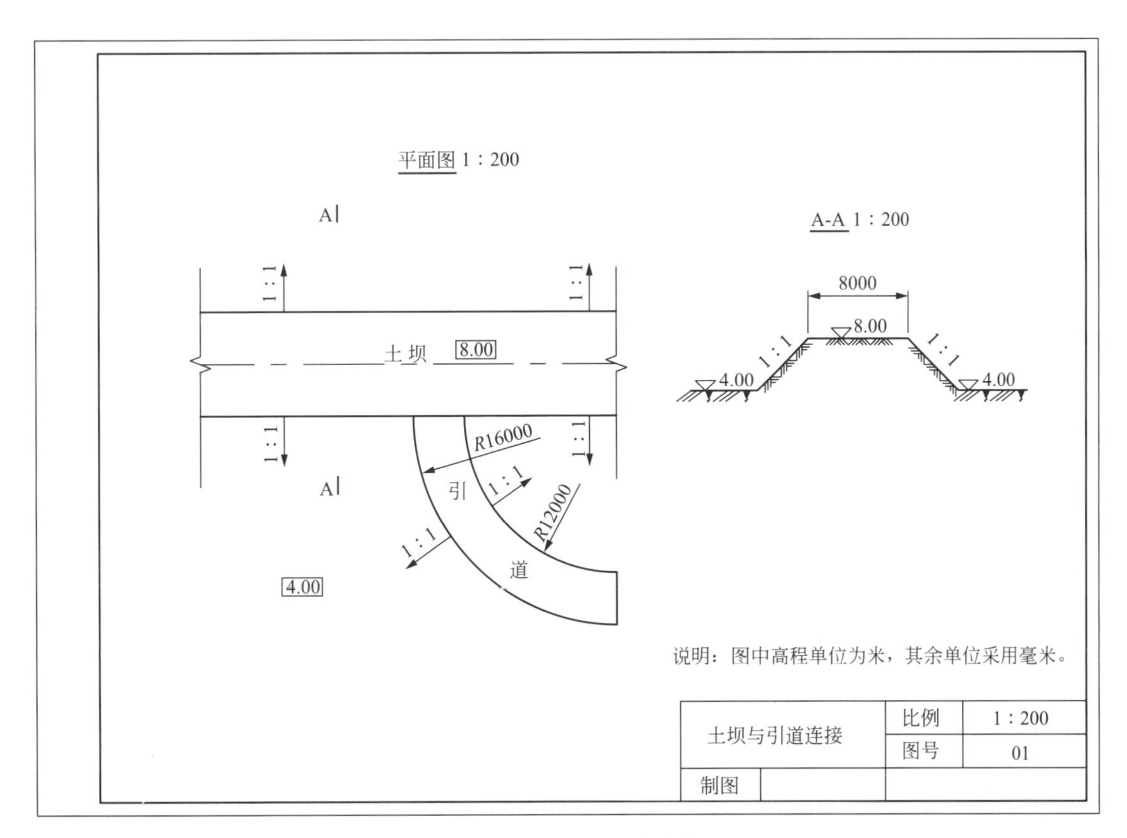

图 2-65　土坝与引道连接

分析：

引道两侧为同坡曲面，坡度为1∶1，是正圆锥锥顶分别沿R12000、R16000圆弧移动所形成的包络曲面。坡脚线即各坡面与地面的交线，地面高程为4.00m，即求各坡面上高程为4.00m的等高线。

作图：

（1）打开样板文件01.dwt，打开“图形另存为”对话框，文件名命名为“土坝与引道连接”，文件类型选择＊.dwg，指定文件保存位置，单击保存按钮，如图2-66所示。

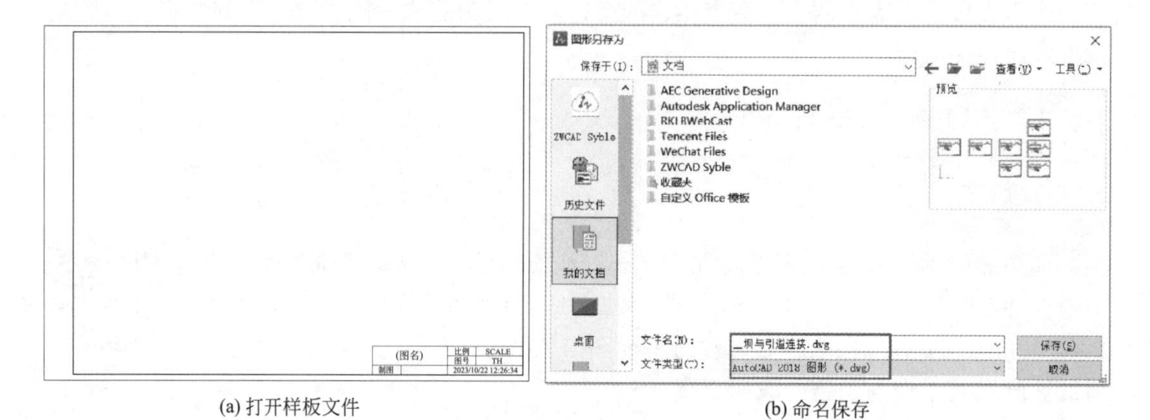

(a) 打开样板文件　　(b) 命名保存

图2-66　打开样板文件并命名保存

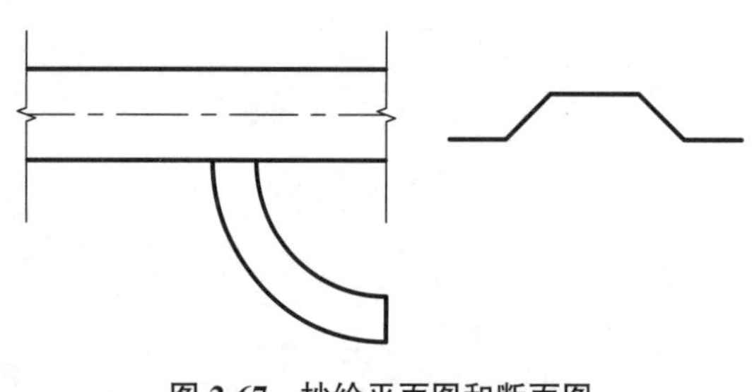

图2-67　抄绘平面图和断面图

（2）1∶1比例抄绘平面图和A-A断面图，如图2-67所示。

1）作引道两侧同坡曲面上的等高线

因为引道从地面到坝顶是均匀上升的，故四等分圆弧得引道上的整数标高点a5、b6、c7、d8，如图2-68（a）所示。引道两侧同坡曲面坡度为1∶1，分别以a5、b6、c7、d8为圆心，以$R=1$m、2m、3m、4m为半径画同心圆，输入样条曲线（SPLINE）命令，连接同高程等高线圆的公切点，即得同坡曲面上高程分别为4m、5m、6m、7m的等高线，如图2-68（b）所示。其中高程为4.00m的等高线即为同坡曲面的坡脚线，同样的方法可做出另一侧同坡曲面的等高线，如图2-68（c）所示。

2）作土坝坡面上的等高线

土坝坡度1∶1，输入偏移命令（OFFSET），偏移距离$L=1\times1=1$m，分别得到土坝坡面上高程为7m、6m、5m、4m的等高线，如图2-69所示。其中高程为4.00m的等高线即为土坝坡面的坡脚线。

3）作引道同坡曲面与土坝坡面的交线

找出引道两侧同坡曲面与土坝坡面上相同高程等高线的交点，如图2-70（a）所示，输入样条曲线命令（SPLINE），顺序连线，即得坡面交线，修剪并删除多余线条，如图2-70（b）所示。

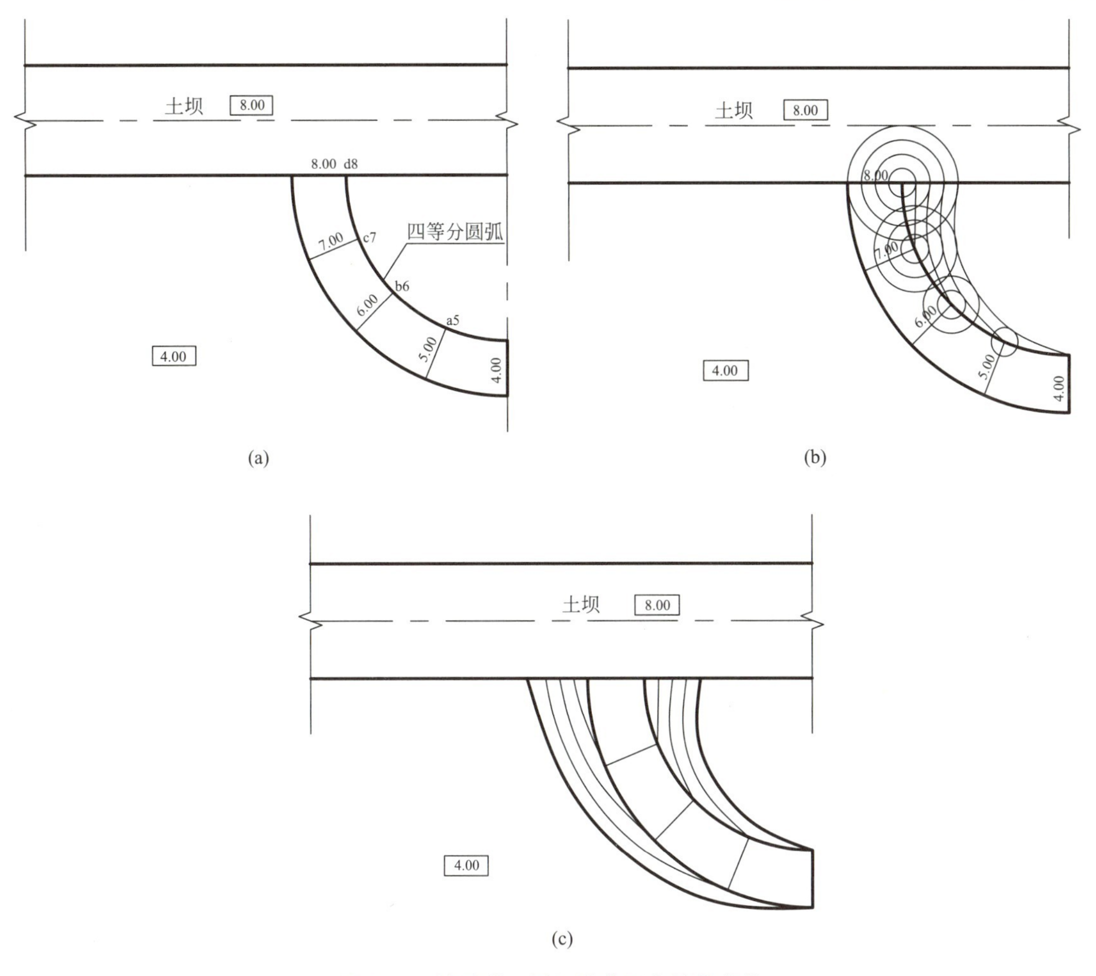

图 2-68　作引道两侧同坡曲面上的等高线

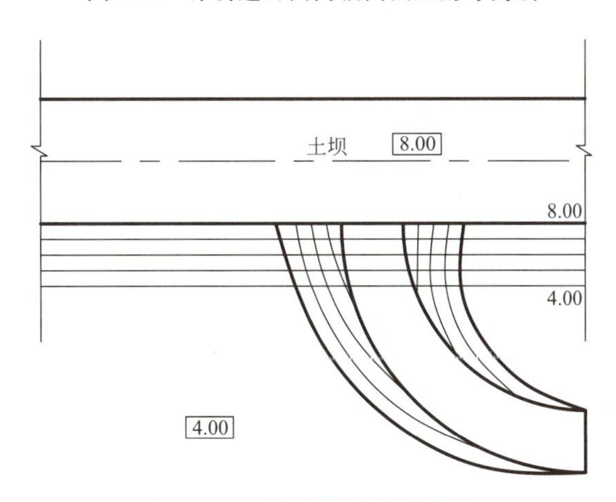

图 2-69　土坝坡面上的等高线

(3) 使用缩放 (SCALE) 命令，比例 1∶200，将图形缩放至标准 A3 图框内。

1) 标注尺寸

选用“BZ”尺寸标注样式，修改主单位选项卡“测量单位比例”的“比例因子”为

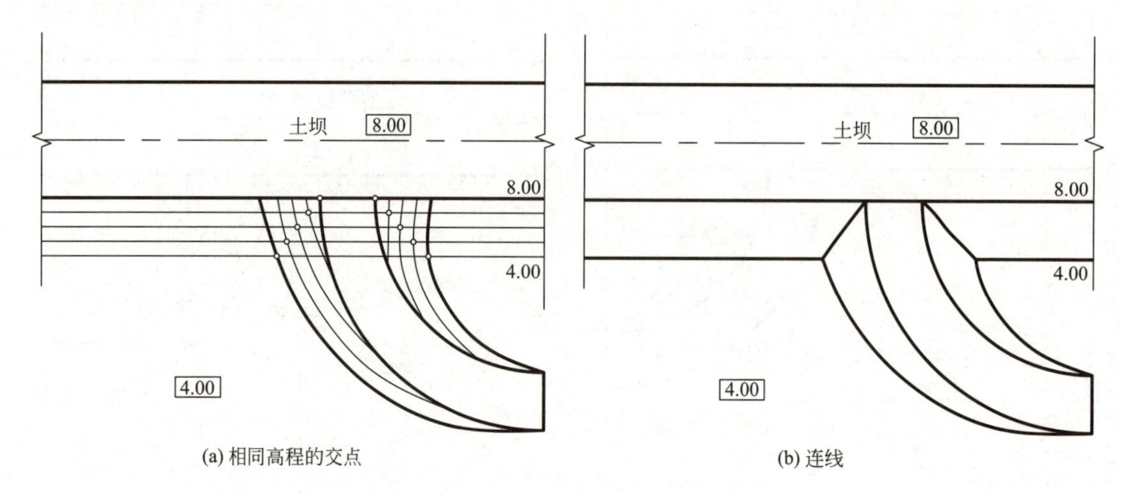

图 2-70　作坡面交线

200，如图 2-71 所示，标注平面图及 A-A 断面图。

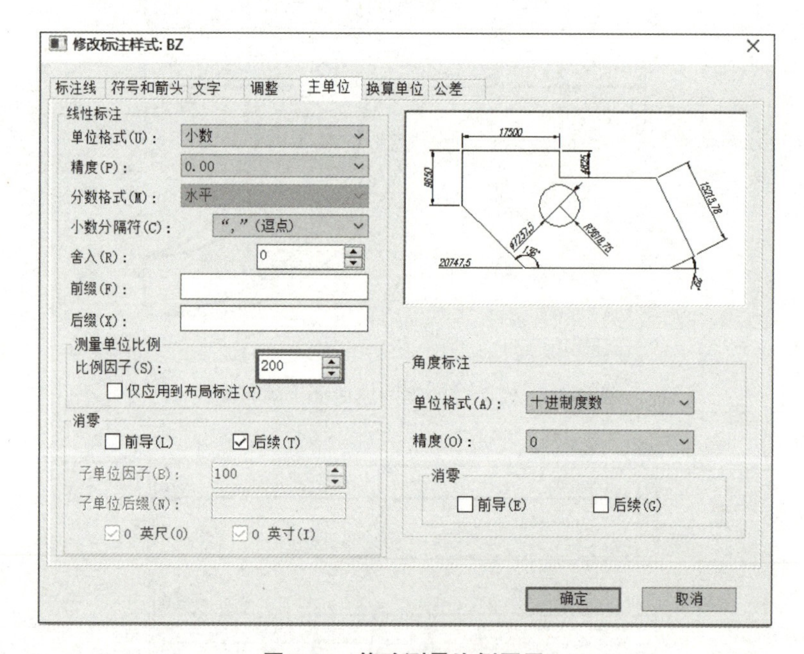

图 2-71　修改测量比例因子

2）绘制材料符号、标高符号、示坡线，注写图名比例和说明。

（4）调整图形位置，使图形居中，完成作图，如图 2-72 所示。

2. 挖方工程

如图 2-73 所示，用 A3 图幅，比例 1∶100 抄绘防冲槽半平面图和剖视图，比例 1∶50 抄绘 A-A 断面图，并补绘半平面图中防冲槽底部与基础（地面）的交线。

分析：

半平面图表达防冲槽顶部形状以及各边坡坡度。对照剖视图可知，防冲槽坡底高程为 822.10m，左边坡坡度为 1∶2，坡顶高程 823.60−0.4（40cm）=823.20m，高差 823.20−

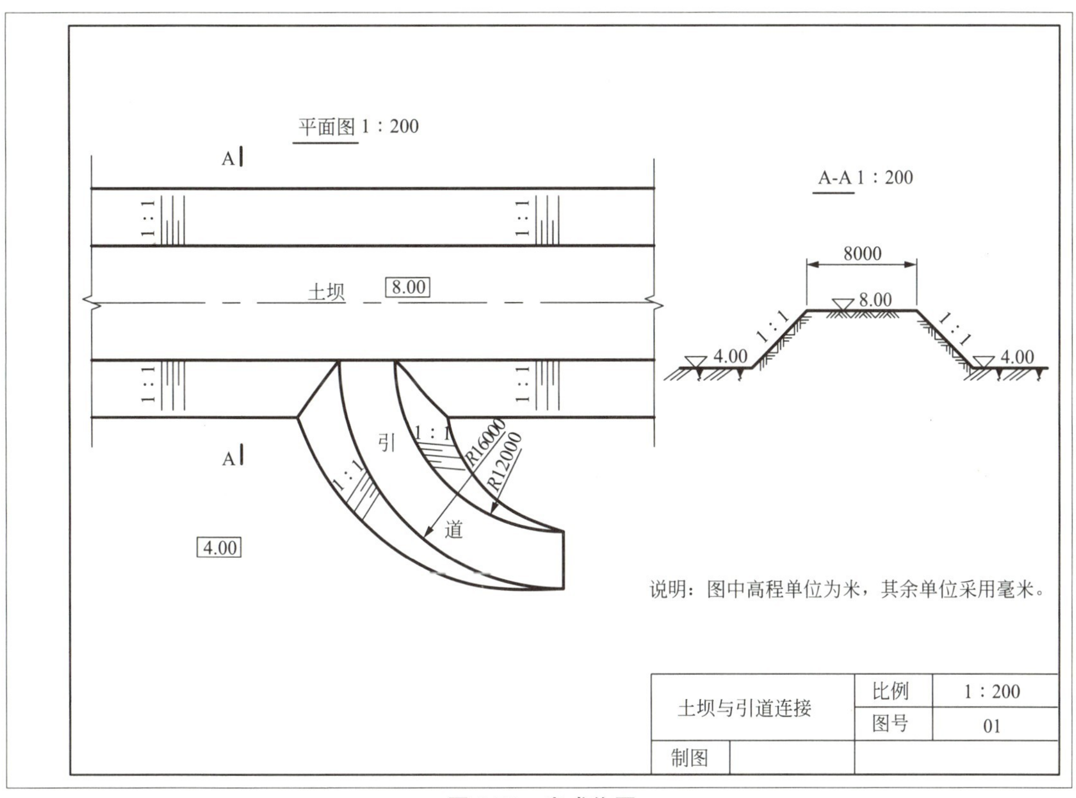

图 2-72　完成作图

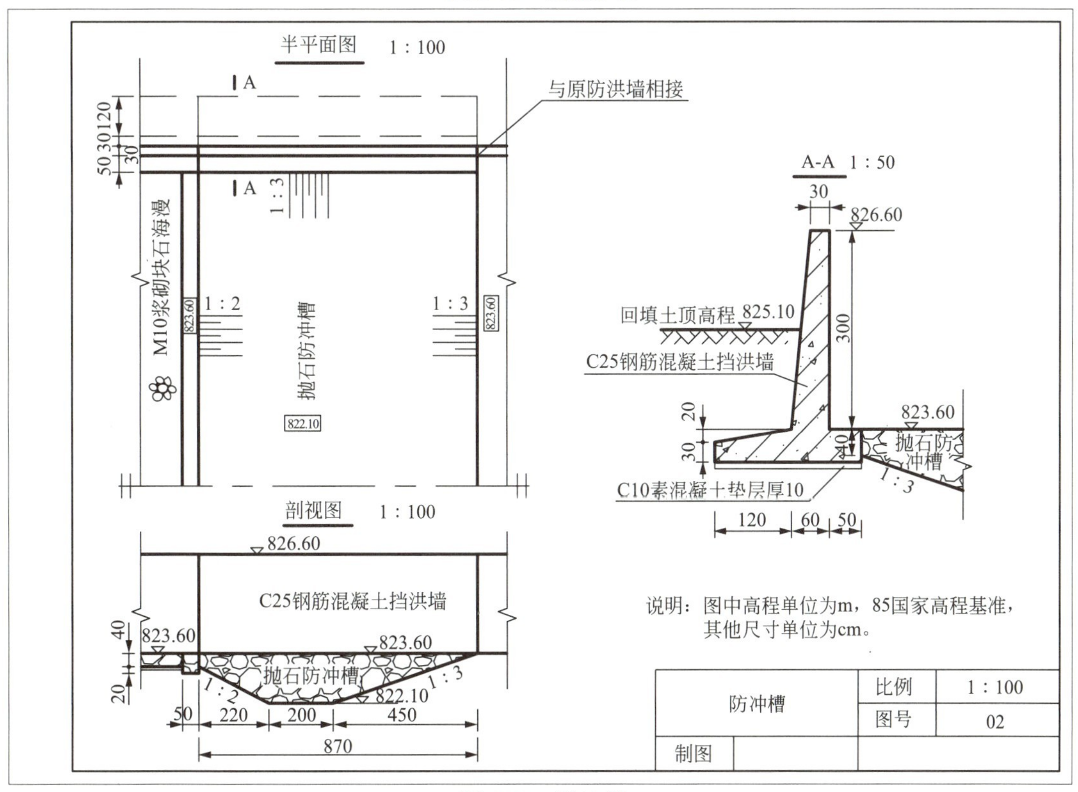

图 2-73　防冲槽

822.10=1.1m，平距 L_1=1.1×2=2.2（m）；右边坡坡度为1∶3，坡顶高程823.60m，高差823.60−822.10=1.5m，平距 L_2=1.5×3=4.5（m）；北边坡坡度为1∶3，对照A-A断面图，坡顶高程为823.60−0.4（40cm）=823.20m，高差823.20−822.10=1.1m，平距 L_3=1.1×3=3.3（m）。

作图：

（1）打开样板文件01.dwt，打开“图形另存为”对话框，文件名命名为“防冲槽”，文件类型选择＊.dwg，指定文件保存位置，单击保存按钮。

（2）用1∶1比例抄绘防冲槽半平面图、剖视图和A-A断面图，如图2-74所示。

1）作防冲槽与基础（地面）交线。使用偏移（OFFSET）命令，在半平面图中，分别使防冲槽顶部边线向底部偏移2.2m、4.5m、3.3m，如图2-75所示。

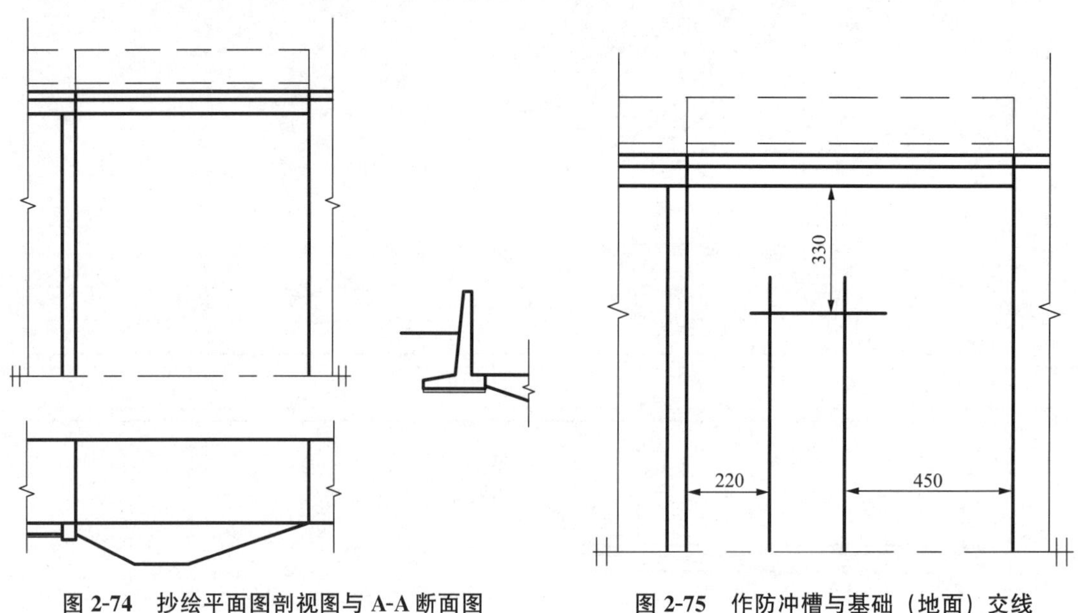

图2-74　抄绘平面图剖视图与A-A断面图

图2-75　作防冲槽与基础（地面）交线

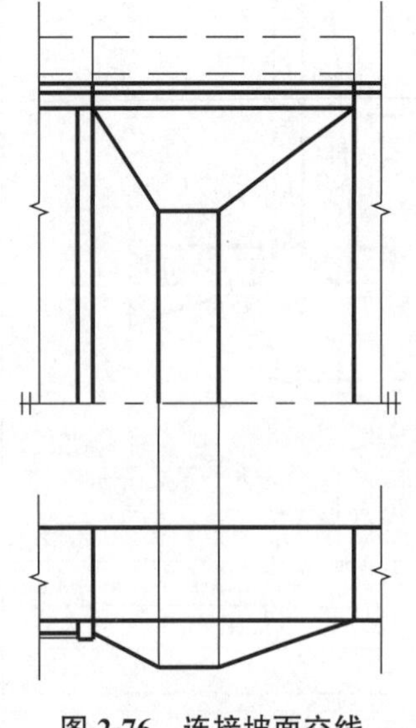

图2-76　连接坡面交线

2）修剪多余线条，连接相邻坡面交线。防冲槽与地面的交线，在半平面图与剖视图中，应符合长对正的投影规律，如图2-76所示。

（3）使用缩放（SCALE）命令，半平面图、剖视图，输入比例1/100；A-A断面图，输入比例1/50，将图形缩放至标准A3图框内。

1）选用“BZ”尺寸标注样式，修改主单位选项卡“测量单位比例”的“比例因子”为10（图中尺寸单位为cm），标注半平面图和剖视图；A-A断面图比例为1∶50，可基于标注样式“BZ”新建标注样式50，修改主单位选项卡“测量单位比例”的“比例因子”为5，标注A-A断面图。

2）绘制材料符号、插入标高符号、示坡线，注写图名比例和说明。

（4）调整图形位置，使图形居中，完成作图，如图 2-77 所示。

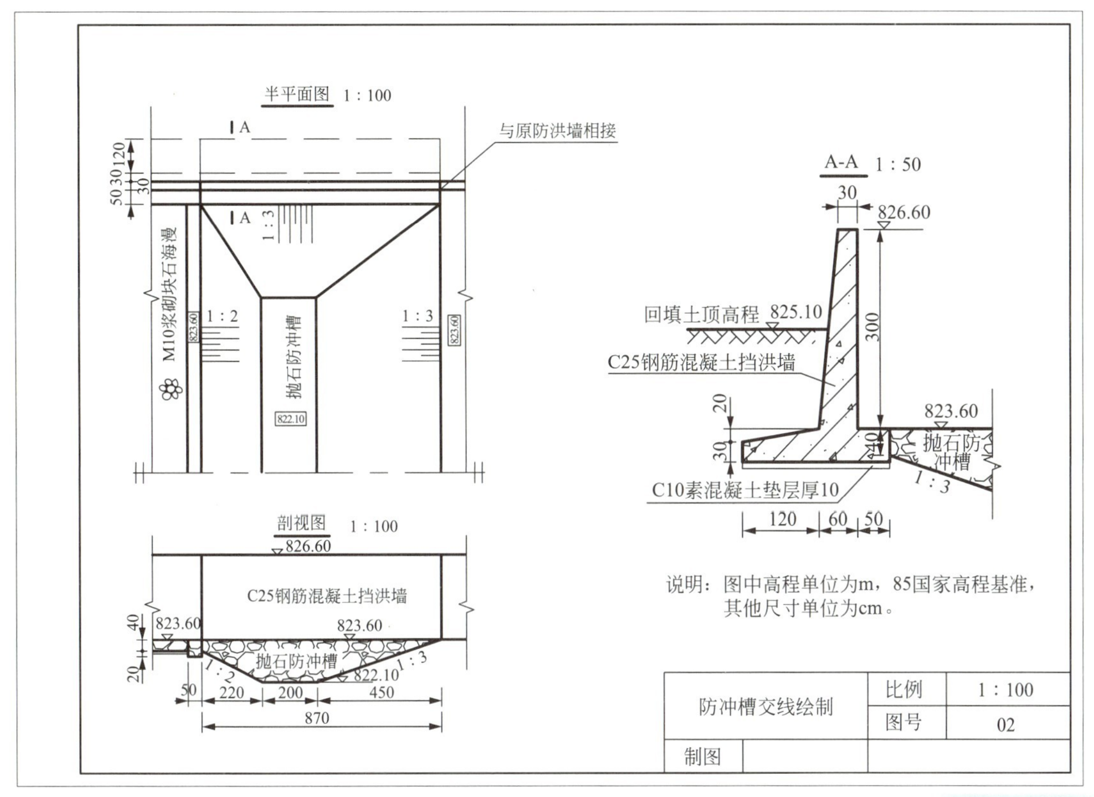

图 2-77　作图结果

2.2.2　建筑物与自然地面相交

1. 填方工程

如图 2-78 所示，用 A3 图幅，比例 1∶2000 抄绘土石坝平面图、下游立面图和 A-A 断面图，并补绘土石坝与地面的交线。

分析：

由平面图可知，原地形面为两边高中间低的河道，由下游立面图及 A-A 断面图可知，坝顶高程 195.00m，坝顶宽 1000cm，土坝上游坡面坡度为 1∶3；下游分为两段，中间为马道，马道高程为 175.00m，宽 500cm，两段坡面坡度分别为 1∶2 和 1∶3。土坝与地面的交线，就是土坝坡面上与地面高程相同的等高线。

作图：

（1）打开样板文件 01.dwt，打开“图形另存为”对话框，文件名命名为“土石坝与地面交线”，文件类型选择 *.dwg，指定文件保存位置，单击保存按钮。

（2）用 1∶1 比例抄绘平面图、下游立面图和 A-A 断面图，如图 2-79 所示。

1）作坝顶与马道平面图，如图 2-80 所示。

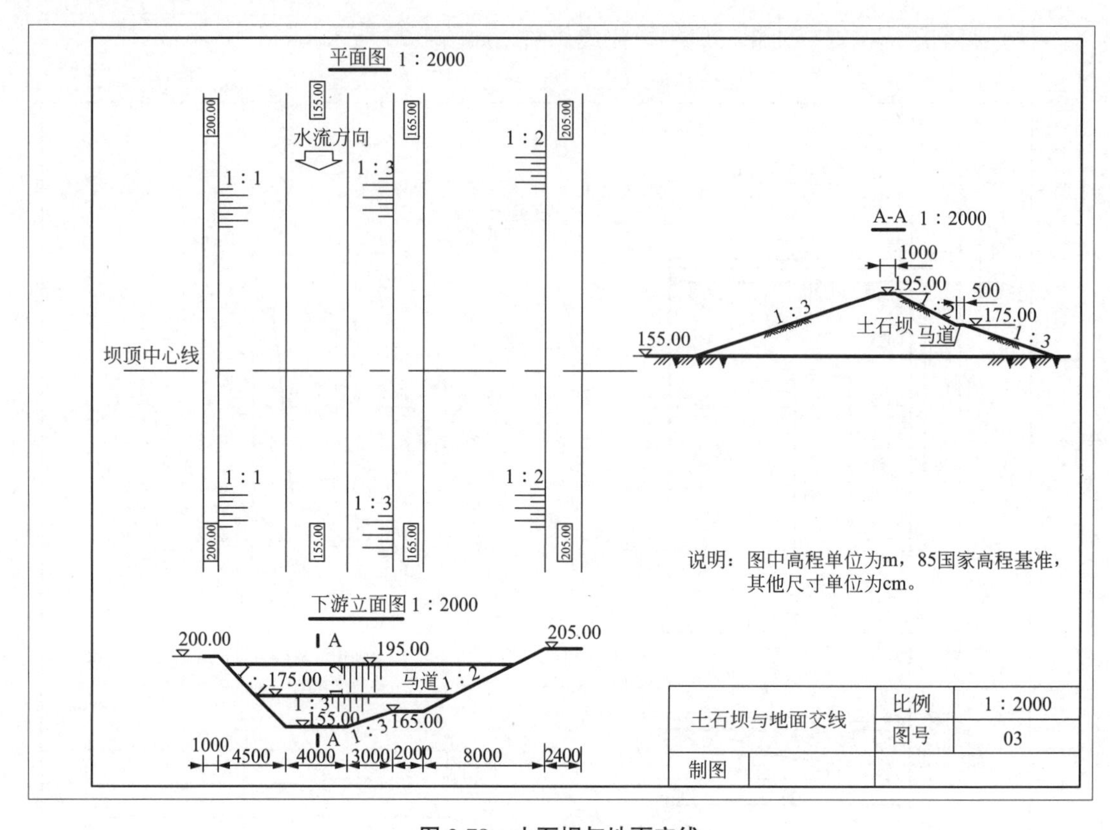

图 2-78 土石坝与地面交线

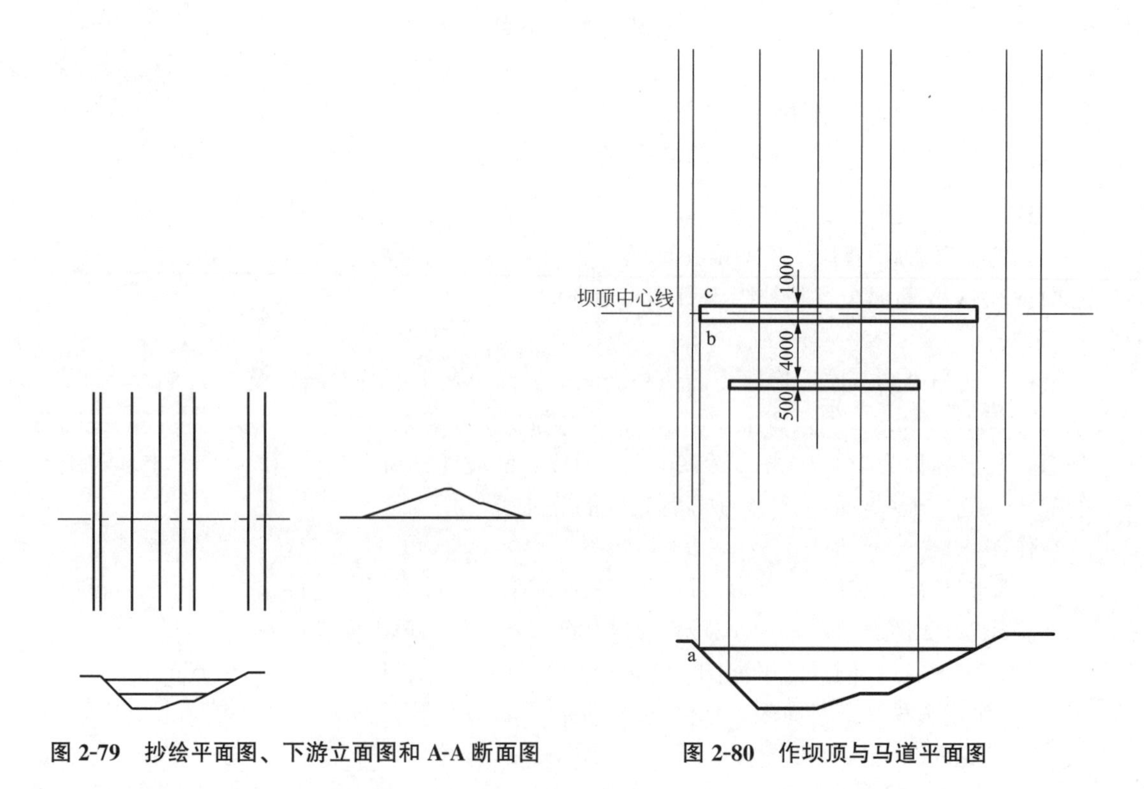

图 2-79 抄绘平面图、下游立面图和 A-A 断面图

图 2-80 作坝顶与马道平面图

在平面图中以坝顶轴线为基准，分别向两边偏移 500cm 绘制直线；在下游立面图中，根据长对正的投影规律，由坝顶与右岸边坡的交点 a，绘制坝顶与右岸的交线 bc，同理绘制坝顶与左岸的交线。

坝顶与下游马道高差 195.00－175.00＝20.00m，坡度为 1∶2，$L_1=2\times20\text{m}=40\text{m}$，由坝顶下游边线向下游方向偏移 4000cm 绘制马道边线，再偏移 500cm 得马道宽度，再根据长对正的投影规律，绘制马道与左右岸的交线。

2）作上、下游坡面的坡脚线

上游坡面坡度为 1∶3，坝顶高程 195.00m，河道底部分别是高程为 155.00m 和 165.00m 的平地面，高差 195.00－155.00＝40m，195.00－165.00＝30m，平距 $L_2=3\times40\text{m}=120\text{m}$，平距 $L_3=3\times30\text{m}=90\text{m}$。由坝顶上游坡边线向上游方向分别偏移 12000cm 和 9000cm，得上游坡脚线，如图 2-81（a）所示。

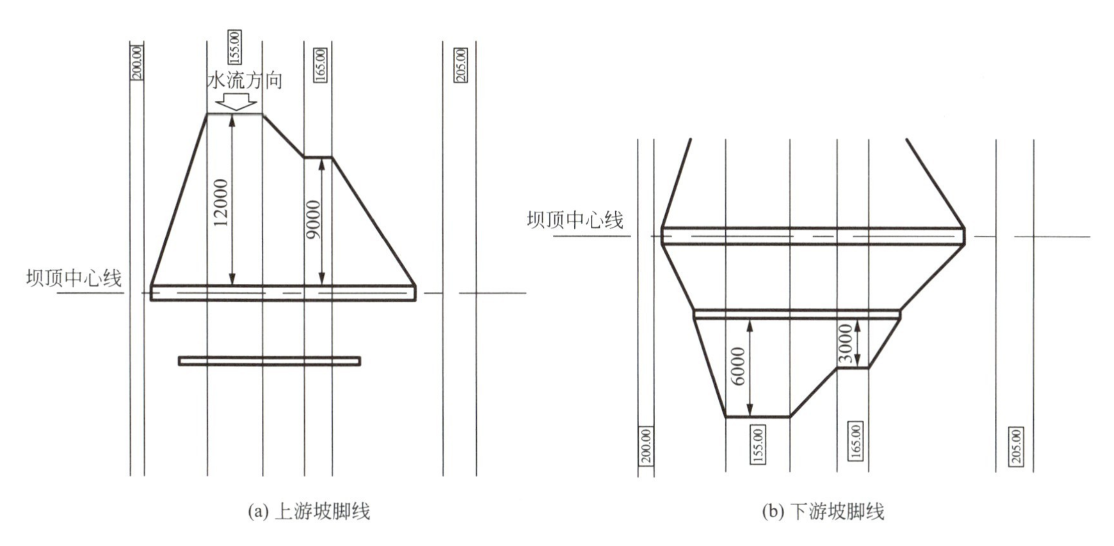

(a) 上游坡脚线　　(b) 下游坡脚线

图 2-81　上、下游坡面的坡脚线

马道高程 175.00m，马道下游坡面坡度为 1∶3，河道底部高程分别为 155.00m 和 165.00m，高差 175.00－155.00＝20m，175.00－165.00＝10m，平距 $L_4=3\times20\text{m}=60\text{m}$，平距 $L_5=3\times10\text{m}=30\text{m}$。由马道下游边线向下游分别偏移 6000cm 和 3000cm，得到下游坡脚线，如图 2-81（b）所示。

3）删除土石坝交线范围内原有地面线。

（3）使用缩放（SCALE）命令，将平面图、下游立面图、A-A 断面图全部选中，输入比例 1/2000，将图形缩放至标准 A3 图框内。

1）标注尺寸

选用“BZ”尺寸标注样式，修改主单位选项卡“测量单位比例”的“比例因子”为 200（尺寸单位为 cm），标注下游立面图和 A-A 断面图。

2）绘制水流符号、标高符号、示坡线、材料符号，注写图名比例和说明。

（4）调整图形位置，使图形居中，完成作图，如图 2-82 所示。

2. 挖方工程

如图 2-83 所示，用 A3 图幅，比例 1∶2000 抄绘基坑平面图、下游立面图和 A-A 断

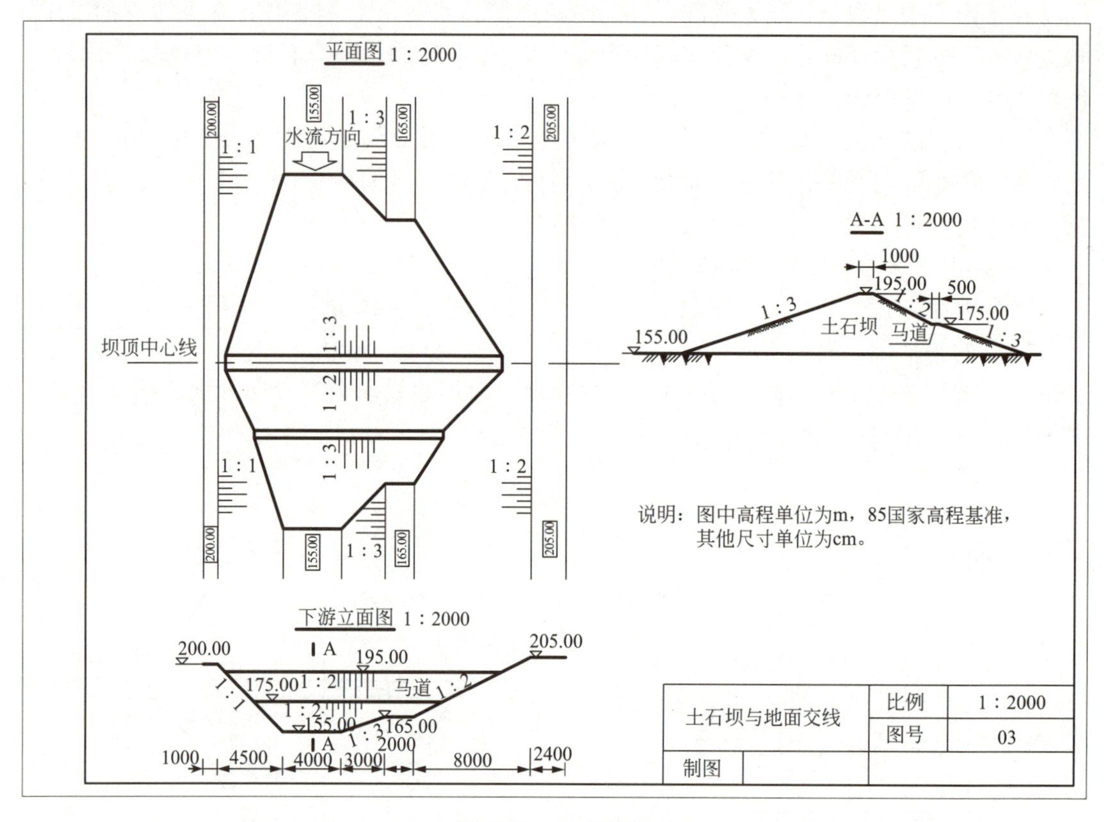

图 2-82 完成作图

面图，补绘平面图中各坡面与原地面以及基坑各坡面之间的交线。

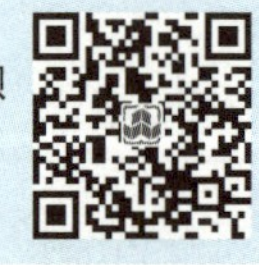

分析：

从基坑平面图可知基坑底部高程 57.00m，基坑左边是 $R=3000$cm 的半圆，右边是边长为 6000cm 的正方形，边坡坡度均为 1∶1；由平面图和下游立面图可知，基坑所处位置是由高程分别为 65.00m、105.00m 的平地面和坡度为 1∶2 的斜坡组成的自然地面。求基坑各坡面与地面的交线，即求各坡面上与地面高程相同的等高线。

作图：

（1）打开样板文件 01.dwt，打开“图形另存为”对话框，文件名命名为“基坑与地面交线”，文件类型选择 *.dwg，指定文件保存位置，单击保存按钮。

（2）用 1∶1 比例抄绘平面图、下游立面图和 A-A 断面图，如图 2-84 所示。

1）作基坑右边坡与地面交线

由下游立面图中基坑右边坡与地面交点 a，根据长对正的投影规律，绘制基坑右边坡与地面的交线，基坑边坡坡度均为 1∶1，由 d、e 分别作 45°斜线与直线交于 b、c 两点，如图 2-85 所示。

2）作基坑左边半圆锥坡面与地面的交线

由下游立面图中基坑左边坡与地面交点 f，根据长对正投影规律得到 g，以 o 为圆心，

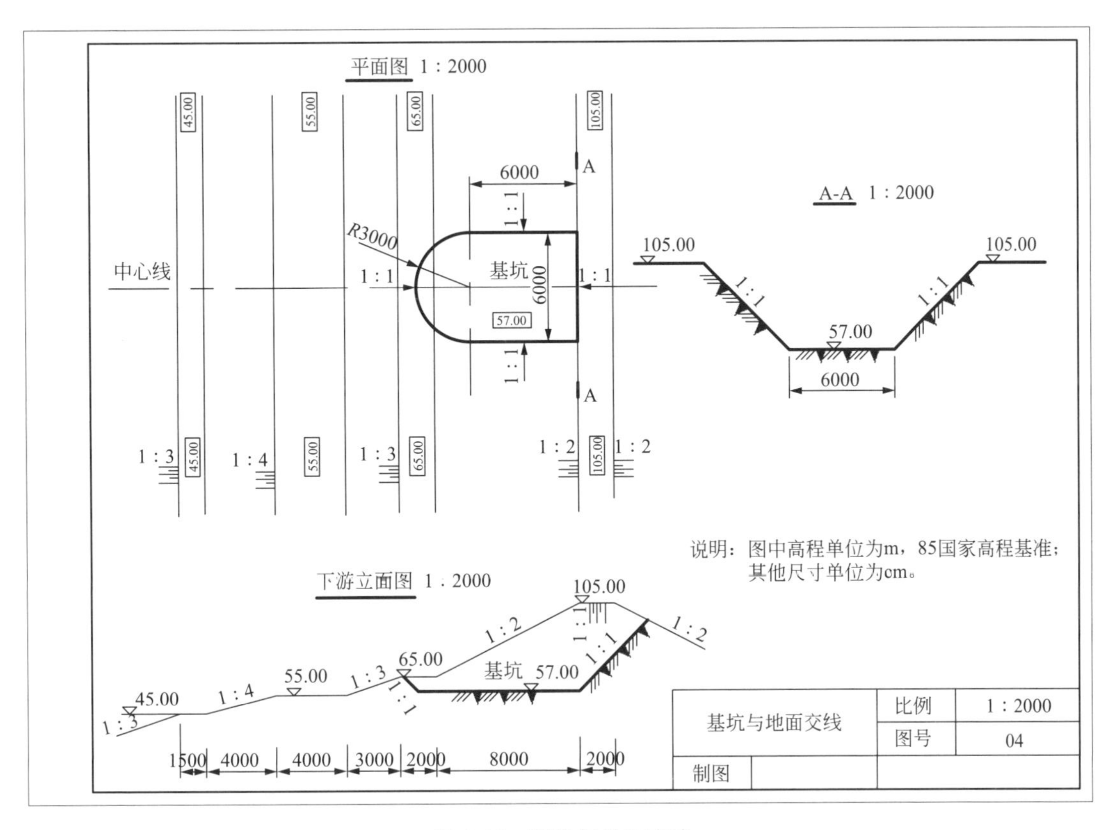

图 2-83　基坑与地面交线

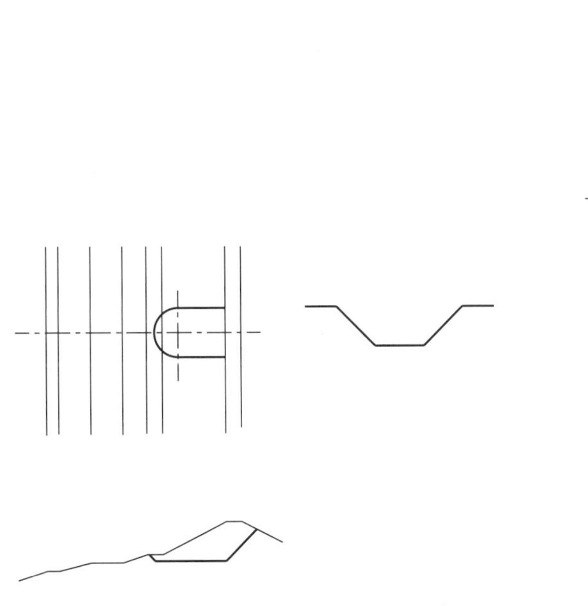

图 2-84　抄绘平面图、下游立面图和 A-A 断面图

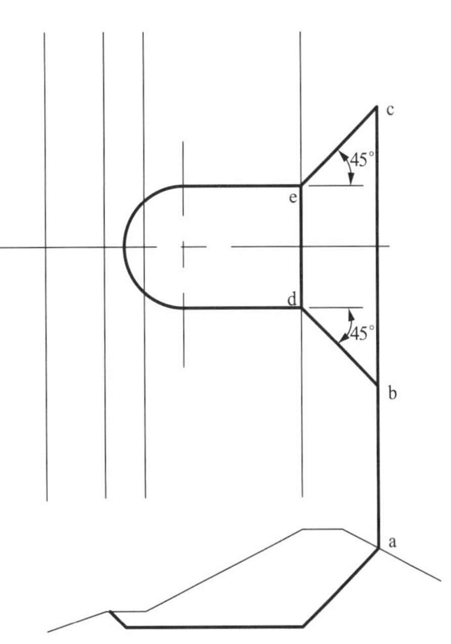

图 2-85　基坑右边坡与地面交线

以 og 为半径画圆弧 igh（高差 65.00－57.00＝8m，坡度 1∶1，平距 L_1＝1×8m＝8m，基坑底部半圆 R＝3000cm，所以圆弧 R＝3000cm＋800cm＝3800cm）。基坑半圆中心线距高程 105.00m 的地面边线 L＝6000cm，原地面坡度 1∶2，高差 H＝3000cm，所以基坑半圆中心线处地面高程为 105.00m－30.00m＝75m；基坑坡面坡度 1∶1，高差 75.00－57.00＝18m，L_2＝1×18m＝18m，输入偏移（OFFSET）命令，偏移距离为 1800cm，与中心线相交于 m、n 两点，如图 2-86 所示。

hm 与 in 段为不规则曲线，在原地面插入高程为 70.00m 的等高线，高差 70.00m－57.00m＝13m，半圆锥坡面坡度 1∶1，L_3＝1×13m＝13m，以 o 为圆心，以 R＝3000cm＋1300cm＝4300cm 为半径画圆，与高程为 70.00m 的等高线相交于 p、q，如图 2-87 所示，样条曲线连接 hpm 和 iqn。

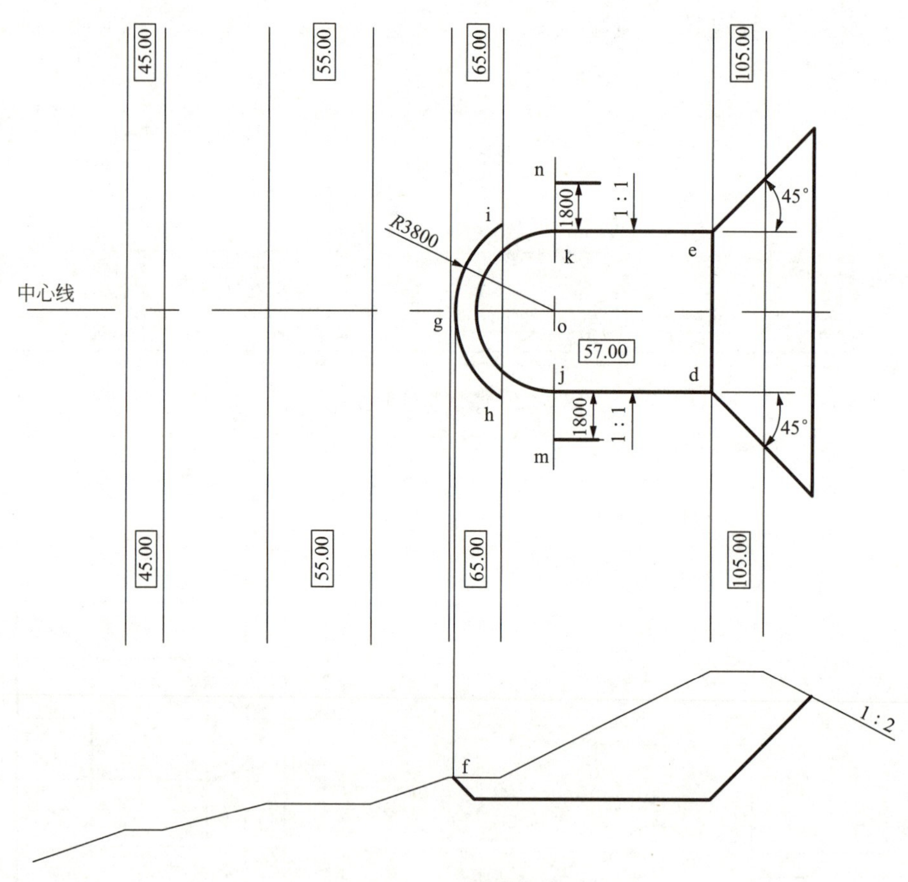

图 2-86　画圆弧 igh

3）作基坑南北坡面与地面交线，如图 2-88 所示。

基坑南北坡面与高程为 105.00m 平地面的交线，是基坑坡面上高程为 105.00m 的等高线。基坑底部高程 57.00m，高差 105.00－57.00＝48m，坡度为 1∶1，平距 L_4＝1×48m＝48m，输入偏移（OFFSET）命令，偏移距离 4800cm，得 r、s、t、u，如图 2-88（a）所示；连接 nr、sc、mt、ub，如图 2-88（b）所示。

4）删除基坑坡面交线范围内原有地面线。

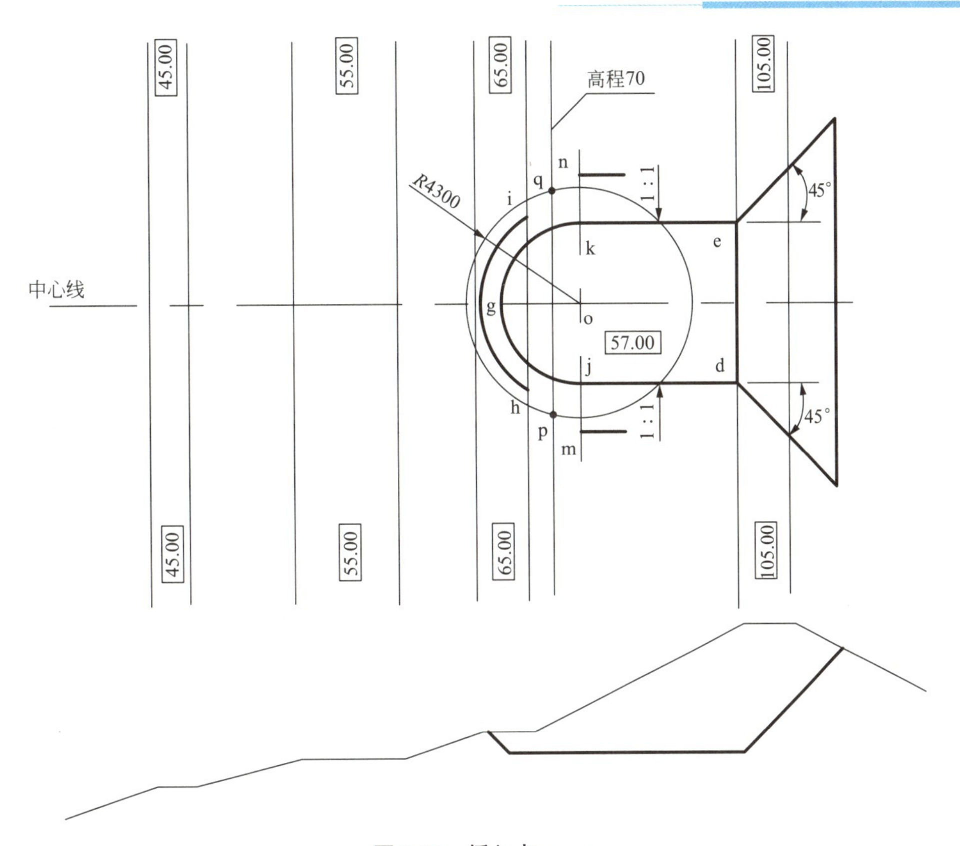

图 2-87　插入点 p、q

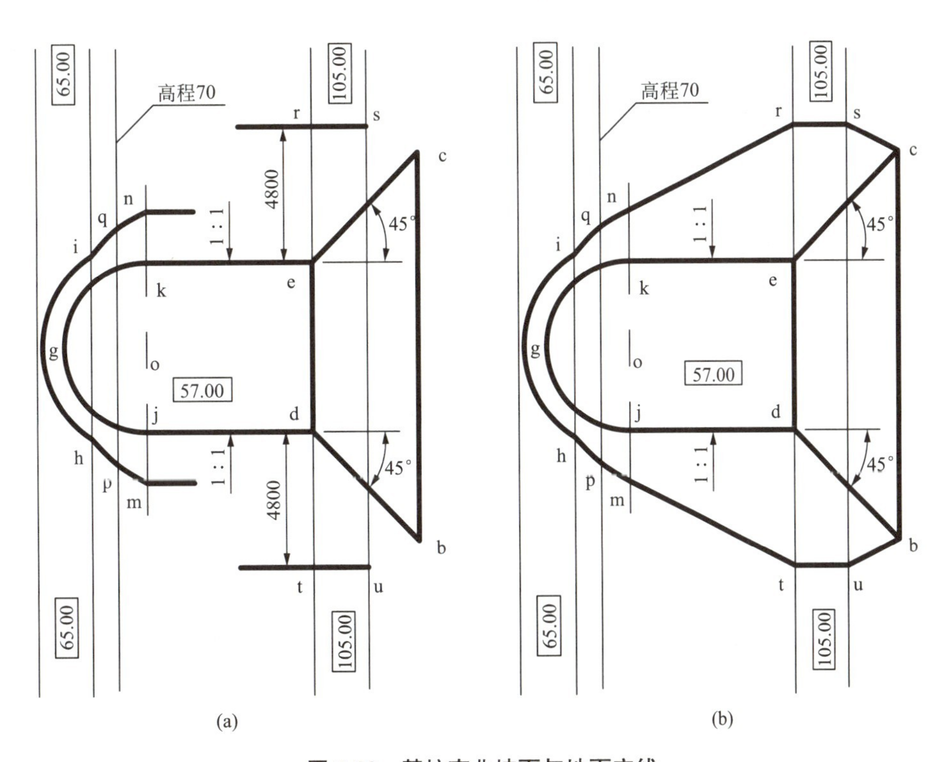

图 2-88　基坑南北坡面与地面交线

(3) 使用缩放（SCALE）命令，输入比例 1/2000，将图形缩放至标准 A3 图框内。

1）标注尺寸

选用“BZ”尺寸标注样式，修改主单位选项卡“测量单位比例”的“比例因子”为 200（图中尺寸单位为 cm)，标注平面图、下游立面图和 A-A 断面图。

2）绘制标高符号、示坡线、材料符号，注写图名、比例和说明。

(4) 调整图形位置，使图形居中，完成作图，如图 2-89 所示。

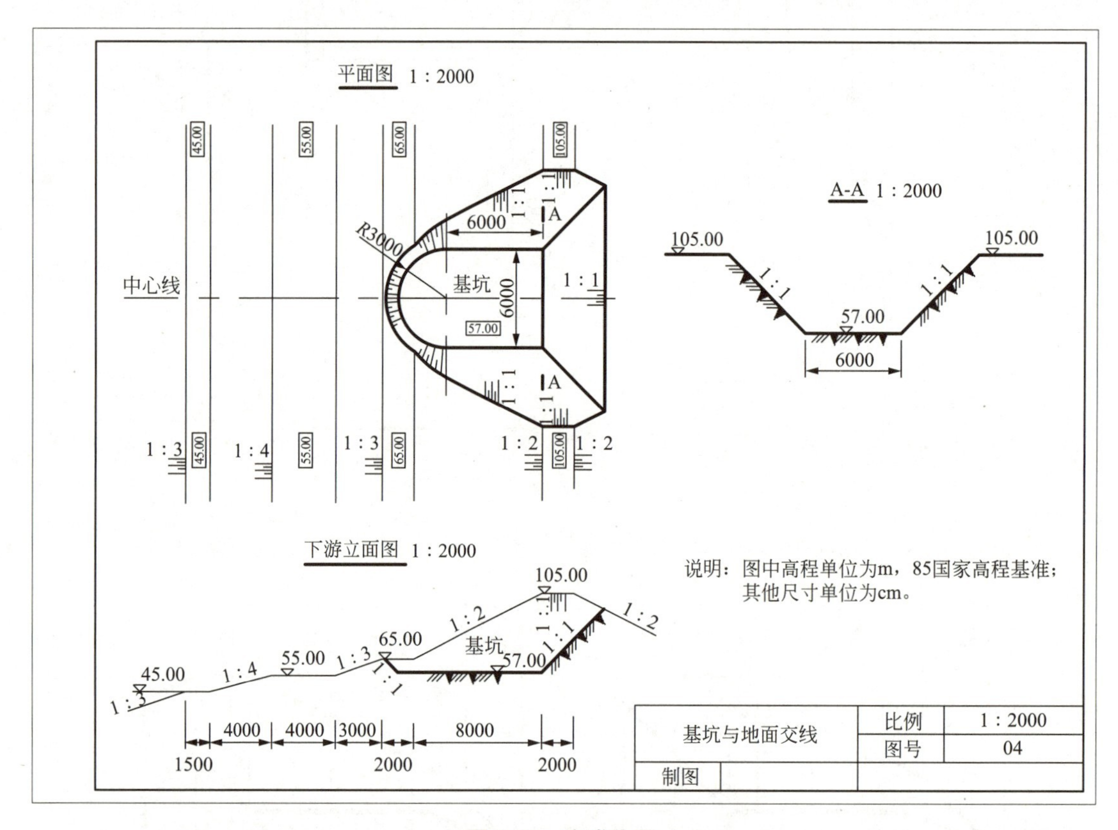

图 2-89 完成作图

项目 2.3 挡水建筑物

了解常见挡水建筑物的作用、种类、结构及材质，掌握土石坝、混凝土坝图样的识读及绘图方法与绘图步骤。

用来拦截水流、抬高水位及调蓄水量的建筑物，叫挡水建筑物，如各种坝以及沿江河海岸修建的堤防、海塘等。

坝的类型很多，按建筑材料可分为土石坝、混凝土坝、木坝、钢坝、橡胶坝等，按结构特点可分为重力坝、拱坝、支墩坝。

2.3.1　土石坝

土石坝是最常见的坝体，土石坝是指利用土料、石料或土石混合料，经过抛填、碾压等方法堆筑而成的挡水建筑物，主要由坝体、坝顶、护坡和排水等结构组成。

如图 2-90 所示，用 A3 图幅以图示比例抄绘土坝最大横断面图、详图 A 和详图 B，包括尺寸、说明和图名，最终显示 A3 图幅的实际大小和线宽。

1. 识读

（1）概括了解

土坝结构图包括土坝最大横断面图、详图 A 和详图 B。最大横断面是用与坝轴线垂直的剖切平面剖切所得到的，为上窄下宽的梯形断面，表达了坝身的总体结构；详图 A 和详图 B 分别表达上、下游坡脚处齿墙和排水体的结构、材料和各部分的详细尺寸。

（2）深入阅读

坝顶：坝顶高程为 138.00m，坝顶宽度为 800cm；L 型防浪墙，防浪墙顶部宽 100cm，顶部高程为 140.50m。

上游坡面：大坝上游护坡坡面采用干砌块石，厚 140cm；自上而下，坡比分别为 1∶2.75、1∶3、1∶3.5，变坡点高程分别为 122.00m、106.00m。

下游坡面：下游马道共有两处，第一处宽 260cm，高程 125.00m，第二处宽 300cm，高程 112.00m；马道即为变坡点，下游坡比分别为 1∶2.7、1∶3、1∶3。

坝基：高程为 90.00m，大坝底部标注了原地面线、坝底地质结构基岩线等。

心墙：心墙轴线和大坝轴线不重合，位于大坝轴线上游 200cm 处，心墙上下游方向对称，边坡均为 1∶0.15，材质为黏土。

齿墙：为增大阻力，防止坝体滑动，在上游坡脚处设置梯形断面的齿墙。

排水体：采用褥垫和棱体综合式排水，用块石堆砌而成，外包反滤层。

（3）归纳总结

该坝体为黏土心墙结构，坝高 48m，坝顶宽度 8m，坝顶高程 138.00m。护坡坡面采用干砌块石，褥垫和棱体综合式排水。

2. 绘制

（1）打开样板文件 01.dwt，打开“图形另存为”对话框，文件名命名为“土坝结构图”，文件类型选择 *.dwg，指定文件保存位置，单击保存按钮。

（2）以 1∶1 比例抄绘图形

1）绘制心墙轴线、坝顶、防浪墙及上下游坡面轮廓线

切换到点画线图层，绘制心墙轴线。根据坝顶高程 138.00m，确定坝顶及防浪墙位置，切换到粗实线图层，绘制坝顶及防浪墙，如图 2-91（a）所示。坡面轮廓线可根据高差和坡度值绘制直角三角形而得到，图 2-91（b）（c）所示。

2）绘制地面线、心墙、基岩线

根据高程 90.00 绘制原地面线，心墙坡度为 1∶0.15，对称绘制，如图 2-92 所示。

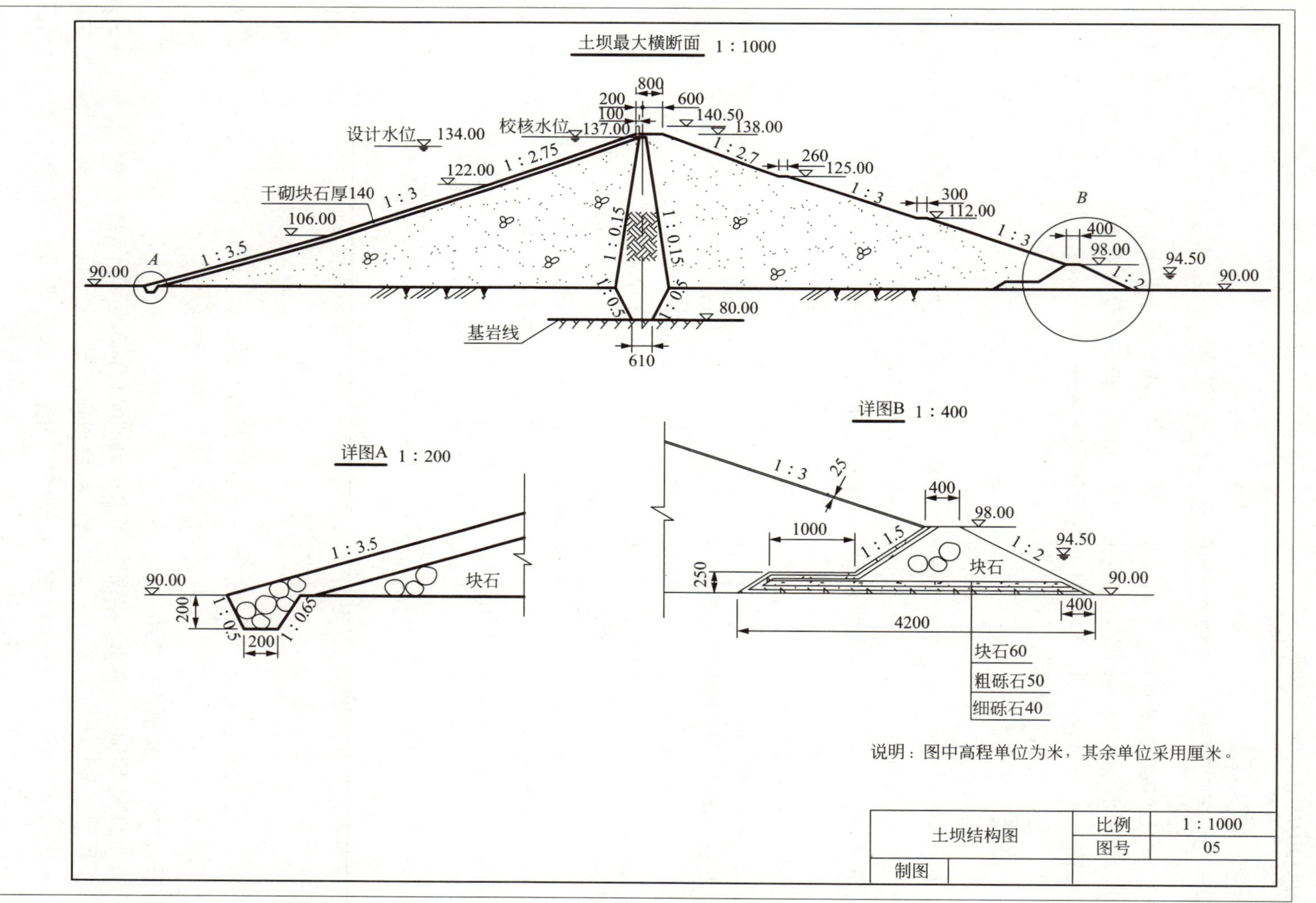
土坝最大横断面 1：1000
设计水位 134.00
校核水位 137.00
140.50
138.00
125.00
112.00
122.00
106.00
干砌块石厚140
1：2.75
1：2.7
1：3
1：3.5
1：2
1：0.15
1：0.5
80.00
94.50
98.00
90.00
基岩线
610
详图A 1：200
详图B 1：400
1：0.65
块石
4200
块石60
粗砾石50
细砾石40
说明：图中高程单位为米，其余单位采用厘米。
土坝结构图
比例
1：1000
图号
05
制图

图 2-90 土坝结构图

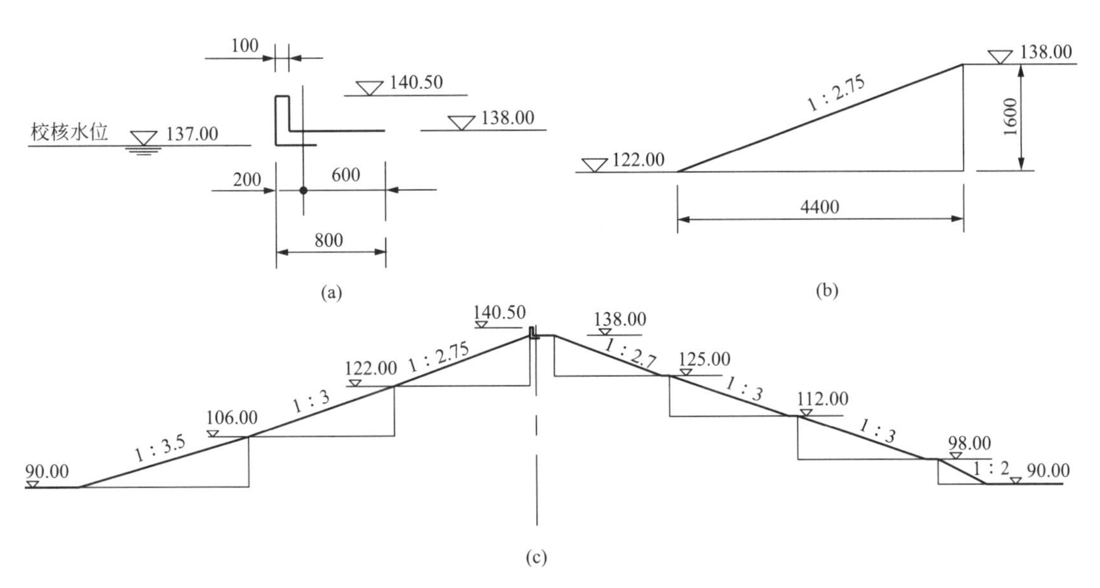

图 2-91　心墙轴线、坝顶、防浪墙及上下游坡面轮廓线

3）绘制上游坝脚处齿墙轮廓线及详图 A

根据详图 A 尺寸在上游坝脚处绘制齿墙轮廓线。土坝最大横断面比例为 1∶1000，详图 A 比例 1∶200，完成齿墙轮廓线的绘制后，复制该部分图形对象，输入缩放比例 5，得到详图 A，如图 2-93 所示。

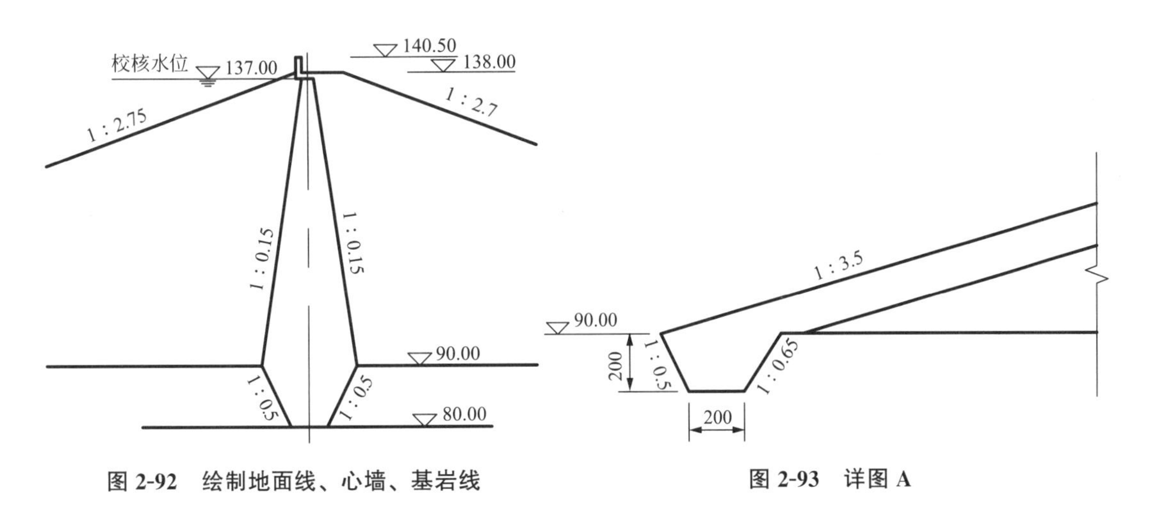

图 2-92　绘制地面线、心墙、基岩线

图 2-93　详图 A

4）绘制下游坝脚处排水体轮廓线及详图 B

根据详图 B 尺寸在下游坝脚处绘制排水体轮廓线。土坝最大横断面比例为 1∶1000，详图 B 比例 1∶400，完成排水体轮廓线的绘制，复制该部分图形对象，输入缩放比例 2.5，得到详图 B，如图 2-94 所示。

（3）土坝最大横断面、详图 A、详图 B 绘制完成后，将所有图形对象选中，输入缩放比例 1/1000，将缩放后的图形移入 A3 图框。

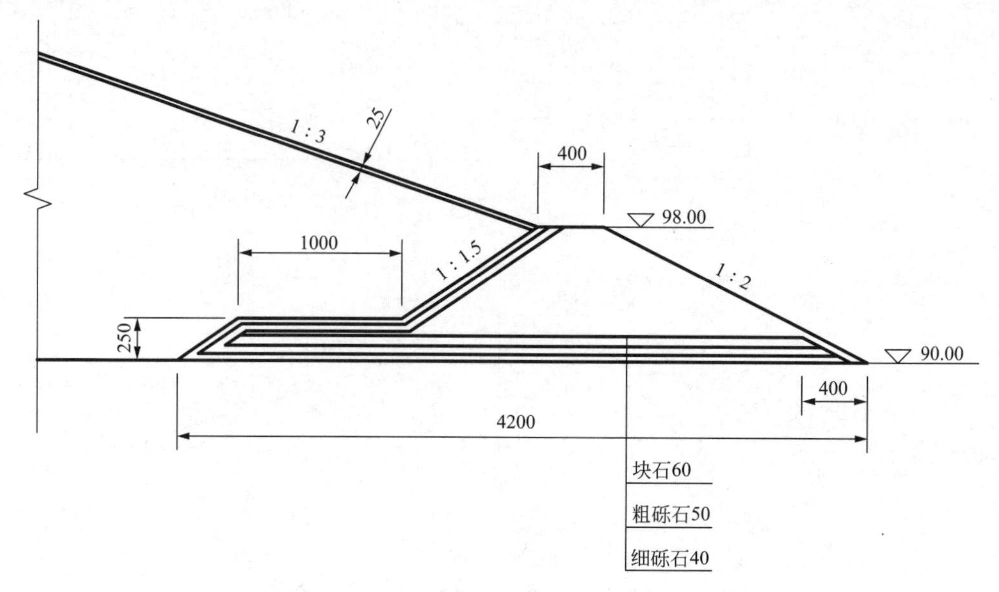

图 2-94 详图 B

1）标注尺寸

选用样板文件的标注样式“BZ”。因为土坝最大横断面图比例 1∶1000，所以修改主单位选项卡“测量单位比例”的“比例因子”为 100（图中尺寸单位为 cm），如图 2-95 所示，标注土坝最大横断面图尺寸。

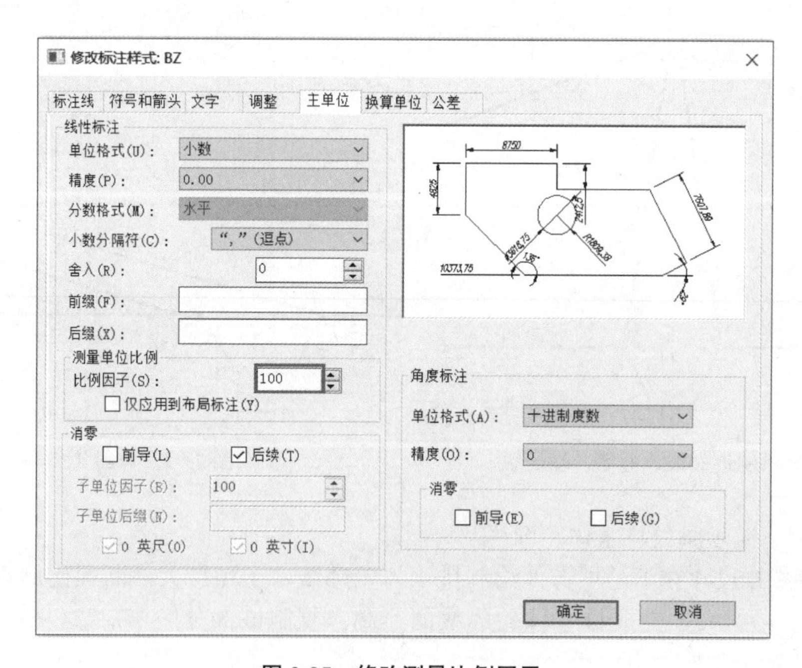

图 2-95 修改测量比例因子

详图 A 比例为 1∶200，详图 B 比例为 1∶400，可基于标注样式“BZ”新建标注样式 200 和 400，分别修改主单位选项卡“测量单位比例”的“比例因子”为 20 和 40，如

图 2-96 所示，分别标注详图 A 和详图 B 尺寸。

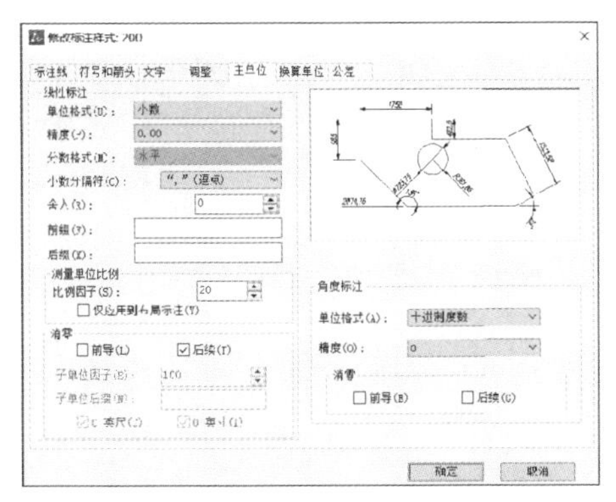

(a) 详图A

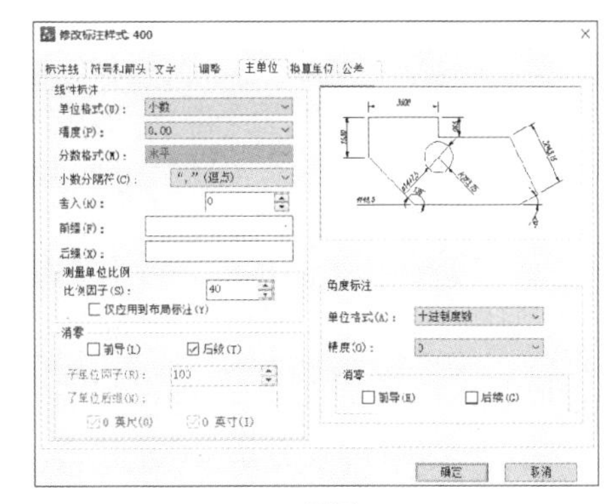

(b) 详图B

图 2-96　详图标注样式

“标高”符号可绘制等腰直角三角形，也可以插入标高图块完成。

2）绘制材料符号

样板文件“01. dwt”中已保存有“天然土壤”“基岩”等符号的图块，可直接插入，如果尺寸大小不合适，可缩放调整。

块石用样条曲线命令绘制。

黏土心墙材料符号，图案选用 EARTH，角度 45，比例 0. 5，如图 2-97 所示。

图 2-97　黏土心墙材料符号

堆土图案选用 AR-SAND，比例 0. 2，如图 2-98 所示，再用样条曲线命令绘制部分卵石即可完成。

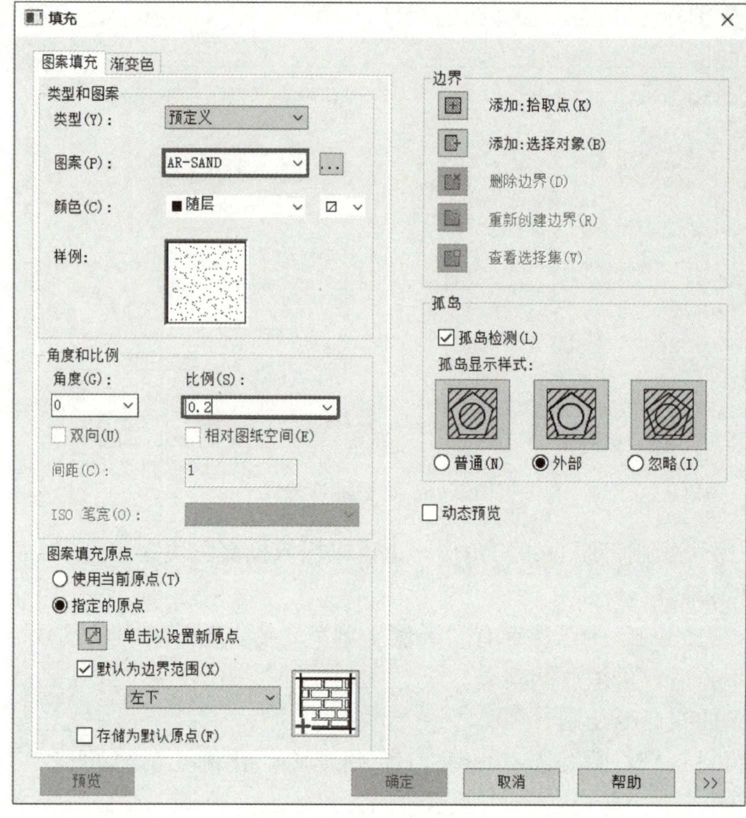

9. 土石坝结构图

图 2-98　堆土图案

（4）注写图名比例和说明

图名和说明采用“HZ”文字样式，图名用 5 号字，说明用 3.5 号字。完善标题栏内容，调整图形位置，完成作图。

2.3.2　混凝土坝

混凝土坝根据结构形式分为重力坝、拱坝、支墩坝等几种类型，混凝土坝根据混凝土材料的不同，还可分为碾压混凝土坝和常态混凝土坝。

如图 2-99 所示，用 A3 图幅，以图示比例抄绘碾压混凝土重力坝溢流坝横剖视图，包括溢流面曲线大样图、堰顶曲线坐标表和坝内廊道大样图，最终显示 A3 图幅的实际大小和线宽。

1. 识读

（1）概括了解

该图形包括溢流坝横剖视图、坝内廊道大样图、溢流面曲线大样图和堰顶曲线坐标表。溢流坝横剖视图是用与坝轴线垂直的剖切平面剖切所得到的，溢流坝断面的总体结构为直角三角形，由于横剖视图比例较小，为 1∶500，为了清楚表达溢流坝顶的曲面形状，用 1∶200 的比例绘制了溢流面曲线大样图，还给出了堰顶曲线坐标表；用 1∶100 比例绘制了坝内廊道大样图。

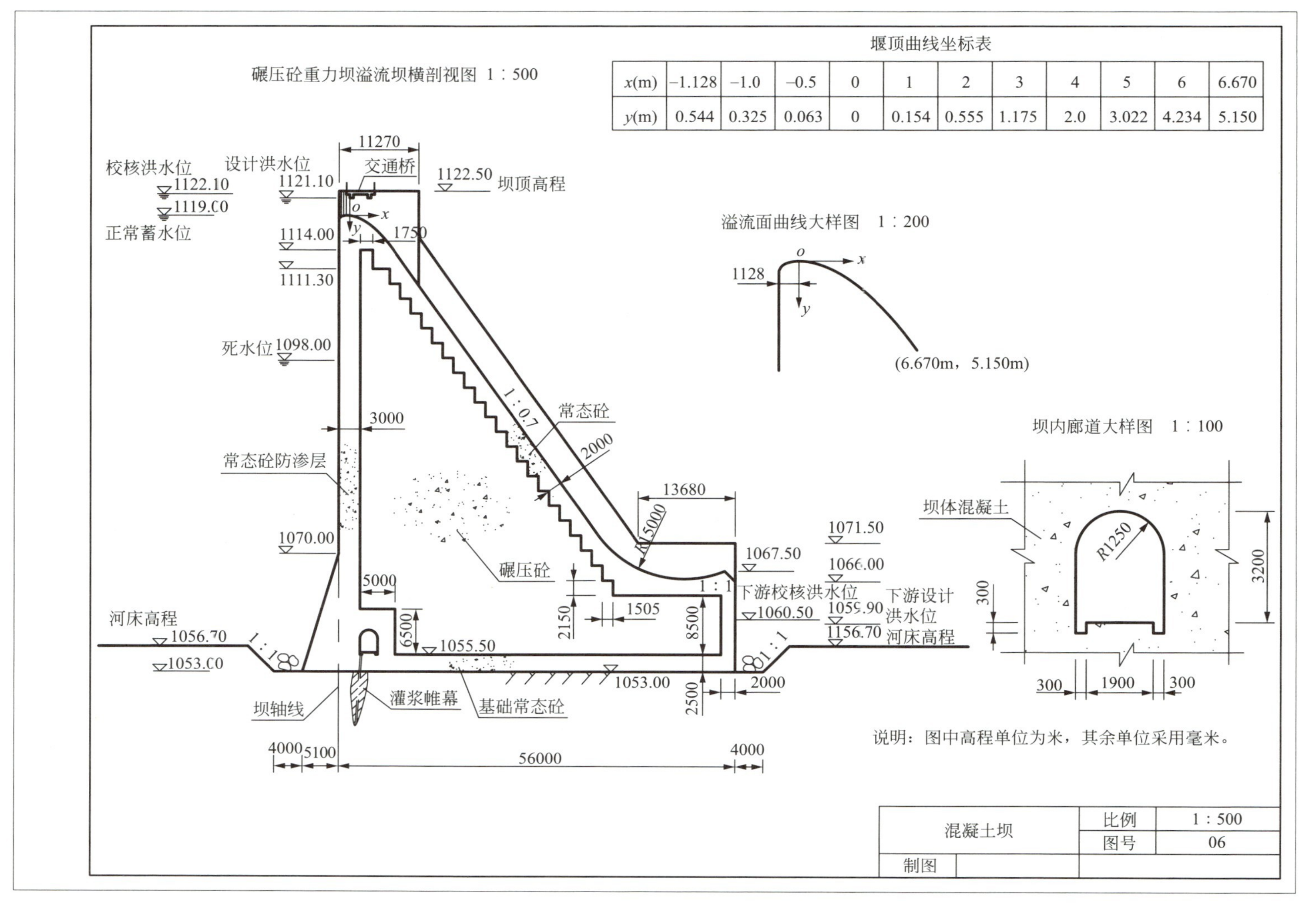

堰顶曲线坐标表

x(m)	−1.128	−1.0	−0.5	0	1	2	3	4	5	6	6.670
y(m)	0.544	0.325	0.063	0	0.154	0.555	1.175	2.0	3.022	4.234	5.150

图 2-99　混凝土坝

（2）深入阅读

坝顶高程为 1122.50m，交通桥为示意性图形。溢流坝顶为曲线，结合溢流面曲线大样图和堰顶曲线坐标表，可知堰顶曲线坐标原点位置和曲线上各点的坐标值。

上游常态混凝土防渗层厚度为 3m，设计洪水位为 1121.50m，正常蓄水位为 1119.00m。

下游堰面坡度为 1∶07，常态混凝土厚 2m；下游设计洪水位为 1059.90m。

坝内廊道底部高程 1055.50m，宽 2.5m，高 3.2m，城门洞形结构。溢流段采用挑流式消能，挑流坎半径 15m，挑流坎末端高程 1067.50m。

坝基开挖边坡坡度 1∶1，深 3.7m，深入到河床底部岩层，块石抛填。上游坝基处进行灌浆帷幕处理，以减少坝基的渗流量，增强大坝的稳定性。

（3）归纳总结

该坝体为碾压混凝土重力坝溢流坝段，混凝土结构，坝高 65.8m，设计洪水位 1121.50m，正常蓄水位 1119.00m。

2. 绘制

（1）打开样板文件 01.dwt，打开“图形另存为”对话框，文件名命名为“混凝土坝”，文件类型选择 *.dwg，指定文件保存位置，单击保存按钮。

（2）根据图示尺寸，用 1∶1 比例抄绘碾压混凝土重力坝溢流坝横剖视图。

1）根据河床高程 1056.70m 和岩层高程 1053.00m 绘制混凝土坝基坑轮廓线及坝体轴线，如图 2-100 所示。

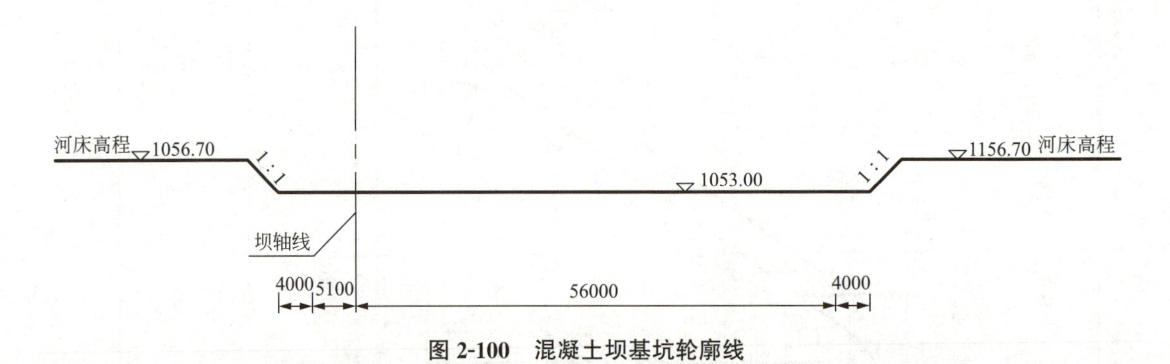

图 2-100　混凝土坝基坑轮廓线

2）根据坝顶高程 1122.50m 和坝顶宽度 11270mm 绘制上游迎水面及下游坡面，坝顶交通桥及护栏示意图，如图 2-101 所示。

3）根据正常蓄水位 1119.00m 和堰顶曲线坐标表，用样条曲线命令绘制溢流堰面曲线，如图 2-102 所示，用偏移命令及画圆命令绘制挑流坎轮廓线，如图 2-103 所示。

4）根据上游常态混凝土防渗层厚度为 3m，下游堰面坡度 1∶07，常态混凝土厚 2m，绘制常态混凝土和碾压混凝土分界线，如图 2-104 所示。

5）根据尺寸绘制坝内廊道轮廓线，如图 2-105 所示。

（3）绘制廊道轮廓大样图、溢流面曲线大样图及堰顶曲线坐标表。将溢流面曲线选中，输入缩放比例 2.5，得溢流面曲线大样图；将坝内廊道轮廓线选中，输入缩放比例 5，得坝内廊道大样图；绘制堰顶曲线坐标表。

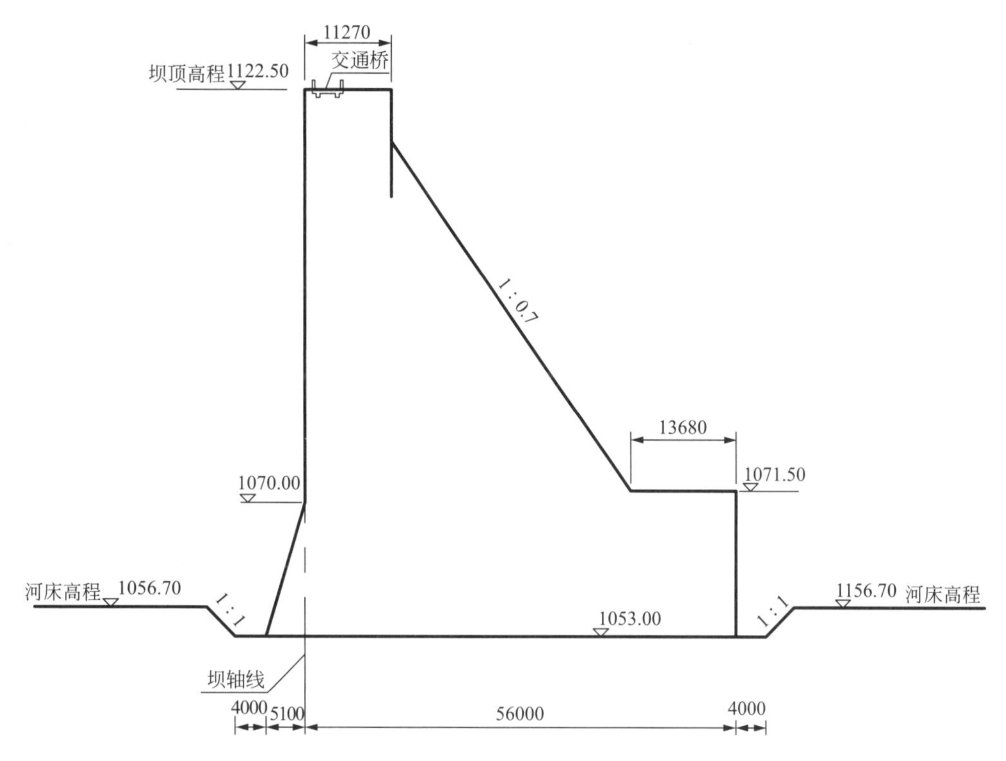

图 2-101　坝面及上下游坡面

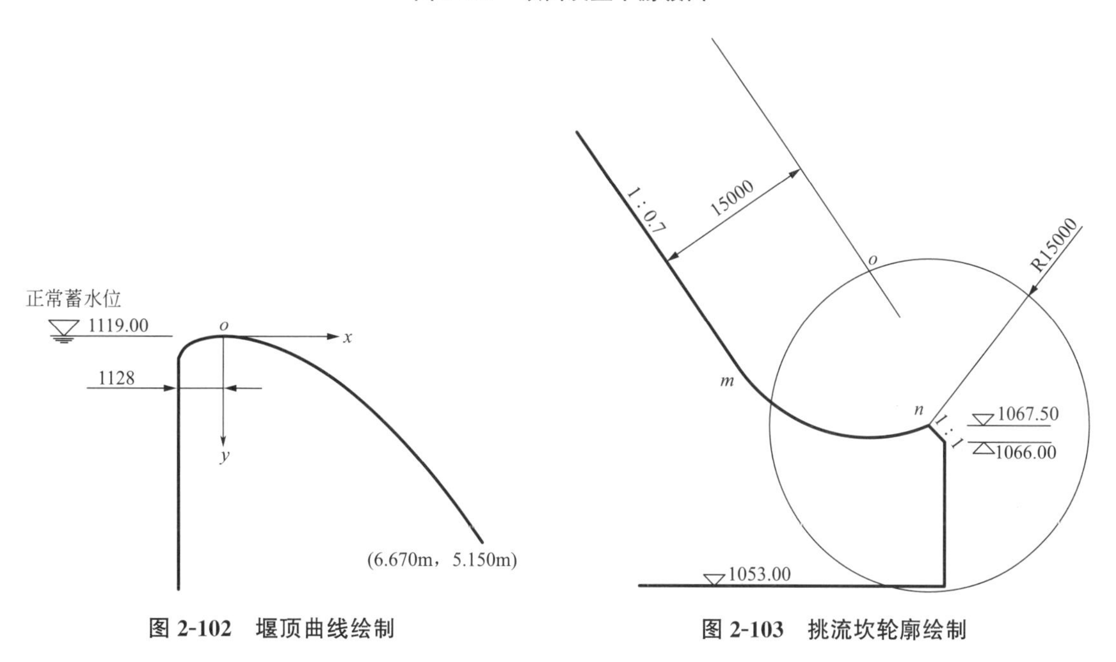

图 2-102　堰顶曲线绘制　　　　图 2-103　挑流坎轮廓绘制

（4）溢流坝横剖视图、坝内廊道大样图、溢流面曲线大样图和堰顶曲线坐标表绘制完成后，将所有图形对象选中，输入缩放比例 1/500，将缩放后的图形移入 A3 图框。

1）标注尺寸

选用样板文件标注样式“BZ”，因为溢流坝横剖视图比例 1 : 500，所以修改主单位选

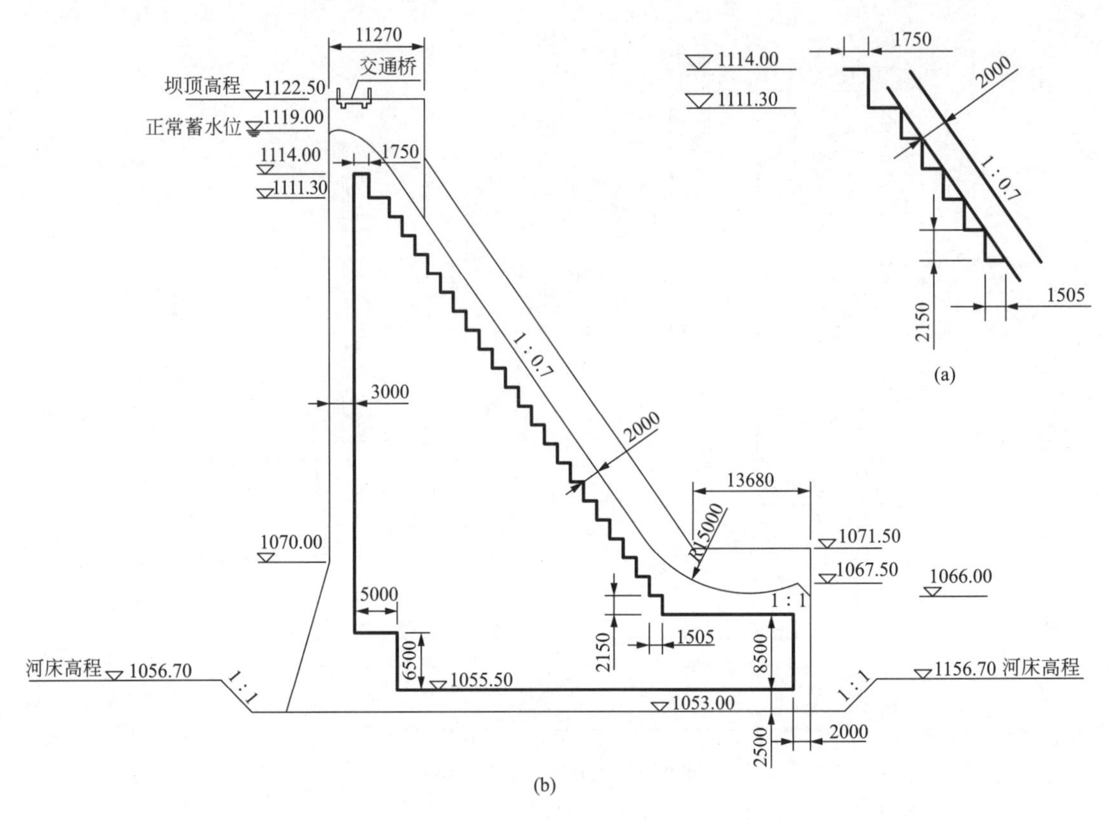

图 2-104　常态混凝土和碾压混凝土分界线

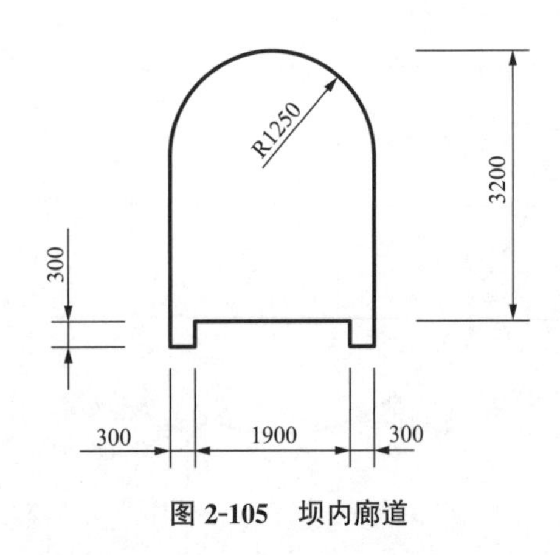

图 2-105　坝内廊道

项卡“测量单位比例”的“比例因子”为 500，标注溢流坝横剖视图尺寸。

溢流面曲线大样图比例为 1∶200，坝内廊道大样图比例为 1∶100，可基于标注样式“BZ”新建标注样式 200 和 100，分别修改主单位选项卡“测量单位比例”的“比例因子”为 200 和 100，标注溢流面曲线大样图和坝内廊道大样图尺寸。

“标高”符号可绘制等腰直角三角形，也可以插入标高图块完成。

2）绘制材料符号及灌浆帷幕符号

样板文件“01.dwt”中已保存有“基岩”“干砌石”等符号的图块，可直接插入，如果尺寸大小不合适，可缩放调整。

10. 混凝土坝

混凝土符号，图案选用 AR-CONC，角度 0，比例 0.1。

灌浆帷幕符号用样条曲线绘制，再填充符号 ANSI31。

（5）注写图名、比例和说明

图名和说明采用“HZ”文字样式，图名用 5 号字，说明用 3.5 号字。完善标题栏内容，调整图形位置，完成作图。

项目 2.4　输水建筑物

学习目标

了解常见输水建筑物的种类、结构及作用，掌握水闸、跌水图样的识读及绘图方法与绘图步骤。

输水建筑物是指从上游向下游输送水流的建筑物，常见的输水建筑物有渠道、输水隧洞、渡槽、倒虹吸等。

2.4.1　水闸

水闸是在防洪、排涝、灌溉等方面应用很广泛的一种水工建筑物，通过闸门的启闭，可使水闸具有泄水和挡水的双重作用。改变闸门的开启高度，可以起到控制水位和调节流量的作用。

如图 2-106 所示，用 A3 图幅以图示比例抄绘水闸平面图、纵剖视图、A-A 剖视图和 B-B 断面图，最终显示 A3 图幅的实际大小和线宽。

1. 识读

（1）概括了解

水闸是渠道的渠首建筑物，作用是调节进入渠道的灌溉水流量，由上游连接段、闸室、下游连接段三部分组成。图中尺寸高程以米计，其余均以毫米为单位。

为表达水闸的主要结构，选用了水闸平面图、纵剖视图、A-A 剖视图和 B-B 断面图四个图形。水闸纵剖视图是沿着闸孔中心水流方向进行剖切，故称为纵剖视图。水闸平面图、纵剖视图表达水闸的总体结构，A-A 剖视图、B-B 断面图的剖切位置标注于平面图中，A-A 剖视图表达了水闸进口的结构和形状，B-B 断面图表达闸墩的断面形状、材料，以及岸墙与底板的连接关系。平面图的闸室部分采用了拆卸画法，略去了交通桥和工作桥。

（2）深入阅读

上游连接段：顺水流方向自左至右先识读上游连接段，将水闸纵剖视图和 A-A 剖视图结合识读可知，上游连接段为八字翼墙。八字翼墙的主要作用是引导水流，由于愈靠近闸室，水流愈湍急，对底板的冲刷愈强烈，八字翼墙可以将流量控制在合理范围内，以防止水流汹涌，从而达到控制水位，保护建筑物的目的。护底材料为浆砌石，长 3.8m，厚 0.4m，左端砌筑矩形齿墙以防滑动。

闸室：首先识读闸墩的平面图，闸墩的结构特点是闸墩上有闸门槽，闸墩两端为半圆柱，以便于将水流均匀地分到两个闸孔。根据闸墩的平面图，再结合 B-B 断面图，参照纵剖视图，可想象出闸墩的形状是两端为半圆头的长方体，其上有闸门槽，闸墩顶面左高右低，分别是工作桥和交通桥的基础，闸墩长 7.2m，宽 0.8m，材料为钢筋混凝土。

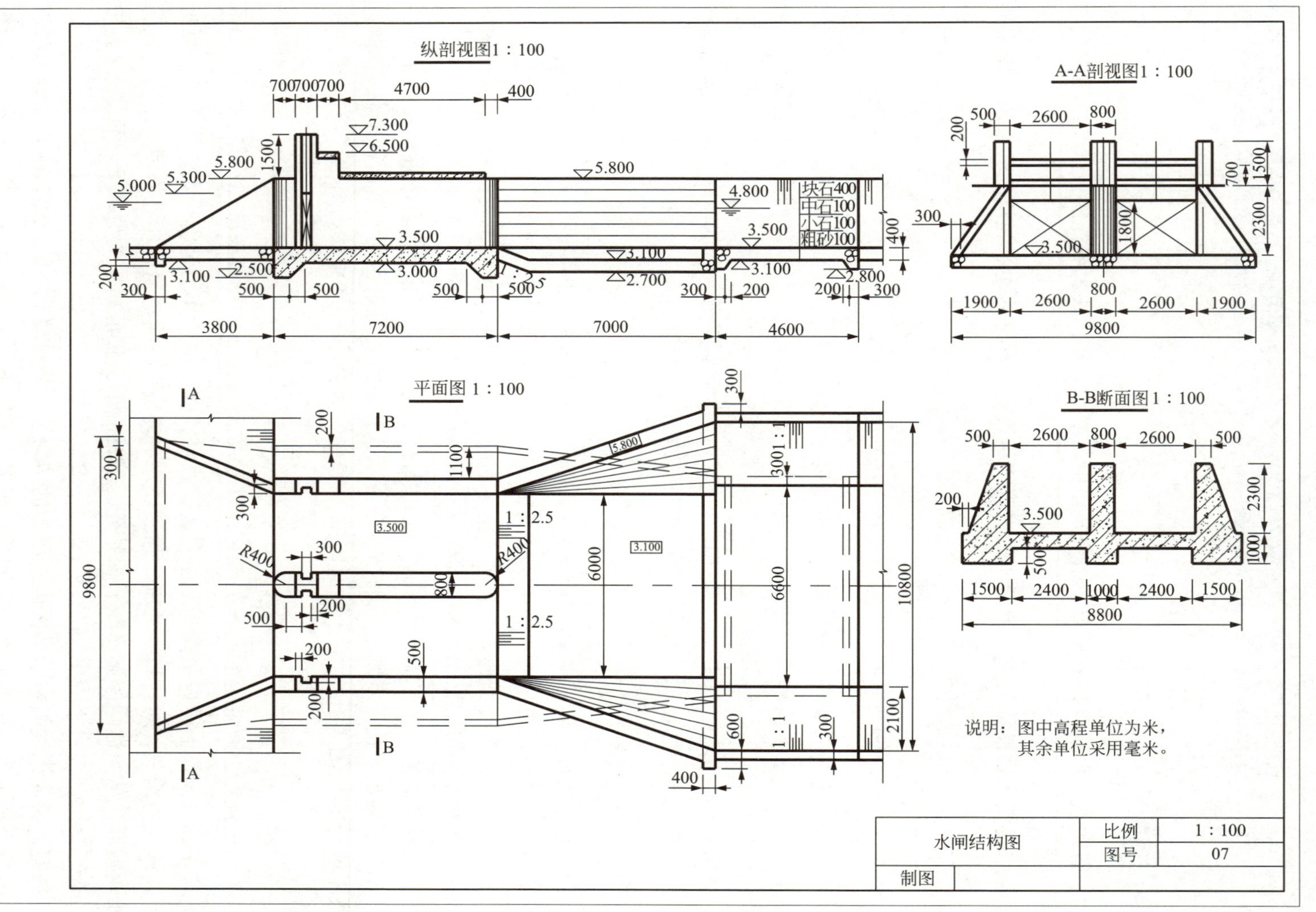
纵剖视图1∶100
A-A剖视图1∶100
平面图 1∶100
B-B断面图1∶100
块石400
中石100
小石100
粗砂100
说明：图中高程单位为米，
其余单位采用毫米。
水闸结构图
比例
1∶100
图号
07
制图

图 2-106 水闸结构图

闸墩下部为闸底板，即水闸纵剖视图中最下部的多边形线框，结合阅读 B-B 断面图可知闸底板结构形式，长 7.2m，宽 8.8m，建筑材料为钢筋混凝土。闸底板是闸室的基础部分，承受闸门、闸墩、工作桥、交通桥等结构的重量和水的压力，然后传递给地基。因此闸底板厚度尺寸较大，建筑材料较好。

岸墙是闸室与两岸连接处的挡土墙，平面图中挡土墙门槽的位置与闸墩门槽的位置相对应，将平面图、纵剖视图和 B-B 断面图结合识读，可知其为重力式挡土墙，与闸墩、闸底板形成山字形钢筋混凝土整体结构。

下游连接段：为使出闸水流从矩形断面平顺过渡到下游的梯形断面，下游连接段为扭面翼墙，与闸底板相连的为消力池，以产生淹没式水跃，消除出闸水流大部分能量，消力池长 7.0m，深 0.4m。下游护底材料为干砌块石，长度为 4.6m。护底下铺反滤层，材质分别为中石、小石、粗砂。

（3）归纳总结

进水闸为两孔闸，每孔净宽 2.6m，总宽 6.0m，设计水位 5.0m，灌溉水位 4.8m，闸门为升降式闸门，门高 1.8m，闸室上部有钢筋混凝土结构的交通桥、工作桥。上游连接段有八字翼墙、护底，下游连接段为扭面翼墙、消力池，下游护坡和护底。

2. 绘制

（1）打开样板文件 01.dwt，打开“图形另存为”对话框，文件名命名为“水闸结构图”，文件类型选择 *.dwg，指定文件保存位置，单击保存按钮。

（2）用 1∶1 比例绘制水闸结构图

1）绘制水闸纵剖视图

切换到粗实线图层，启动直线命令，按图示尺寸绘制轮廓线，如图 2-107 所示。

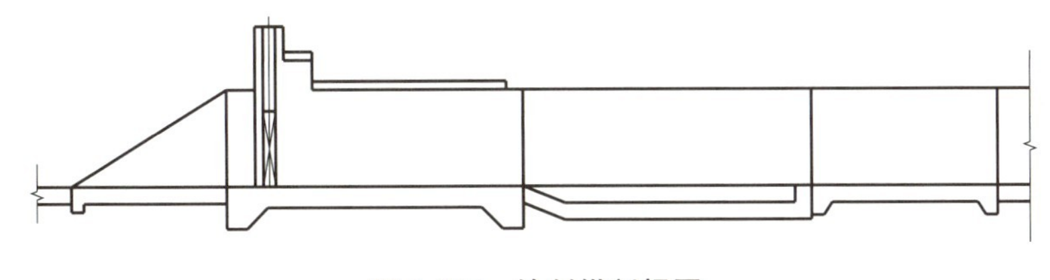

图 2-107　绘制纵剖视图

2）绘制水闸平面图

绘制水闸平面图轮廓线时，可通过纵剖视图上的各个端点，采取对象捕捉追踪模式，将平面图和纵剖视图的各个部分进行“长对正”，如图 2-108 所示。水闸平面图结构对称，可先绘制一半，然后用镜像命令复制即可。

3）绘制 A-A 剖视图

可通过纵剖视图上的各个端点，采取对象捕捉追踪模式，将 A-A 剖视图和纵剖视图的各个部分进行“高平齐”，如图 2-109 所示。

4）绘制 B-B 断面图，如图 2-110 所示。

（3）使用缩放（SCALE）命令，将所绘图形全部选中，输入比例 1/100，将图形缩放至 A3 图框内，如图 2-111 所示。

1）标注尺寸

确认标注图层为当前图层，因为图形比例为 1∶100，选用“BZ”尺寸标注样式，修

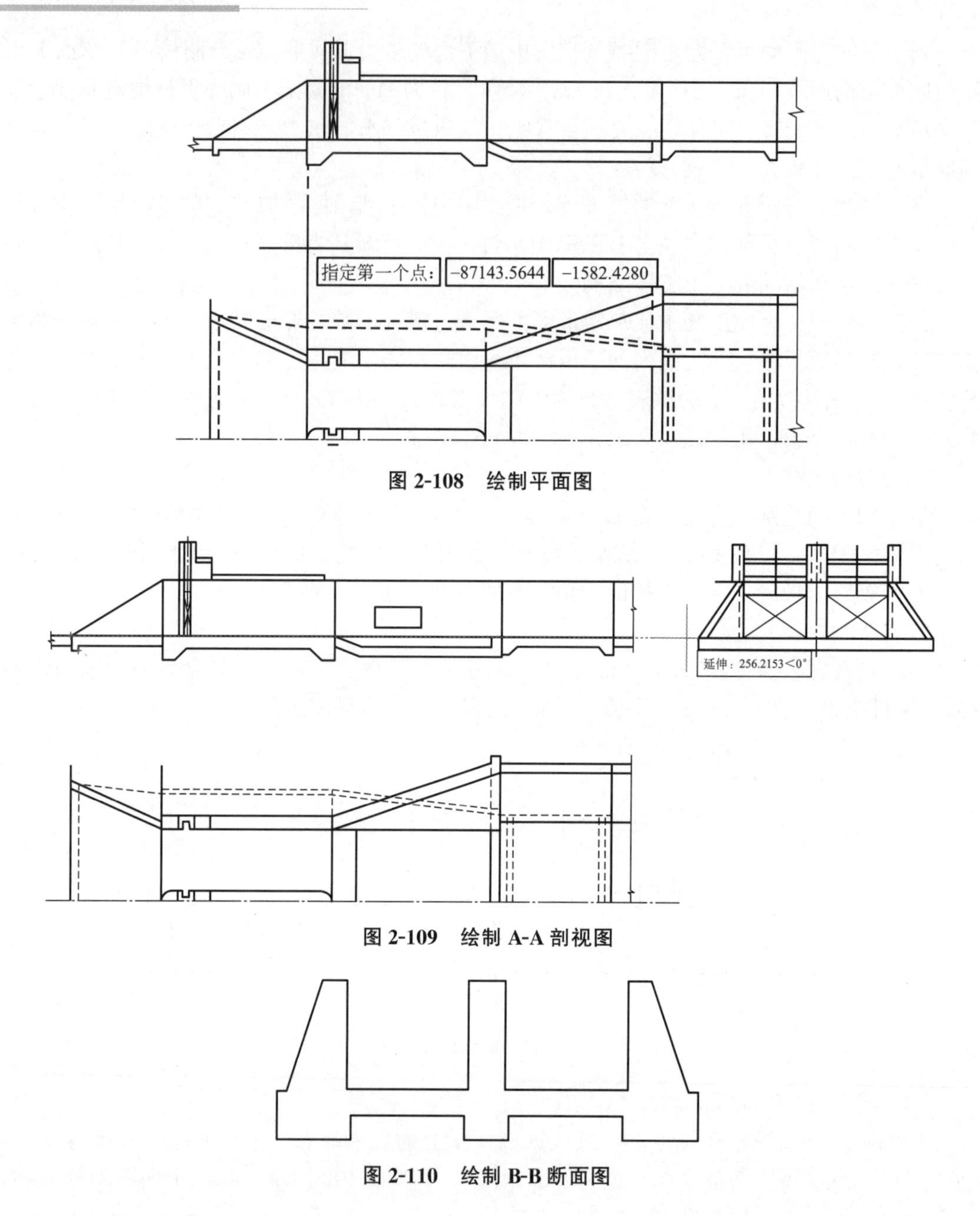

图 2-108　绘制平面图

图 2-109　绘制 A-A 剖视图

图 2-110　绘制 B-B 断面图

改主单位选项卡“测量单位比例”的“比例因子”为 100。

部分小尺寸标注会出现箭头重叠现象，可通过“特性”修改中间箭头的终端形式为点，如图 2-112 所示。

2）绘制曲面素线

柱面素线越靠近轮廓线越密集，越靠近中心线越稀疏，如图 2-113 所示。将对应的直线分别六等分，将各等分点两两相连，完成扭面素线的绘制，如图 2-114 所示。

3）绘制示坡线

可先绘制一长一短两条线，其余线条可通过复制镜像命令来完成。

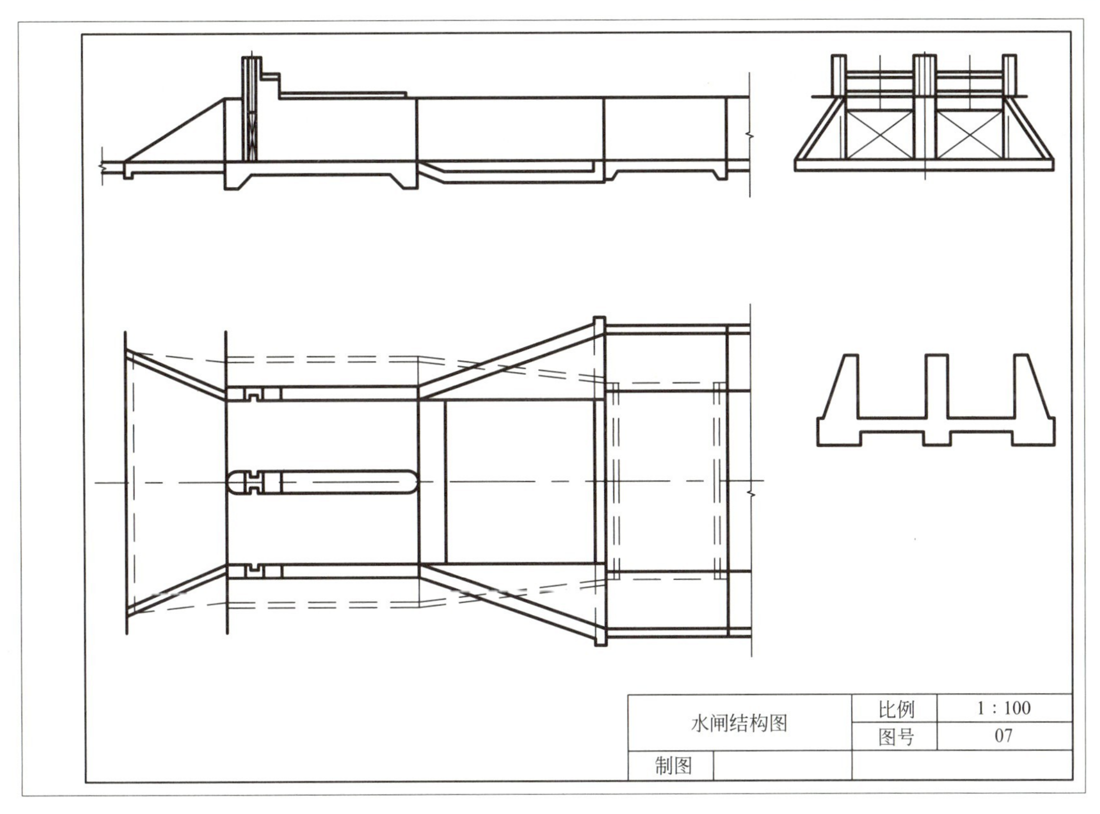

图 2-111　缩放至 A3 图框

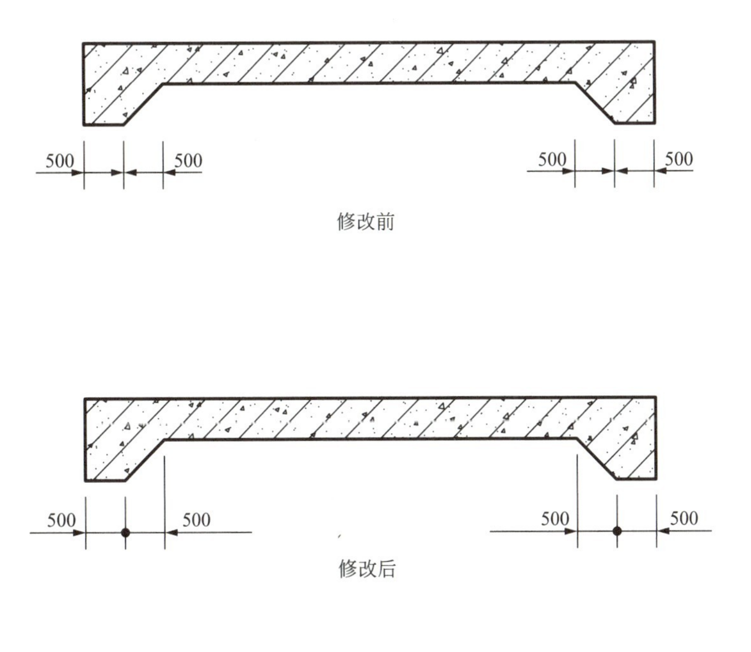

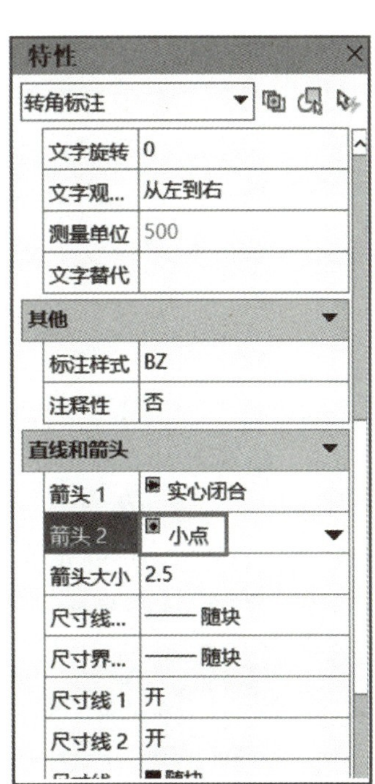

图 2-112　小尺寸标注

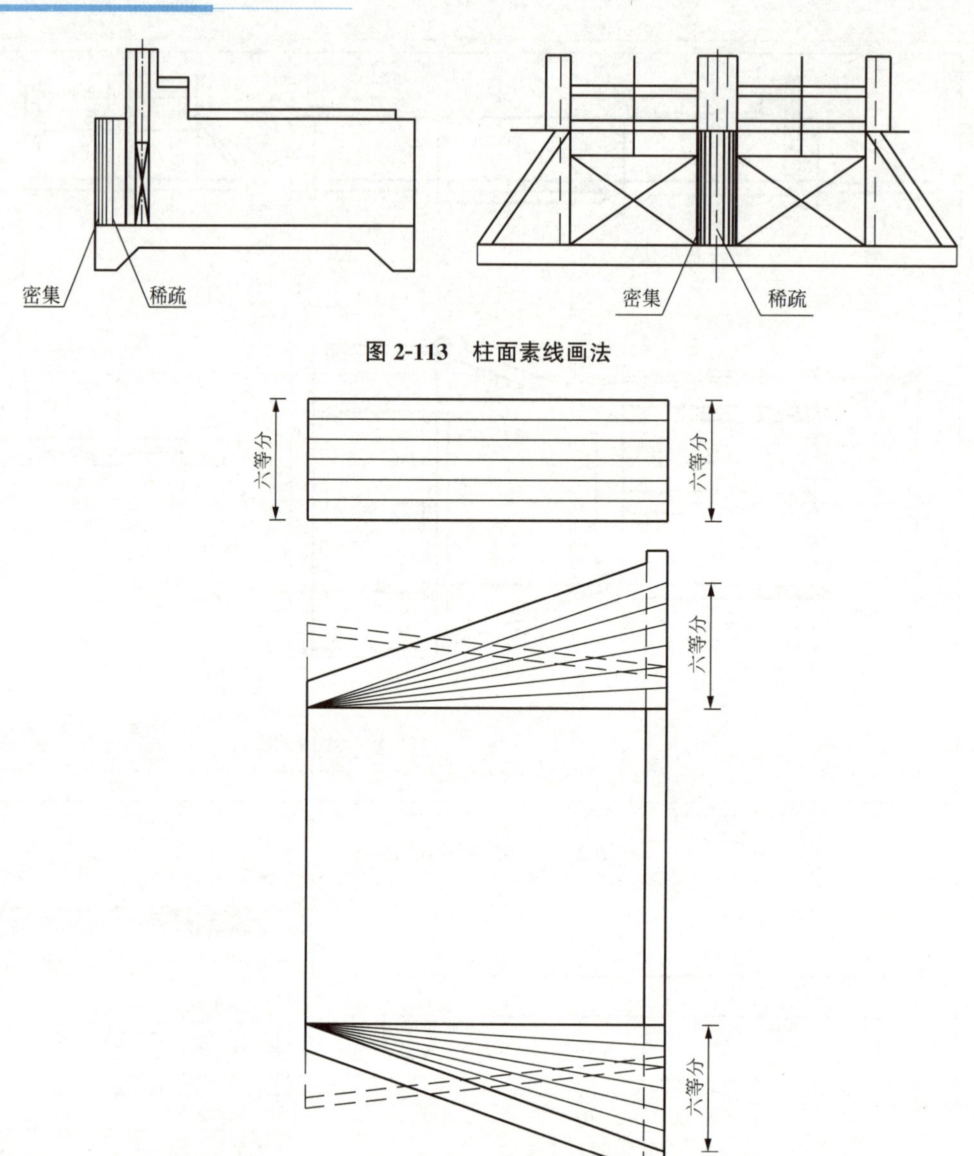

图 2-113 柱面素线画法

图 2-114 扭面素线画法

4）绘制材料符号

图中有三种建筑材料，分别为钢筋混凝土、干砌块石和浆砌块石，钢筋混凝土先选用图案 AR-CONC，填充角度 0，比例 0.05 填充；再选用图案 AN-SI31，填充角度 0，比例 1 填充，如图 2-115 所示。干砌块石、浆砌块石两种图案可直接插入图块，或用样条曲线命令绘制创建。

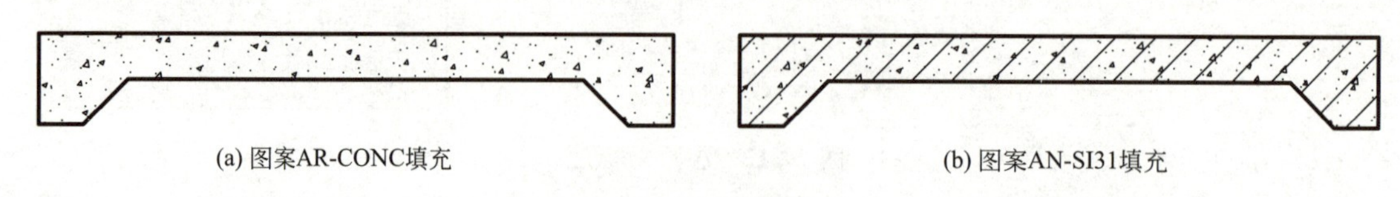

(a) 图案AR-CONC填充　　(b) 图案AN-SI31填充

图 2-115 混凝土

5）标注标高

图中标高可通过图块进行插入（先定义属性，再通过“创建块”将标高符号和属性定义成图块）。使用插入块命令将定义好的标高图块插入到指定位置，并输入标高值，如图 2-116 所示。

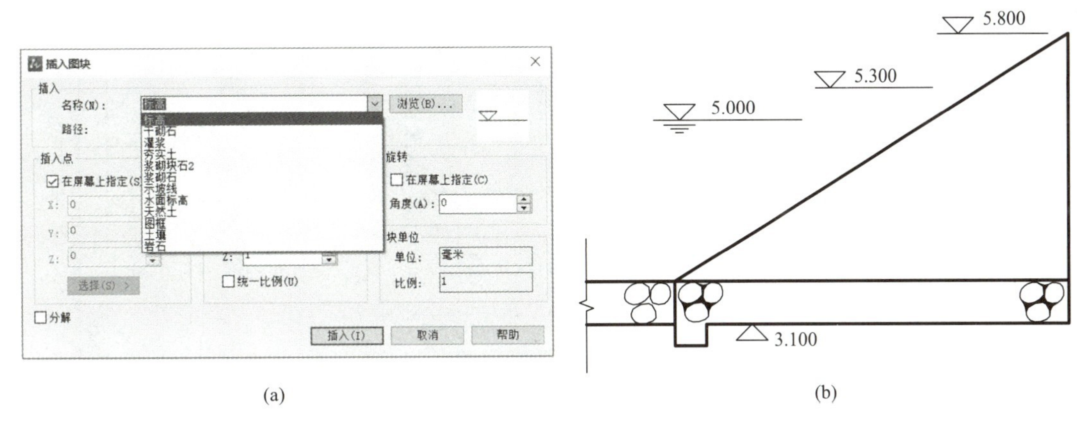

(a)　　　　(b)

图 2-116　标高符号插入

（4）注写图名、比例和说明

图名和说明采用“HZ”文字样式，图名用 5 号字，说明用 3.5 号字。完善标题栏内容，调整图形位置，完成作图。

2.4.2　跌水

当渠道通过地面过陡地段时，为了保持渠道的设计比降，就会出现高填方或深挖方工程。为避免这种情况出现，最常见的工程措施就是修建跌水。根据渠道的设计纵坡和实际地形状况将渠道分段，将渠底高程的落差适当集中，跌水就修建在落差集中处。

作为渠道落差连接建筑物，跌水使上游渠道的水流自由跌落到下游渠道，根据落差大小，跌水可做成单级或多级。

跌水主要用砖、石或混凝土等材料建筑，必要时，某些部位的混凝土可配置少量钢筋或使用钢筋混凝土结构。

如图 2-117 所示，用 A3 图幅，以 1∶150 的比例抄绘跌水平面图、纵剖视图、A-A 剖视图和 B-B 剖视图，包括尺寸和图名，最终显示 A3 图幅的实际大小和线宽。

1. 识读

（1）概括了解

跌水由进口连接段、消力池、出口连接段三部分组成。图中尺寸高程以米计，其余均以毫米为单位。

为表达跌水的主要结构，选用纵剖视图、平面图、A-A 剖视图和 B-B 剖视图四个图形。平面图、纵剖视图表达跌水的总体结构，A-A 剖视图、B-B 剖视图采用阶梯剖，剖切位置标注于平面图中，它们分别表达消力池段、出口连接段的结构、形状、尺寸及材料。

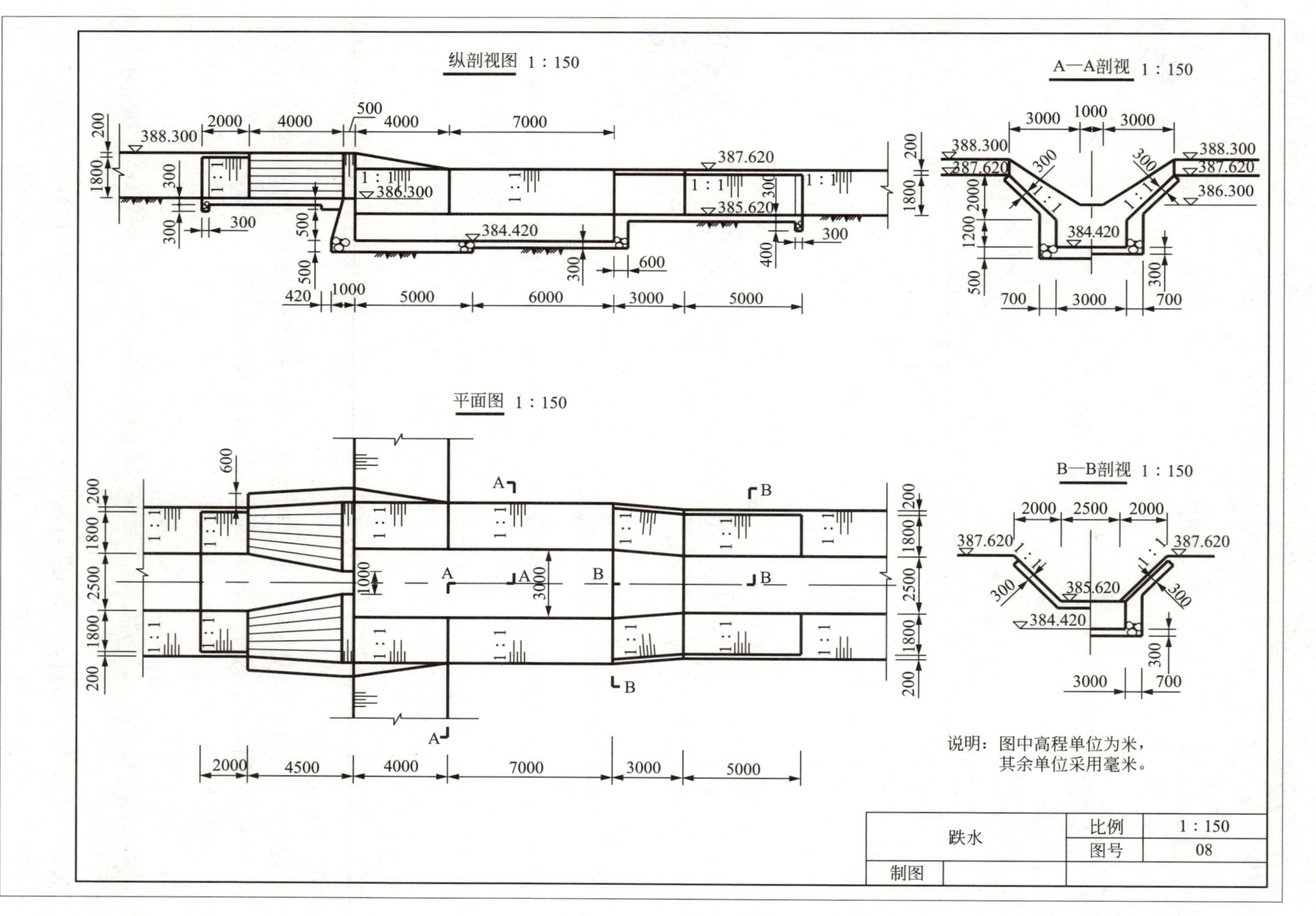

纵剖视图 1:150
A—A剖视 1:150
平面图 1:150
B—B剖视 1:150
说明：图中高程单位为米，
其余单位采用毫米。
跌水
比例 1:150
图号 08
制图

图 2-117 跌水

（2）深入阅读

进口连接段：纵剖视图是沿跌水中心水流方向剖切，故称为纵剖视图。顺水流方向自左至右先识读进口连接段，将纵剖视图和平面图结合识读可知，进口连接段底部高程为 386.300m，由于进水口处的梯形断面和跌水口处的梯形断面形状不同，所以中间采用扭面连接过渡，扭面长 4m。扭面的主要作用是引导水流，使水流平顺进入跌水口。护底材料为浆砌石，长 6m，厚 0.3m，左右两端砌筑矩形齿墙。

消力池：消力池底部高程为 384.42m，与进口连接段形成落差，使下泄水流形成水跃，以消减能量。跌水口下边为上窄下宽梯形断面的跌水墙，靠近跌水口段的护底厚 0.5m，靠近出口连接段的护底厚 0.3m，护底材料为浆砌石。结合 A-A 剖视图可知，消力池长 11m，净深 1.2m，侧墙坡度 1∶1。

出口连接段：出口连接段长 8m，底部高程 385.62m，护底厚 0.3m，与下游渠道连接处砌筑矩形齿墙，护底材料为浆砌石。结合 B-B 剖视图可知，靠近消力池段底部宽度为 3m，靠近出口段底部宽度为 2.5m，侧墙坡度 1∶1。

（3）归纳总结

该跌水为单级跌水，由进口连接段、消力池和出口连接段组成，进口段设有扭面。跌水长 25.5m，上下游渠道落差 0.68m，消力池净深 1.2m。

2. 绘制

（1）打开样板文件 01.dwt，打开“图形另存为”对话框，文件名命名为“跌水”，文件类型选择 *.dwg，指定文件保存位置，单击保存按钮。

（2）1∶1 绘制跌水纵剖视图

1）切换到粗实线图层，启动直线命令，绘制跌水进口连接段、消力池、出口连接段护底轮廓线，如图 2-118 所示。

图 2-118　绘制护底轮廓线

2）绘制跌水进口连接段、消力池、出口连接段侧墙轮廓线，如图 2-119 所示。

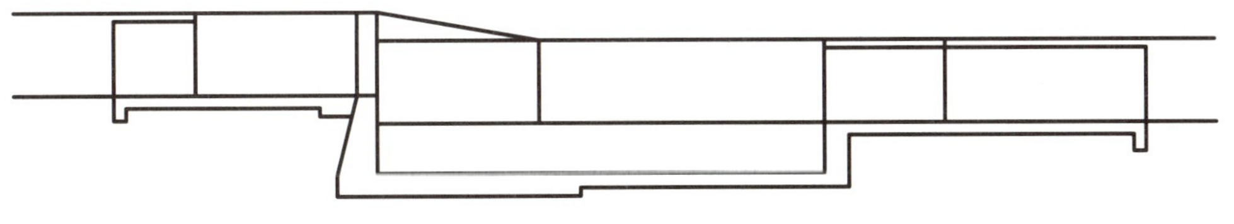

图 2-119　绘制侧墙轮廓线

（3）1∶1 绘制跌水平面图

1）切换到点画线图层，绘制平面图形对称轴线；切换到粗实线图层，根据尺寸绘制平面图形的一半，如图 2-120（a）所示。

2）启动镜像命令，绘制平面图形另一半，如图 2-120（b）所示。

（4）1∶1 比例绘制 A-A 剖视图、B-B 剖视图，如图 2-121 所示。

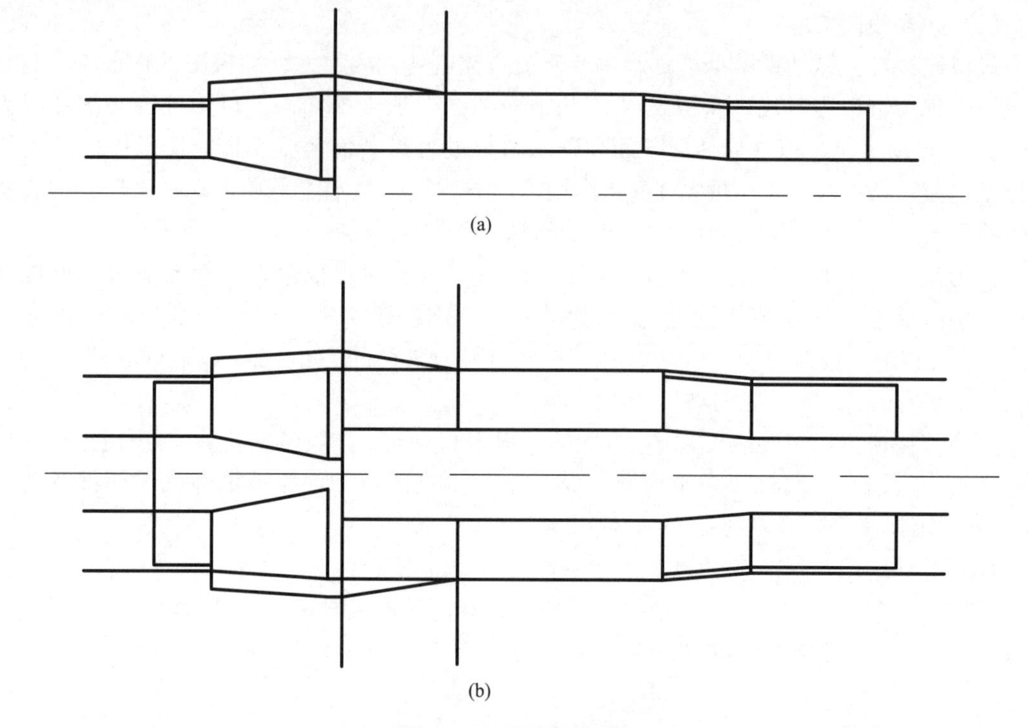

图 2-120　平面图形绘制

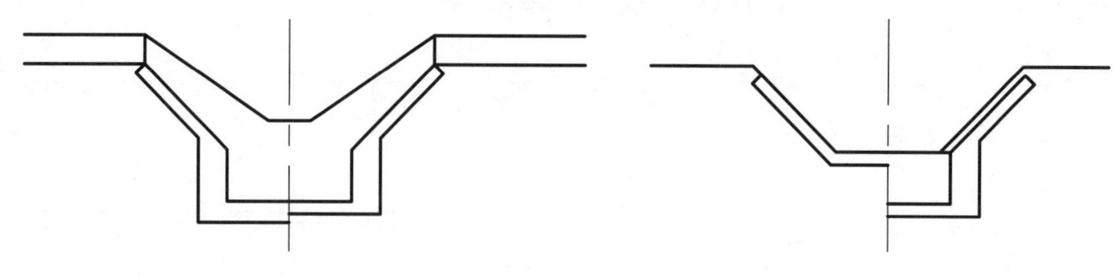

图 2-121　绘制剖视图

(5) 使用缩放（SCALE）命令，将所绘图形全部选中，输入比例 1/150，将图形缩放至标准 A3 图框内。

1）标注尺寸

选用“BZ”尺寸标注样式，修改“主单位”选项卡的“比例因子”为 150，确认标注图层为当前图层，进行尺寸标注。部分小尺寸标注会出现箭头重叠现象，可通过“特性”修改中间箭头的终端形式为点，如图 2-122 所示。

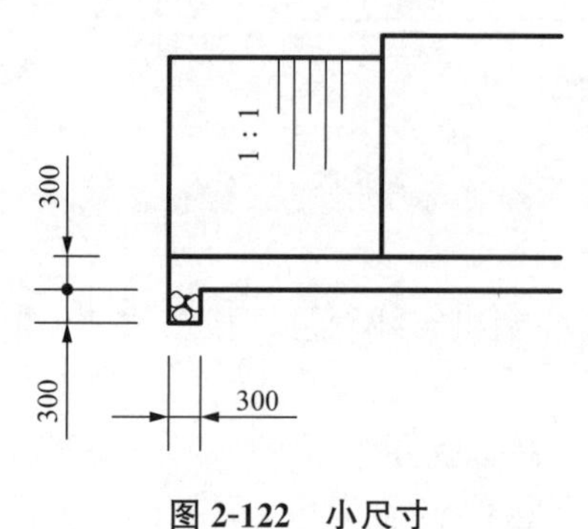

图 2-122　小尺寸

2）绘制扭面素线、示坡线、材料符号

将对应直线六等分，并将等分点两两相连，完成扭面素线的绘制，如图 2-123 所示；用偏移命令绘制示坡线，示坡线长短相间，间隔均匀，注意示坡线应与地面上的等高线垂直，如图 2-124 所示。

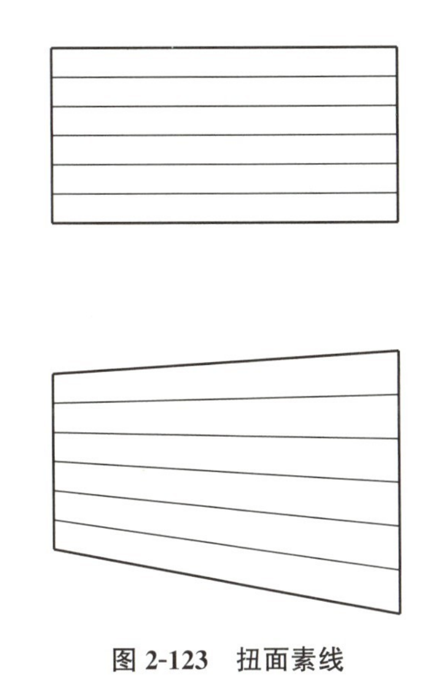

图 2-123　扭面素线

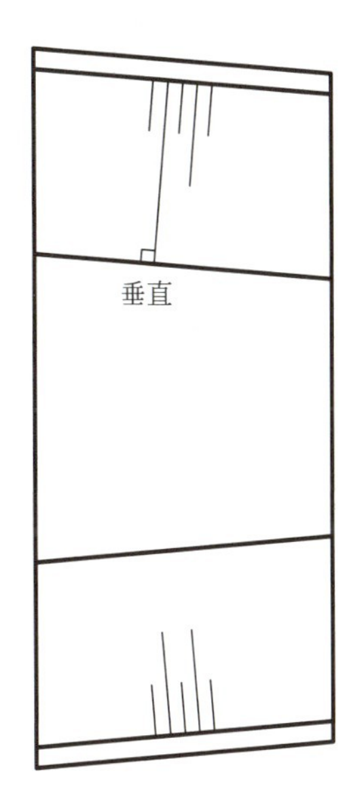

图 2-124　示坡线

3）注写图名和说明

12. 跌水

图名和说明采用“HZ”文字样式，图名用 5 号字，说明用 3.5 号字。完善标题栏内容，调整图形位置，完成作图。

模块3 Chapter 03

进水闸信息模型创建与应用

水闸是一种低水头的水工建筑物，具有挡水和泄水的双重作用。

进水闸建在河道、水库或者湖泊的岸边，用来引水灌溉、发电或其他进水需要和控制流量。本模块以进水闸为例进行介绍，先概括了解进水闸的结构组成，分析其表达方案，识读工程图纸；然后分段创建进水闸的信息模型，并对进水闸模型进行工程量统计、渲染、碰撞检查、漫游、导出 CAD 格式文件等应用进行介绍。

项目 3.1 进水闸工程图识读

学习目标

通过本项目的学习，了解进水闸基本组成结构与作用，掌握进水闸常用表达方法，能够识读进水闸的工程图纸。

1. 水闸工程图识读方法

（1）概括了解

从标题栏和图样上的说明中了解建筑物的名称、作用、绘图比例、尺寸单位等内容。

（2）分析表达方案

分析各视图的视向，剖视图、断面图的剖切位置、投影方向、详图的索引部位和名称、在每个图中哪些地方采用了特殊表达方法等，弄清每个视图的作用，以及各个视图之间的关系。

（3）了解图示内容进行形体分析

首先了解每个图所表达的主要内容，根据这些内容进行形体分析，将建筑物分成几个部分，运用形体分析法深入细致地读懂建筑物的形状、构造、尺寸、材料等内容。

（4）综合整理

根据建筑物各部分的形状及位置关系，综合整理，想象出建筑物的整体结构和形状。

2. 识读进水闸结构设计图

以附图 3-1 所示进水闸结构设计图为例，进行识读。

（1）概括了解

水闸可分为进水闸、分洪闸、泄水闸等。修建在引水渠首的水闸叫进水闸，又称渠首闸。进水闸的作用是控制水位和调节引水流量。水闸有许多类型，结构大同小异，一般由上游连接段、闸室段和下游连接段三部分组成。

1）上游连接段。上游连接段位于河流与闸室之间，作用是引导水流平顺地进入闸室，并防止水流冲刷河床。上游连接段主要由上游块石护底、铺盖及上游翼墙等组成。

2）闸室段。闸室是水闸的主要组成部分，通过关闭和开启闸门来调节上游水位和过闸水流的流量。闸室的结构比较复杂，闸室段主要有底板、闸墩、边墩、闸门、交通桥、排架、工作桥等组成。

3）下游连接段。下游连接段主要有两个作用，一是减小流速消除过闸水流多余的能量，防止水流冲刷下游河道；二是改变过流断面的形状，即由矩形变成梯形，保证水流平顺的进入下游渠道。下游连接段主要由消力池护坦及边墙、海漫、下游翼墙及两岸护坡等组成。

（2）分析进水闸的表达方案

该进水闸用一组建筑物结构图表达。

1）平面图。由于平面图前后对称，因此采用省略画法，以对称中心线为界只画出左岸一半的图形，主要表达各段的平面布置、平面形状，如：翼墙成八字形和圆弧形、闸墩形状、主门槽、检修门槽位置等；还表达了各段长度、宽度尺寸，剖视图、断面图的标注等内容。

2）A-A 纵剖视图。该图采用单一全剖视图、剖切面平行于水闸轴线，通过整个水闸。它主要表达底板的纵断面实形，如：铺盖、闸室底板、消力池底板、海漫、上下游护底等；还表达了底板的构造及材料，边墙的侧立面形状，闸门槽位置及各部分的长度、高度尺寸以及排架的形状等。

3）上、下游立视图（立面图）。由于上游立视图和下游立视图是两个视向相反且对称的图形，因此各取一半画成合成视图，该图主要表达水闸进出口立面形状、排架和工作桥、交通桥以及各部分的尺寸等。

4）断面图。采用 B-B、C-C、D-D、E-E、F-F 五个断面图，分别表达闸室、上游翼墙、挡土墙、消力池边墙、圆柱面翼墙等部位的断面实形、细部构造、尺寸和材料等。

5）特殊表达方法。该进水闸结构设计图中，有多处采用了特殊表达方法，其中平面图中采用拆卸画法将闸室上的排架、工作桥、交通桥、闸门等拆去。排水孔、工作桥的扶梯和桥栏杆均采用简化画法，闸门采用示意画法，平面图中用粗实线表示各种缝线等。

（3）图示内容与识读

因为该图主要表达进水闸各部分的形体结构，因此在读图时应以形体为主线，结合各个视图，分段、分块进行形体分析，弄清楚各部分形状、构造、尺寸、材料等内容。

1）上游连接段。如图 3-1 所示，能够表达出上游连接段的视图有：A-A 纵剖视图、平面图、上下游立面图、C-C 断面图。

从平面图和 A-A 纵剖视图可知：铺盖的平面形状为梯形，铺盖是厚 30cm，两端带齿墙，长 1025cm 的钢筋混凝土底板。上游翼墙在平面上呈八字形，采用斜降式挡土墙，即墙顶随岸坡逐渐下降。下降坡度为 1∶2.5。在上游立面图中也可以看到上游翼墙，内侧面为三角形，上顶面为平行四边形。

C-C 断面图表达出上游翼墙最大断面实形及尺寸，材料是混凝土，外侧有黏土防渗体，并表达了翼墙与铺盖的连接构造等。

2）闸室段。如图 3-2 所示，能够表达出闸室段的视图有：A-A 纵剖视图、平面图、上下游立面图、B-B 断面图、D-D 断面图。

从平面图和 A-A 纵剖视图可知：闸室底板长 700cm，厚 70cm，是前、后带齿墙的底板，其平面形状是矩形，材料为钢筋混凝土。闸底板上有两个边墩和一个中墩，将闸室分为两孔。中墩厚 60cm，两端分别做成半圆柱形，两侧有工作闸门槽及检修门槽。边墩是厚 60cm 的直棱柱体，靠内侧也有两个闸门槽，采用平板闸门。在闸门的正上方设有排架，排架上面是宽 200cm 的工作桥，在排架的下游设有宽 410cm 的交通桥，材料均为钢筋混凝土。

在上下游立面图、A-A 纵剖视图、B-B 断面图上可以分别看出闸室段的立面形状和断面形状。

结合 D-D 断面图可知挡土墙的形状、尺寸和材料。

3）消力池段。如图 3-3 所示，能够表达出消力池段的视图有：A-A 纵剖视图、平面图、上下游立面图、E-E 断面图。

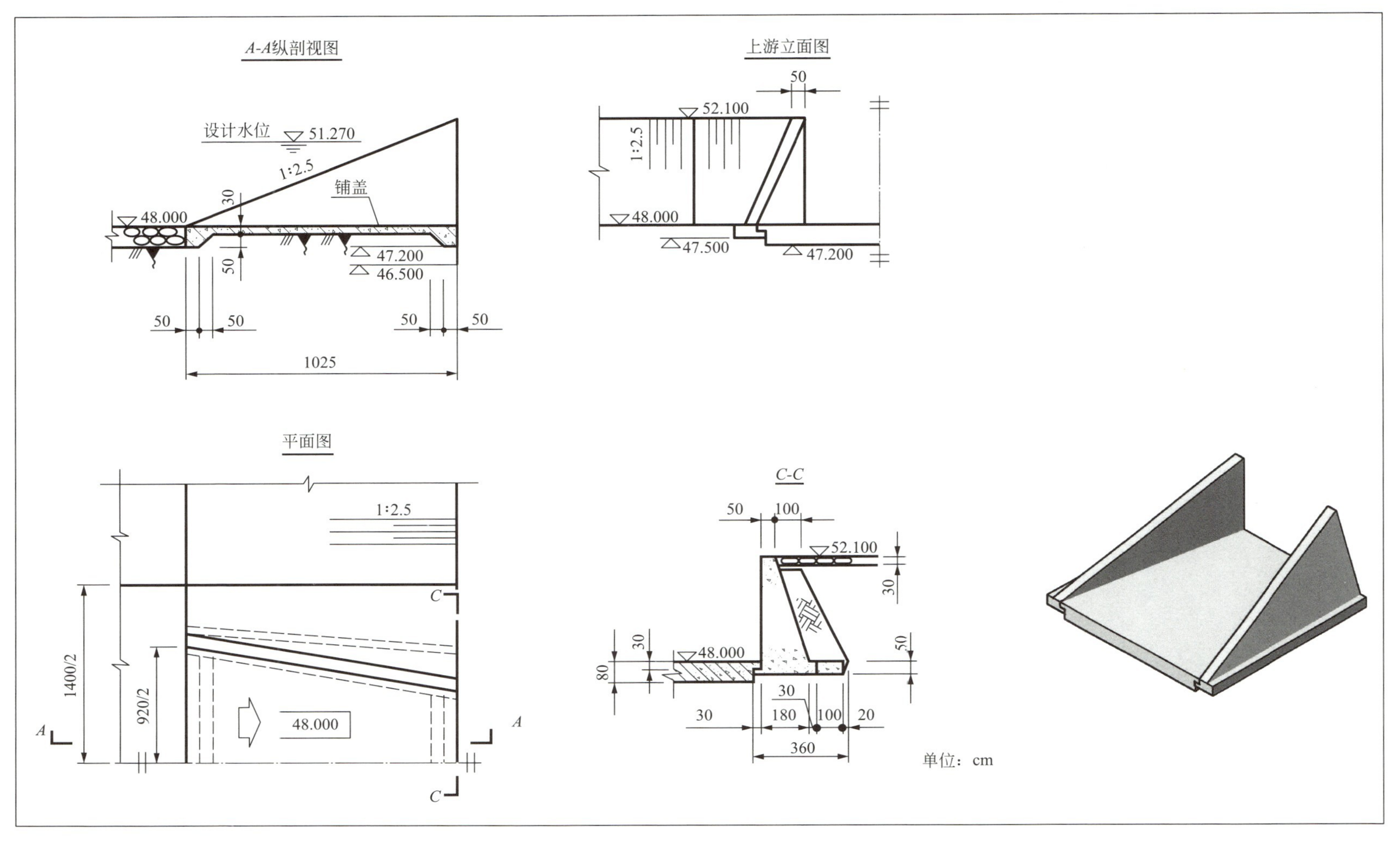

图 3-1　上游连接段的表达

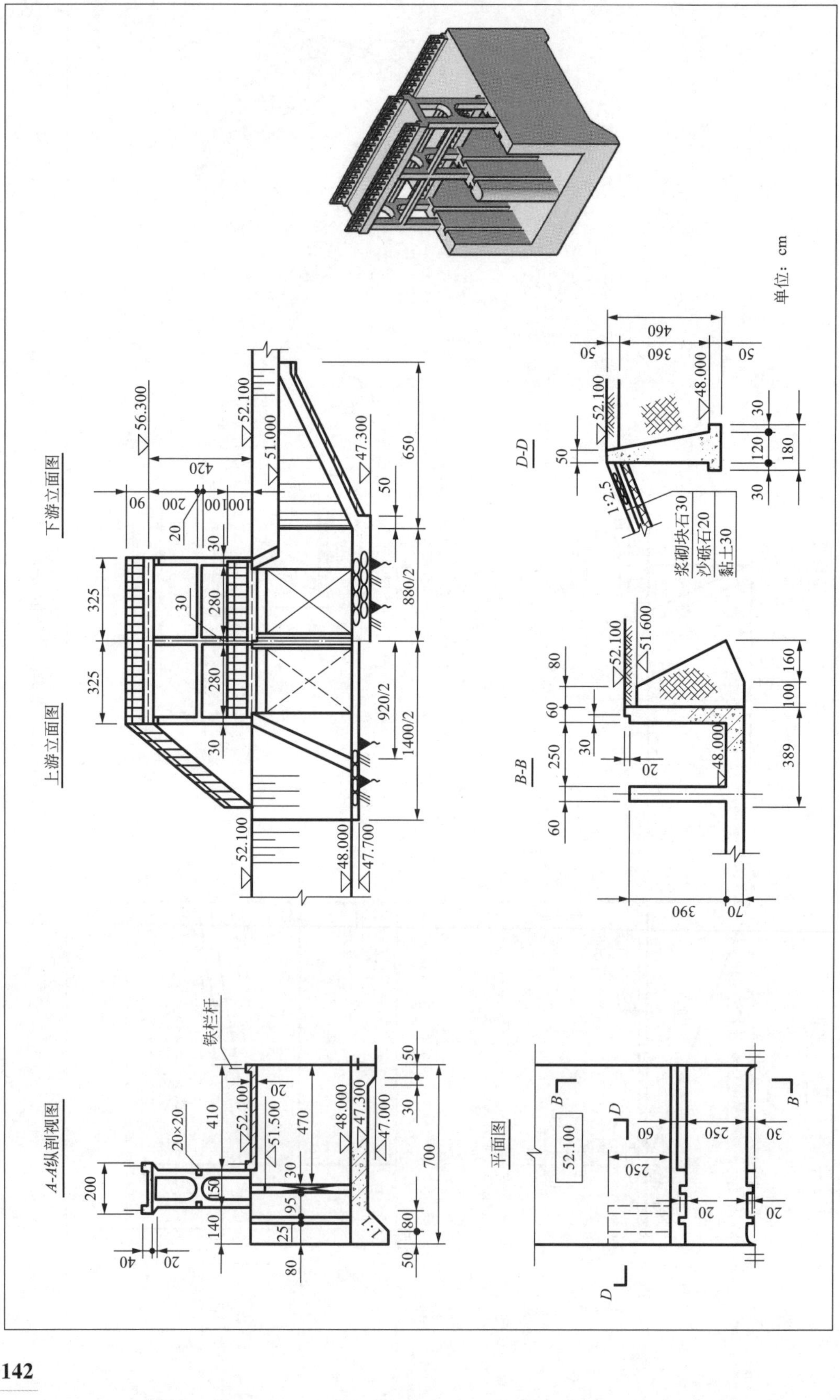

单位：cm

图 3-2 闸室段的表达

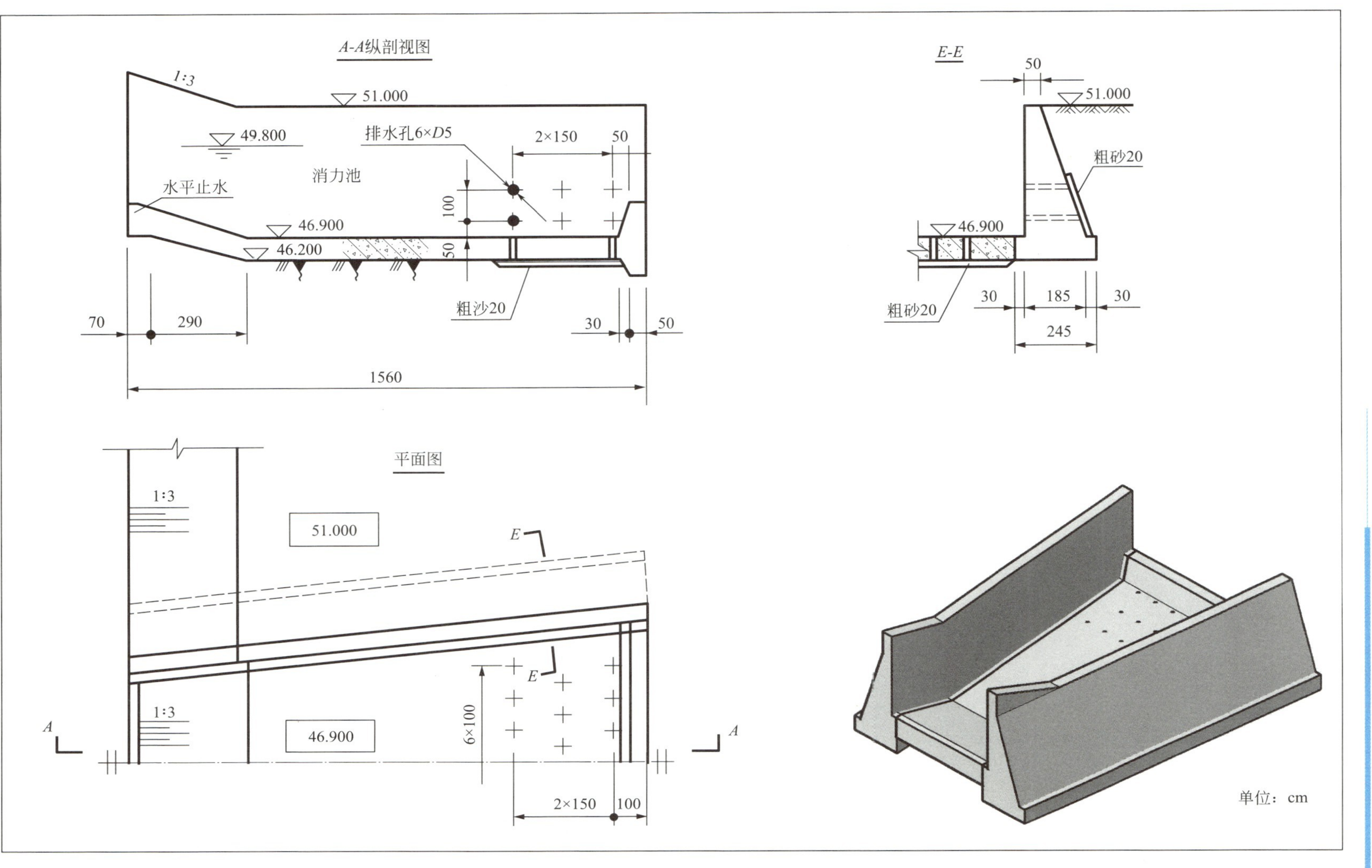
A-A纵剖视图
1:3
51.000
49.800
排水孔6×D5
消力池
水平止水
2×150
50
100
46.900
46.200
50
粗沙20
70
290
30
50
1560
E-E
50
51.000
粗砂20
46.900
粗砂20
30
185
30
245
平面图
1:3
51.000
E
E
1:3
46.900
6×100
A
A
2×150
100
单位：cm

图 3-3　消力池段的表达

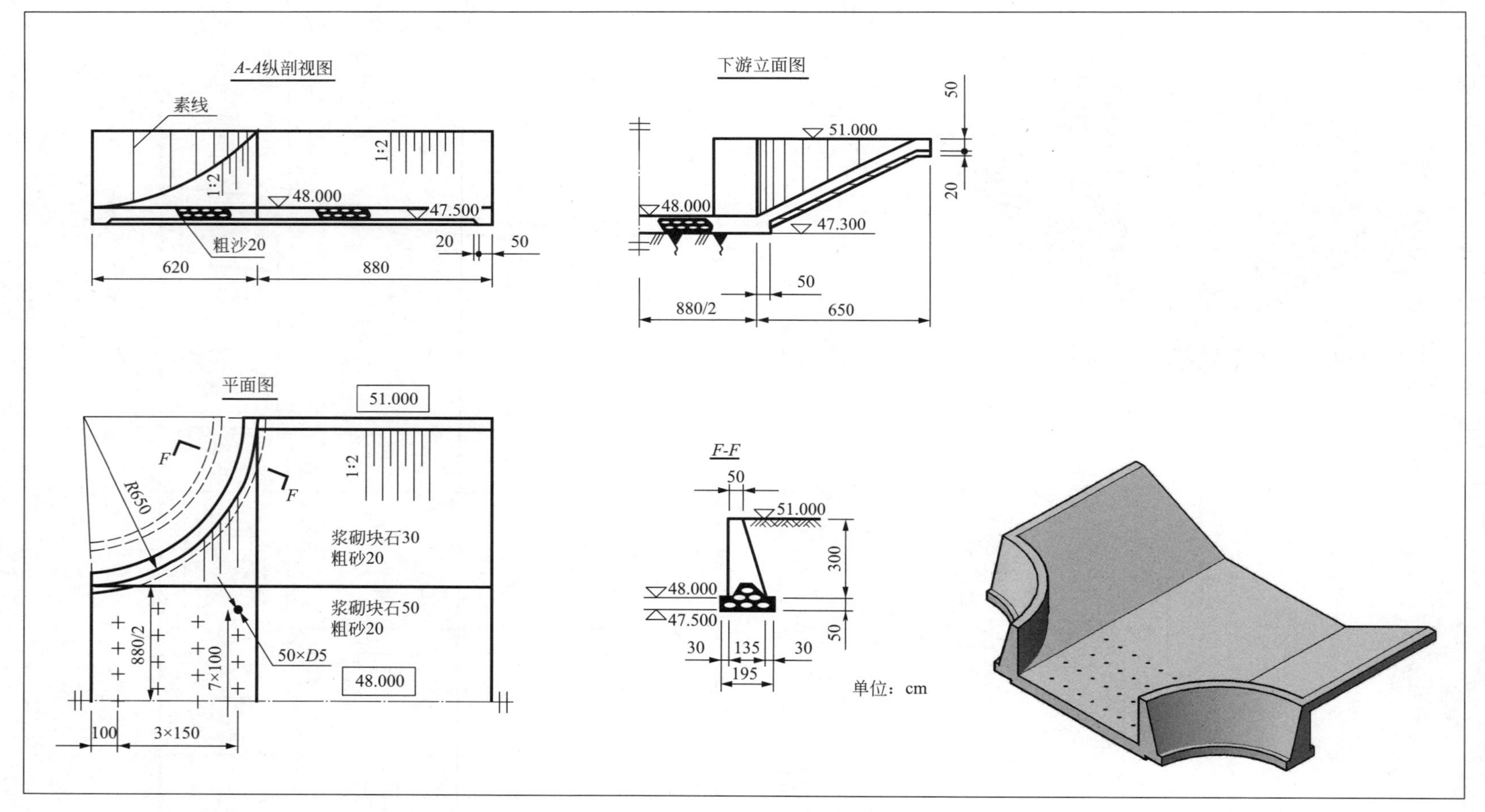

A-A纵剖视图
素线
1:2
1:2
48.000
47.500
粗沙20
20
50
620
880
下游立面图
51.000
48.000
47.300
50
20
50
880/2
650
平面图
51.000
F
F
R650
1:2
浆砌块石30
粗砂20
浆砌块石50
粗砂20
880/2
7×100
50×D5
48.000
100
3×150
F-F
50
51.000
300
48.000
47.500
50
30
135
30
195
单位：cm

图 3-4 海漫段的表达

从平面图和 A-A 纵剖视图可知：消力池的平面形状为梯形，长 1560cm，由底板和边墙形成了一个“水槽”，消力池底板顶部高程 46.90m，厚 70cm，进口端是 1∶3 的斜坡，尾部设有高 1.1m 的消力坎。E-E 断面图表示了消力池翼墙的断面形状和尺寸，该断面是顶宽 50cm，底宽 245cm 的梯形。为降低渗水压力，在消力池的底板和边墙上设有 ϕ50mm 的冒水孔，冒水孔处设有 20cm 厚的粗砂反滤层。

4）海漫段。如图 3-4 所示，能够表达出海漫段的视图有：A-A 纵剖视图、平面图、上下游立视图、F-F 断面图。

海漫段进口处是矩形，出口处与梯形断面的尾水渠相连，海漫和下游护底长度分别为 620cm 和 880cm，用浆砌石做成，海漫上设有冒水孔，下有 20cm 厚的粗砂反滤层。翼墙由半径 650cm 的圆柱面做成，F-F 断面图表达了翼墙的断面实形、尺寸和材料，护坡是由浆砌块石做成的 1∶2 的斜坡面。

（4）综合整理

根据上述形体分析，弄清水闸各部分的形状、位置关系及构造、尺寸、材料等内容，综合整理，得出水闸的整体结构和形状，如图 3-5 所示。

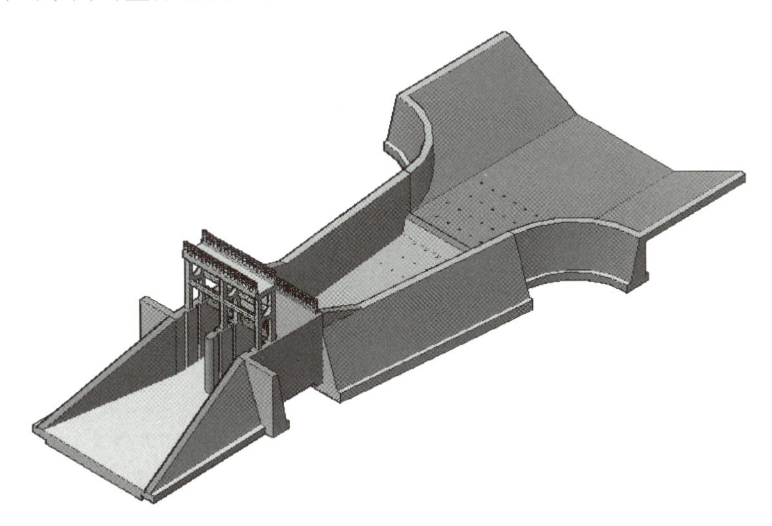

图 3-5　水闸整体结构

项目 3.2　进水闸信息模型的创建

学习目标

通过本项目的学习，掌握进水闸信息模型的创建过程。掌握常用的建模方法和技巧。

以附图 3-1 进水闸结构图为例，使用华阳国际快速建模系统进行水闸参数化模型的创建。

将附图 3-1 所示进水闸分为 4 段：上游连接段、闸室段、消力池段、海漫段。每段具体识读参见其分解的工程图纸。

3.2.1 标高、轴网设置

1. 新建水利样板

新建“水利样板”，进入项目如图 3-6 所示。

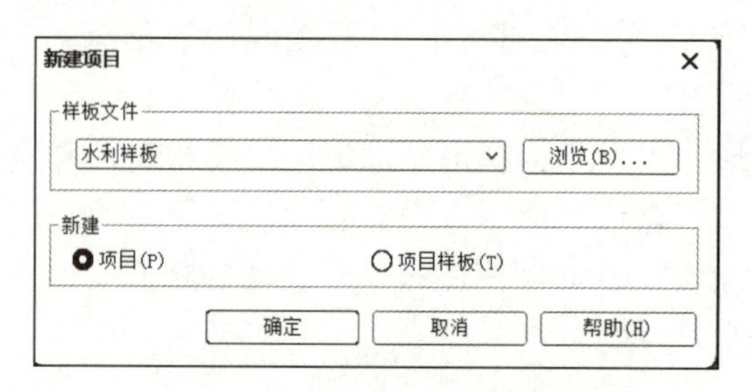

图 3-6 新建水利样板项目

按照附图 3-1 工程图纸所示内容，该图纸的尺寸标注单位为 cm。选择“管理”选项卡，设置“项目单位” 项目单位，将“长度”单位修改为 cm，如图 3-7 所示。

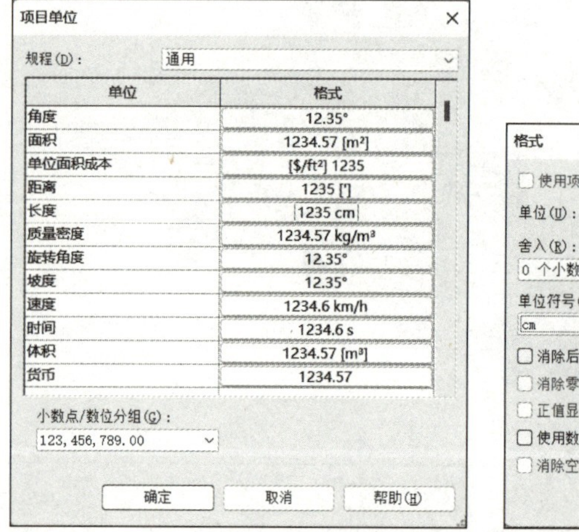

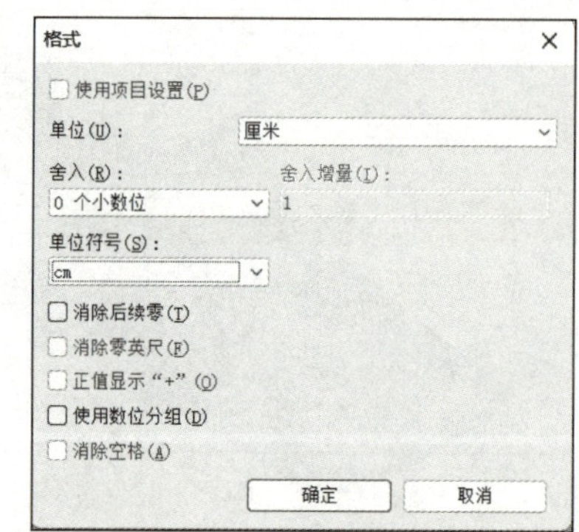

图 3-7 修改项目单位

2. 创建标高

“项目浏览器”内，双击选择“南”立面，使用复制命令，将进水闸各段主要的控制高程创建出来，并修改对应的标高数值，如图 3-8 所示。

图 3-8 新建控制标高

“视图”选项卡内，选择“平面视图”，将新建标高添加至楼层平面，如图 3-9 所示。

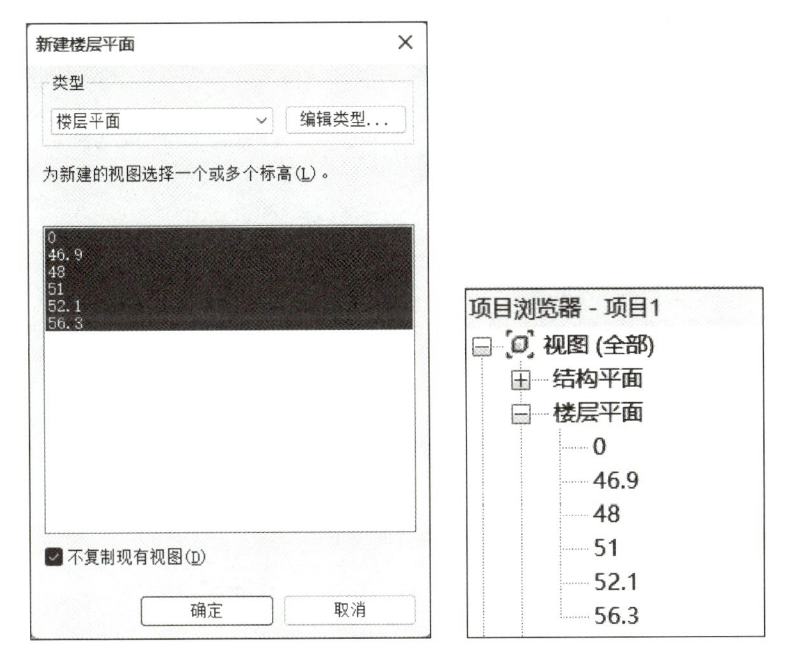

图 3-9　标高添加至楼层平面

3. 创建轴网

双击“项目浏览器”下楼层平面“48m”，选择“水利专版”选项卡下“轴网绘制”命令，将进水闸各段的控制轴线绘制出来，如图 3-10 所示。

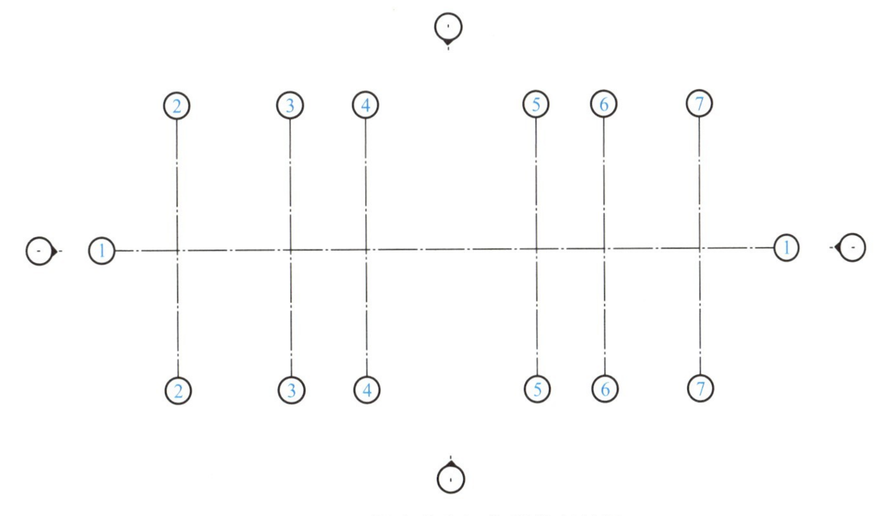

图 3-10　创建进水闸各段控制轴网

“属性”工具栏内，选择“视图范围”，视图范围 编辑... 修改各参数为“无限制”，如图 3-11 所示。

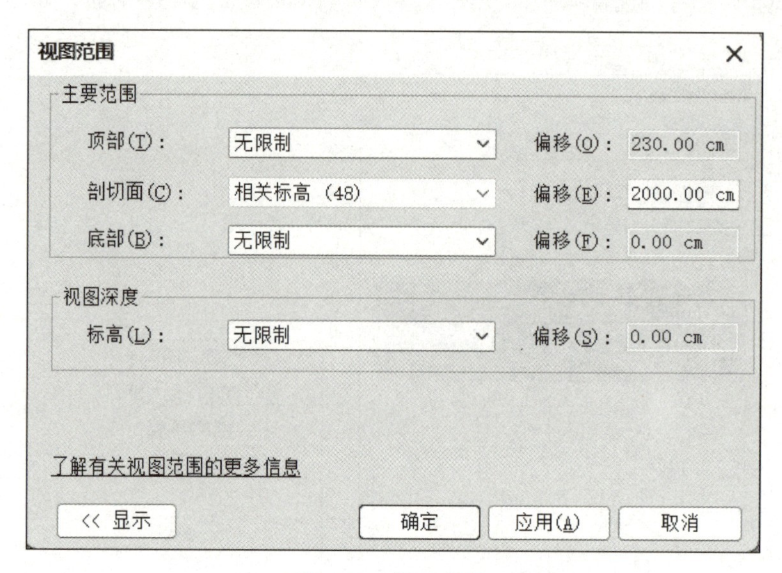

图 3-11　视图范围

保存项目，“选项”内最大备份数改为 1，如图 3-12 所示。

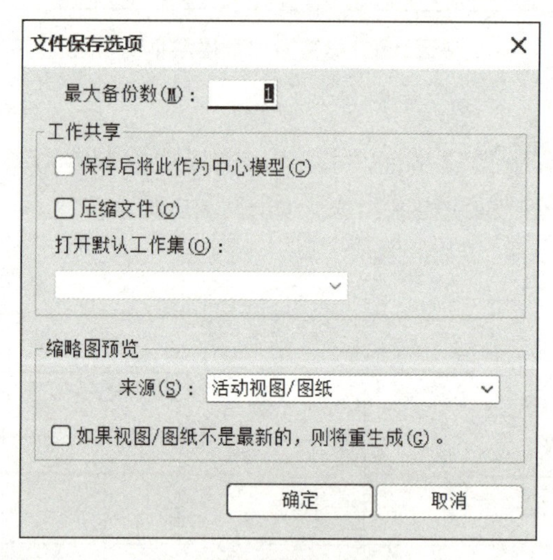

图 3-12　备份数修改为 1

3.2.2　创建八字翼墙模型

1. 图纸分析

根据图 3-1 所示，上游连接段八字翼墙由底板和翼墙两部分组成，A-A 纵剖视图反映底板特征面及其材质钢筋混凝土，平面图反映底板宽度方向尺寸；C-C 断面图为翼墙右侧特征面，翼墙材质为混凝土，翼墙左侧特征面需要结合平面图和 C-C 断面图识读。

2. 创建模型

创建八字翼墙底板，选择“水利专版”选项卡下，“内建模型”内“常规模型”，名称“八字翼墙”。如图 3-13 所示。

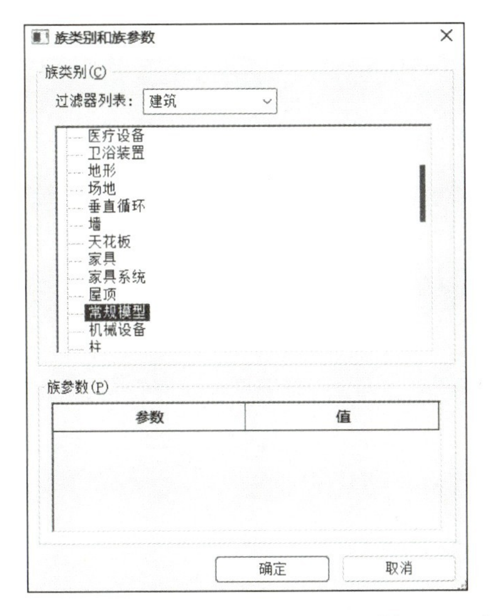

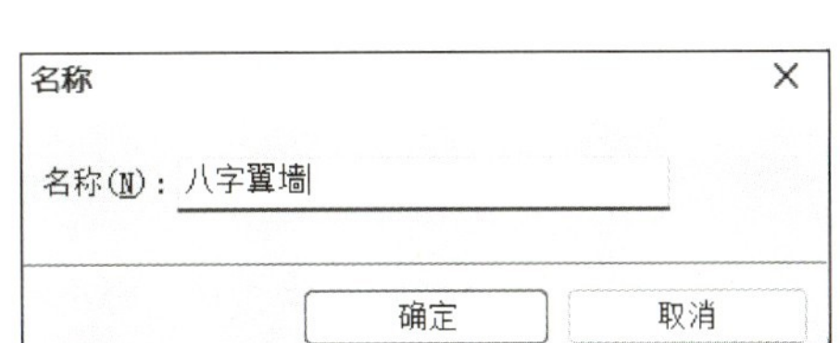

图 3-13　创建常规模型

（1）创建底板

选择“拉伸”命令 拉伸，“设置” 设置 选择工作平面，“拾取一个平面”，拾取中心对称线为工作平面，“转到视图”内选择“南立面”，如图 3-14 所示。

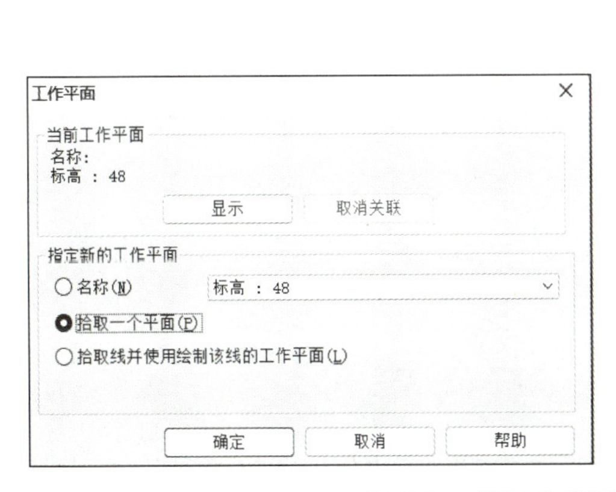

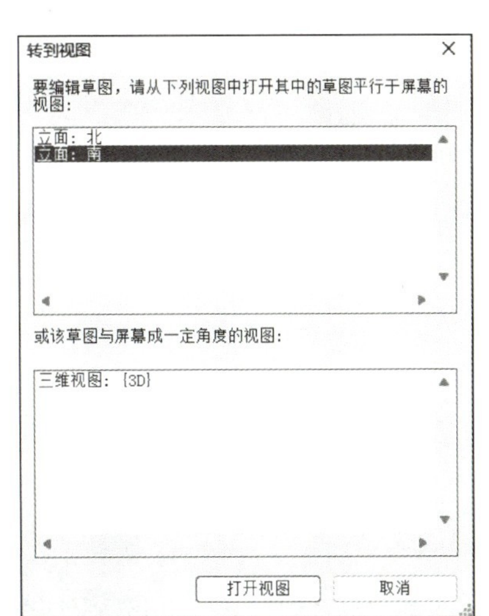

图 3-14　拾取南立面为工作平面

绘制底板特征面，设置其拉伸距离“460cm”，如图 3-15 所示。

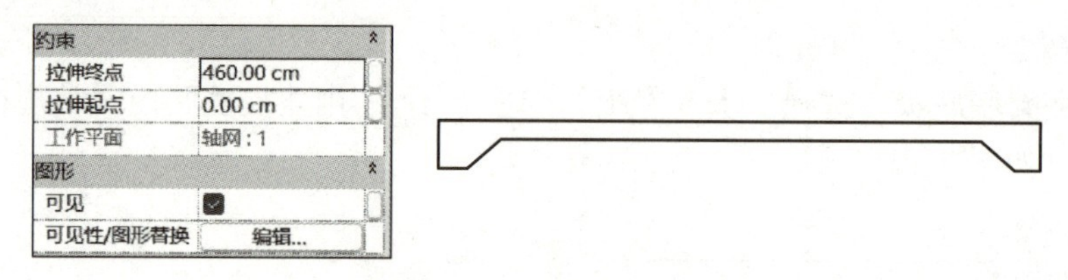

图 3-15　绘制底板特征面

选择“空心拉伸”命令 空心拉伸，分别绘制底板需要切去的三棱柱，空心拉伸距离“－80cm”、底板凹槽空心拉伸起点“－30cm”，拉伸终点“－80cm”，如图 3-16、图 3-17 所示。

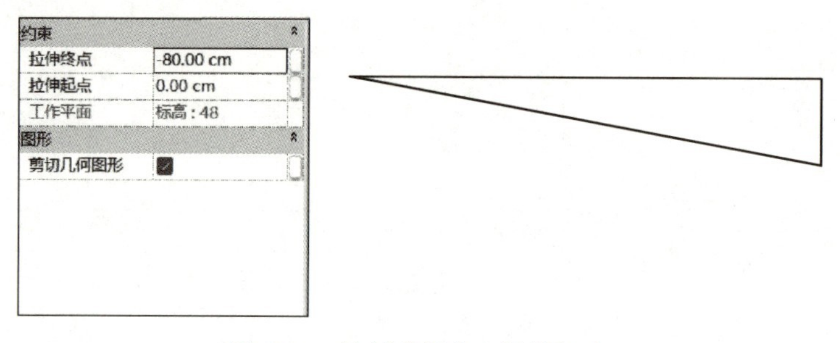

图 3-16　绘制底板空心拉伸部分

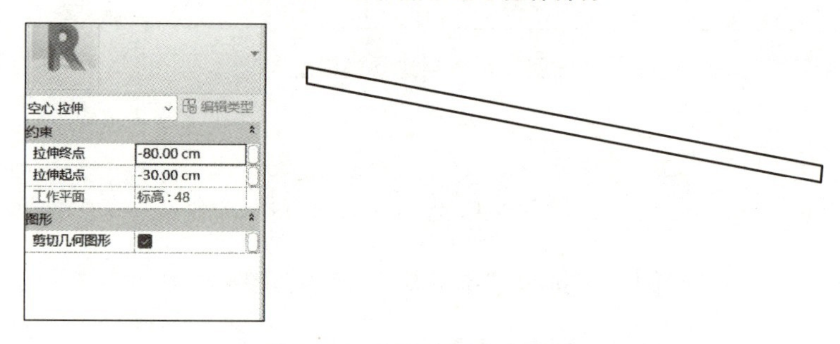

图 3-17　绘制底板底部凹槽

“属性”内选择“材质” 材质　钢筋混凝土，“新建” “钢筋混凝土”材质，“外观库” 内选择“混凝土”内的任意一种，如图 3-18 所示。

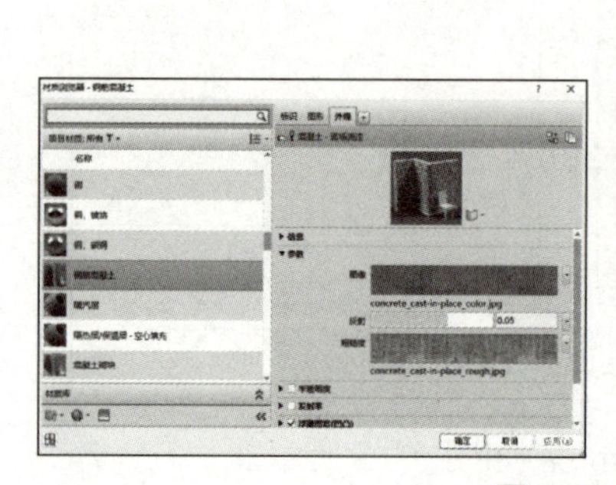

图 3-18　新建材质

底板模型效果如图 3-19 所示。

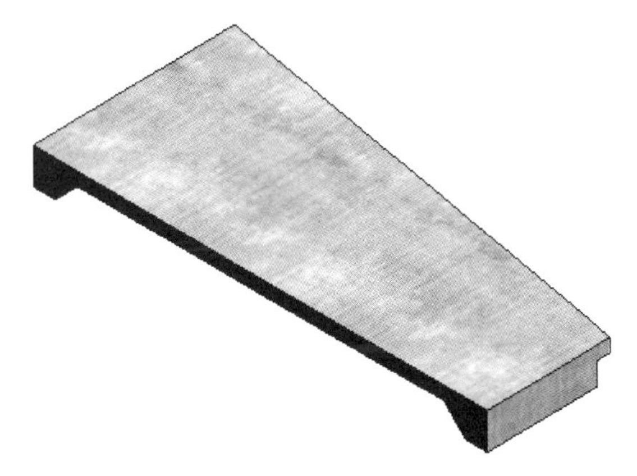

图 3-19　底板三维效果

（2）创建翼墙

选择“融合”命令，创建翼墙。

在“编辑顶部”状态，“设置”拾取“东立面”作为工作平面，如图 3-20 所示。绘制翼墙右侧特征面，如图 3-21 所示；点击“编辑底部”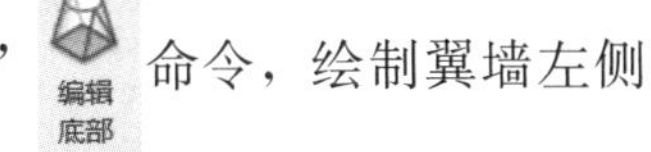命令，绘制翼墙左侧特征面，如图 3-22 所示；点击“编辑顶点”，选择两端面对应连线，完成翼墙创建，如图 3-23 所示。

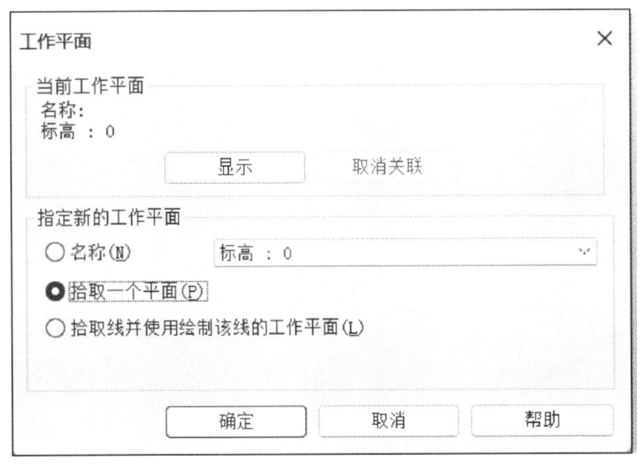

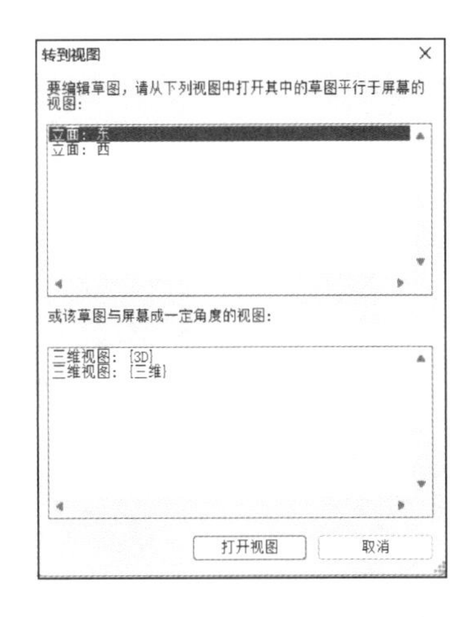

图 3-20　设置工作平面

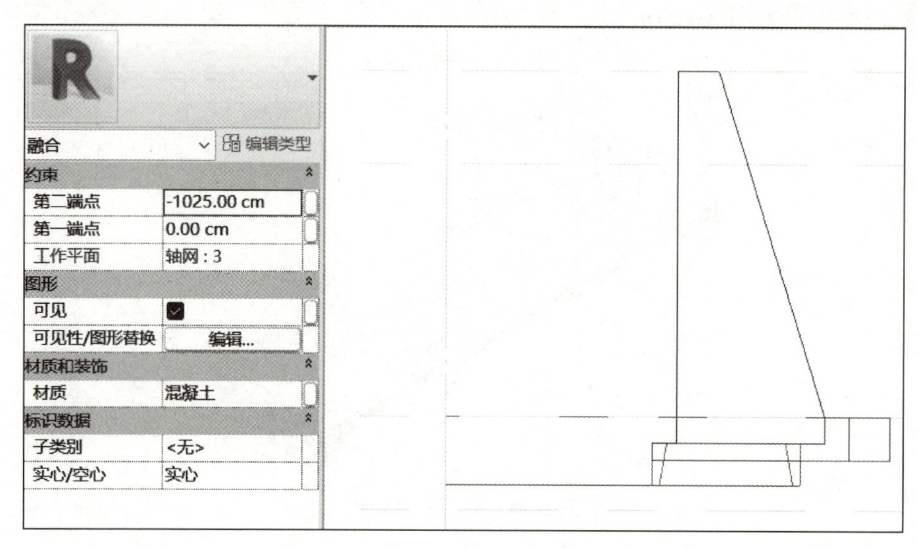

图 3-21　绘制右侧特征面

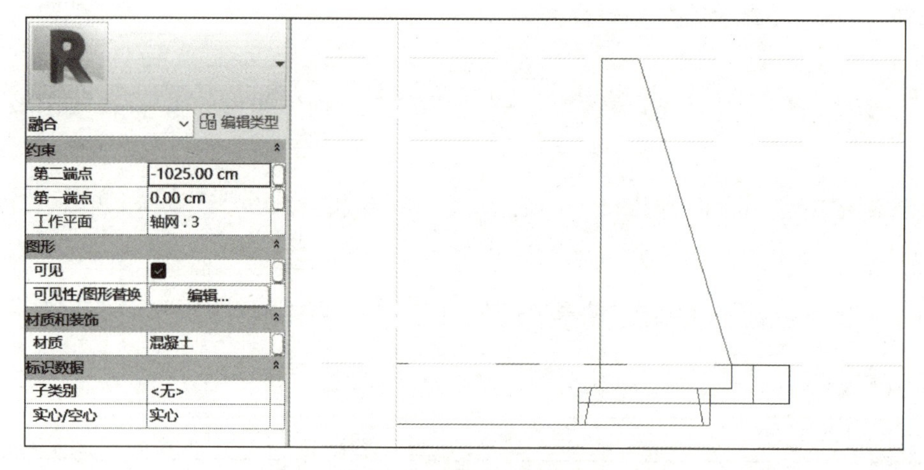

图 3-22　绘制左侧特征面

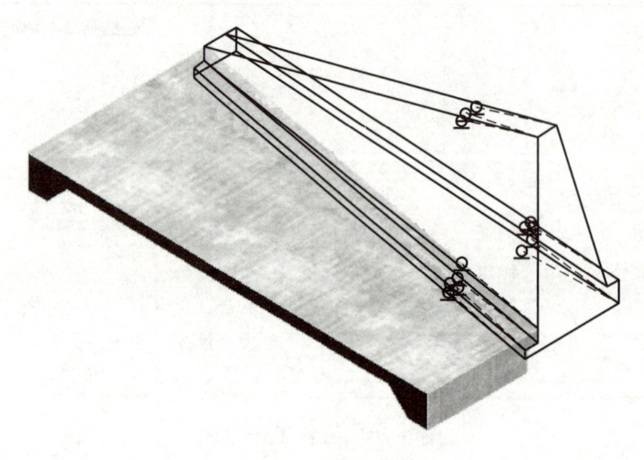

图 3-23　编辑顶点

翼墙材质为混凝土，设置方法同钢筋混凝土。

选择底板和翼墙，“镜像”命令，镜像出对称的另一半形体，“连接”底板为一个整体，点击“完成模型”，完成八字翼墙的三维模型创建，效果如图 3-24 所示。

选中“八字翼墙”形体，“属性”选择“编辑类型”，将类型标记修改为“八字翼墙”，如图 3-25 所示。

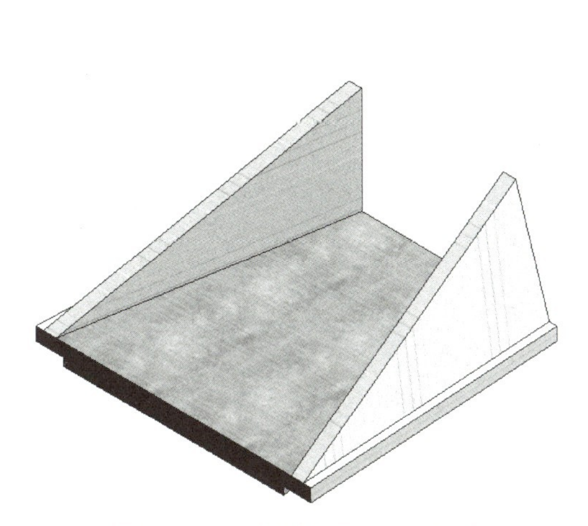

图 3-24　八字翼墙三维整体效果

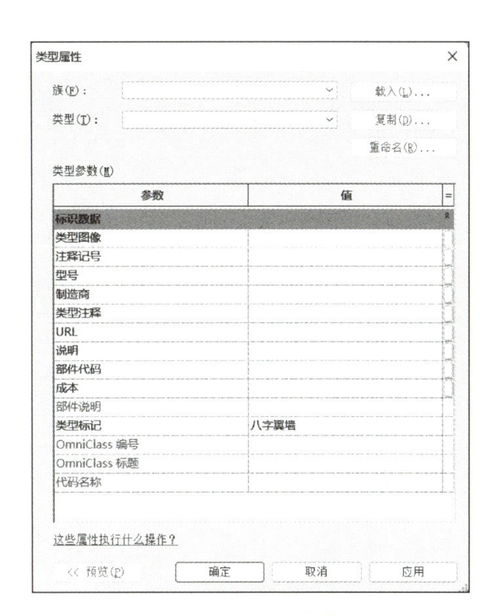

图 3-25　修改类型标记

3.2.3　创建闸室段模型

1. 图纸分析

根据图 3-2 所示，闸室段由闸底板、边墩、中墩、工作闸门、检修闸门、交通桥、上部结构由排架、工作桥等部分组成。A-A 纵剖视图反映闸底板特征面及其材质钢筋混凝土，工作闸门、检修闸门的定位，交通桥的特征面，排架和工作桥的特征面；平面图反映闸底板宽度方向尺寸，中墩特征面、边墩宽度、闸门槽的分布，交通桥的宽度尺寸；上、下游立面图看到闸门上下游的形状，及排架的分布定位；B-B 断面图反映中墩、边墩、交通线凹槽细部尺寸；D-D 断面图反映挡土墙的特征面及上游护坡反滤层的材质和厚度。

2. 创建模型

创建闸室段模型，选择“水利专版”选项卡下，“内建模型”内“常规模型”，名称“闸室段”。如图 3-26 所示。

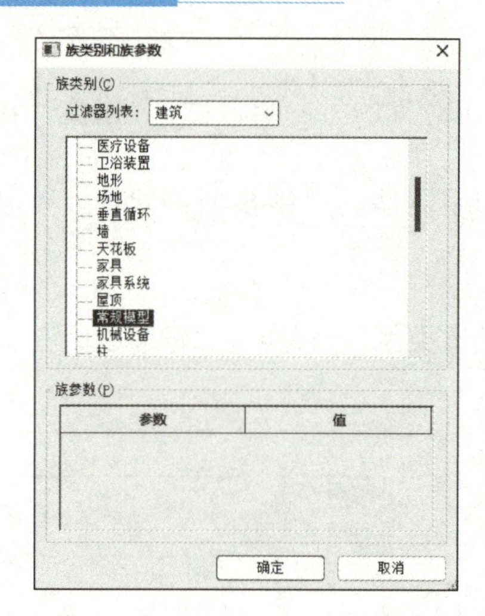

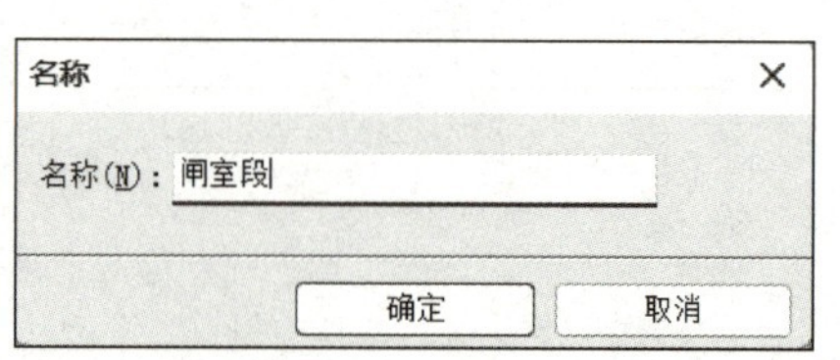

图 3-26　创建常规模型

（1）创建闸室段

选择“拉伸”命令，“设置”选择工作平面，“拾取一个平面”，拾取中心对称线为工作平面，“转到视图”内选择“南立面”，如图 3-27 所示。

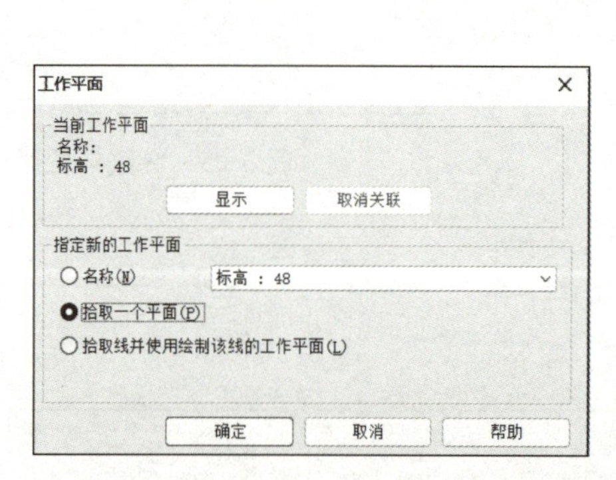

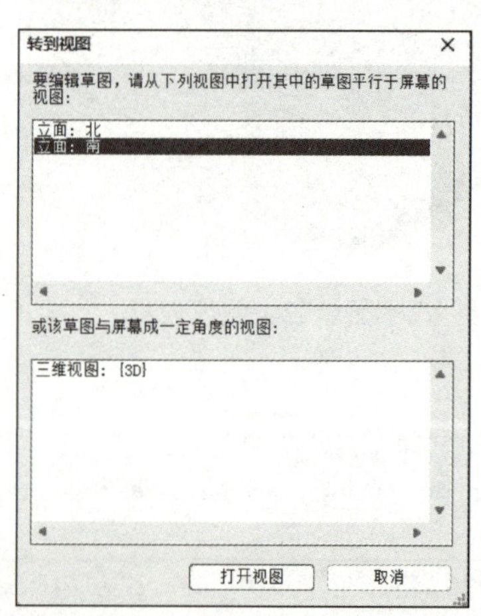

图 3-27　拾取南立面为工作平面

绘制底板特征面，设置其拉伸距离“340cm”，材质选择“钢筋混凝土”，如图 3-28 所示。

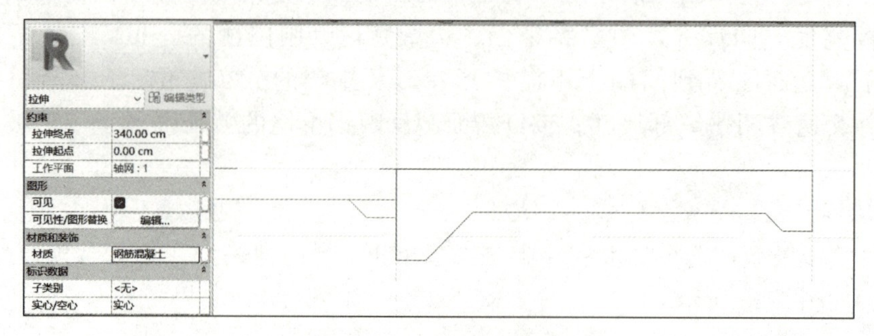

图 3-28　闸底板特征面

楼层平面 48m 高程，选择“拉伸”命令 拉伸，绘制中墩、边墩特征面，设置其拉伸距离“410cm”，材质选择“钢筋混凝土”，如图 3-29 所示。

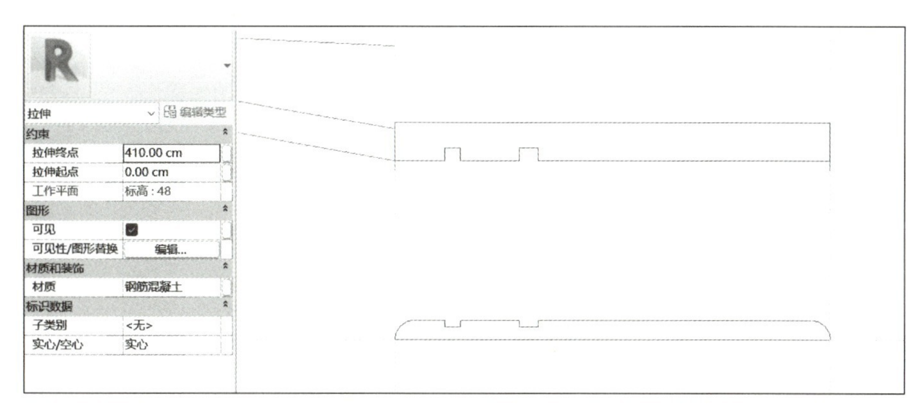

图 3-29　中墩、边墩、闸门槽特征面

楼层平面 52.10m 高程，修改“属性”下“视图范围”为“无限制”，选择“空心拉伸” 空心拉伸 命令，绘制中墩、边墩上交通桥的凹槽，设置其拉伸距离“－20cm”，如图 3-30 所示。

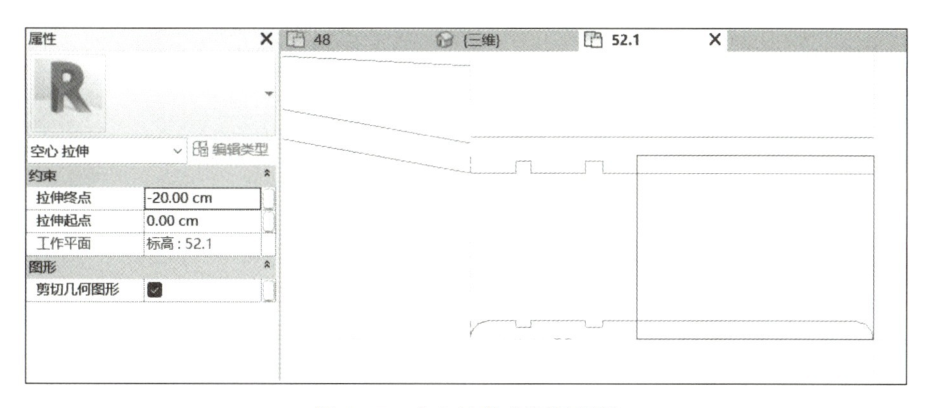

图 3-30　空心拉伸交通桥凹槽

选择“拉伸”命令 拉伸，“设置” 设置 “南立面”选择工作平面，绘制交通桥特征面，拉伸距离“310cm”，材质选择“钢筋混凝土”，如图 3-31 所示。

“镜像” 出对称的另外一半形体，“连接” 连接 形体，效果如图 3-32 所示。

（2）创建闸室段挡土墙

选择“拉伸”命令 拉伸，“设置” 设置 边墩外侧“南立面”选择工作平面，绘制挡土墙特征面，拉伸距离“250cm”，材质选择“混凝土”，如图 3-33 所示。

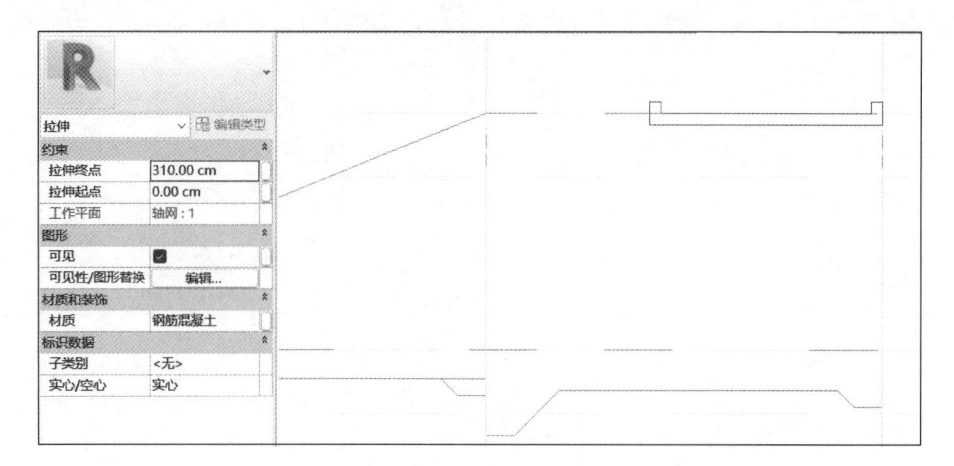

图 3-31 交通桥特征面

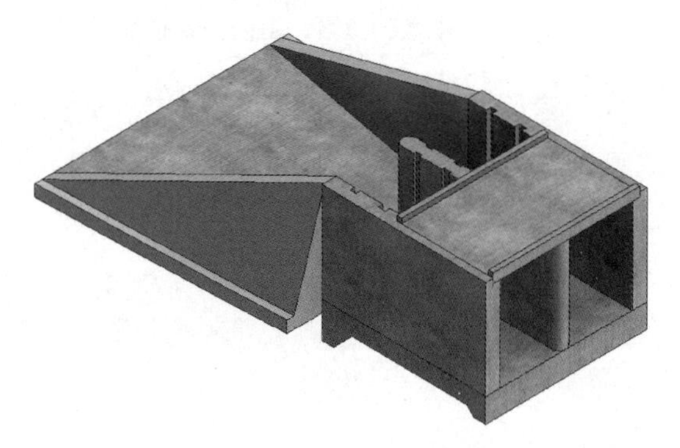

图 3-32 闸室段三维效果

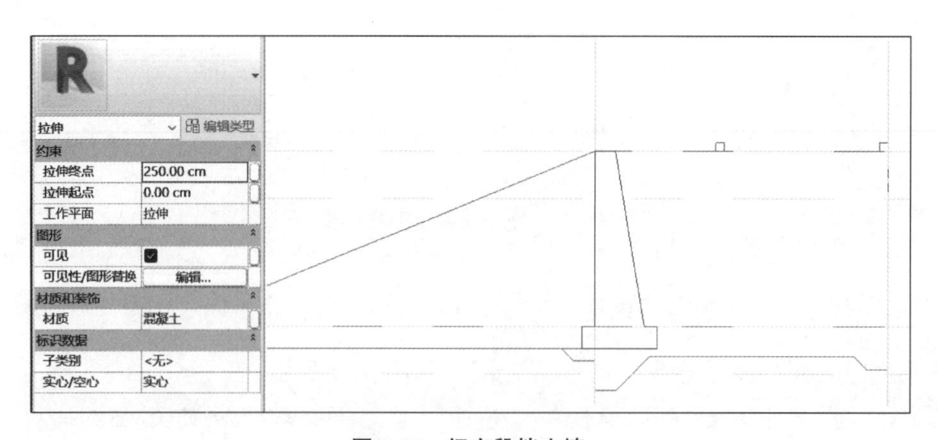

图 3-33 闸室段挡土墙

楼层平面 48m 高程，选择“空心拉伸”命令 空心拉伸，绘制挡土墙需要切去的四棱柱，空心拉伸距离“−50cm”，如图 3-34 所示。

“镜像” 出对称的另外一半形体，效果如图 3-35 所示。

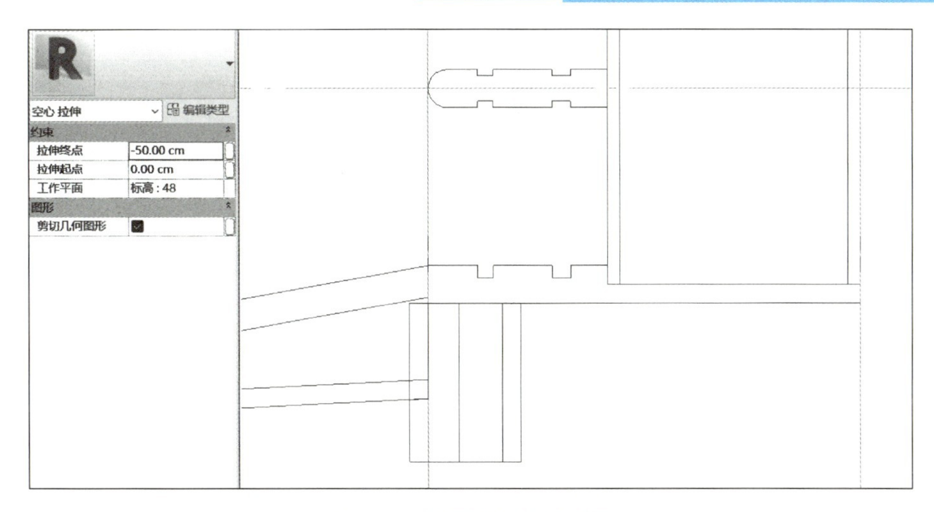

图 3-34　闸室段挡土墙切角

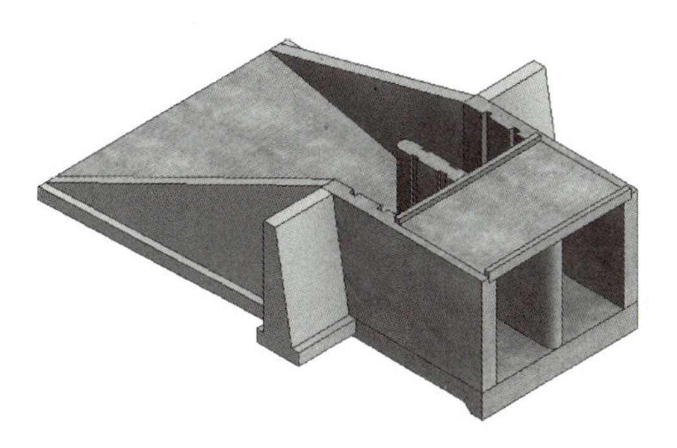

图 3-35　闸室段和挡土墙

（3）创建闸室段上部结构

选择“拉伸”命令 拉伸，“设置” 设置 中心对称线“南立面”选择工作平面，绘制排架特征面，“拉伸起点 15cm”，“拉伸终点－15cm”，材质选择“钢筋混凝土”，如图 3-36 所示。

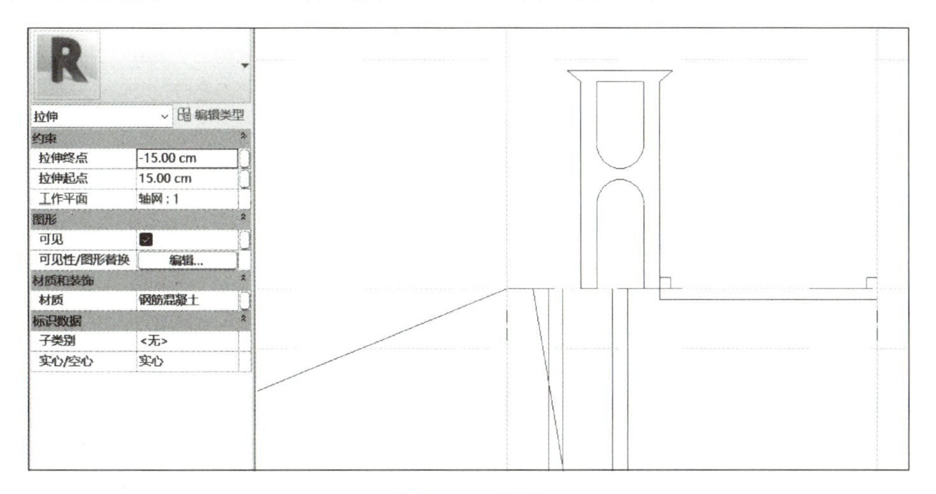

图 3-36　排架

复制出其余的排架。

选择“拉伸”命令，“设置”排架内侧“南立面”选择工作平面，绘制排架之间梁的特征面，“拉伸距离 280cm”，材质选择“钢筋混凝土”，如图 3-37 所示。

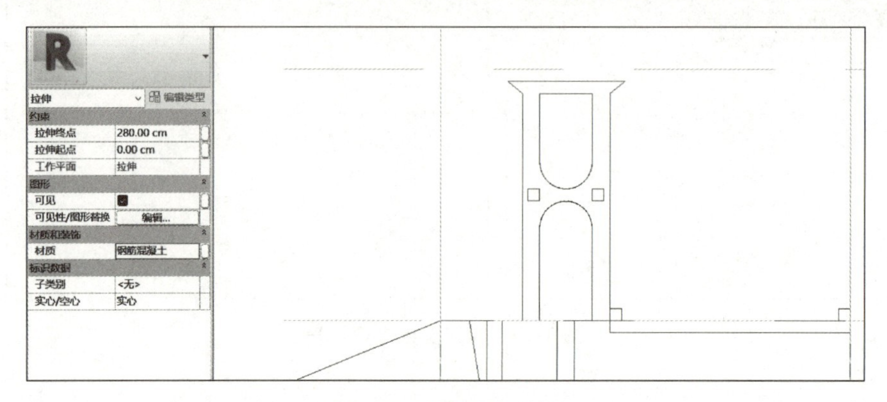

图 3-37　排架之间的梁

选择“拉伸”命令，“设置”中心对称线“南立面”选择工作平面，绘制排架上工作桥的特征面，“拉伸距离 325cm”，材质选择“钢筋混凝土”，如图 3-38 所示。

16. 闸室段2

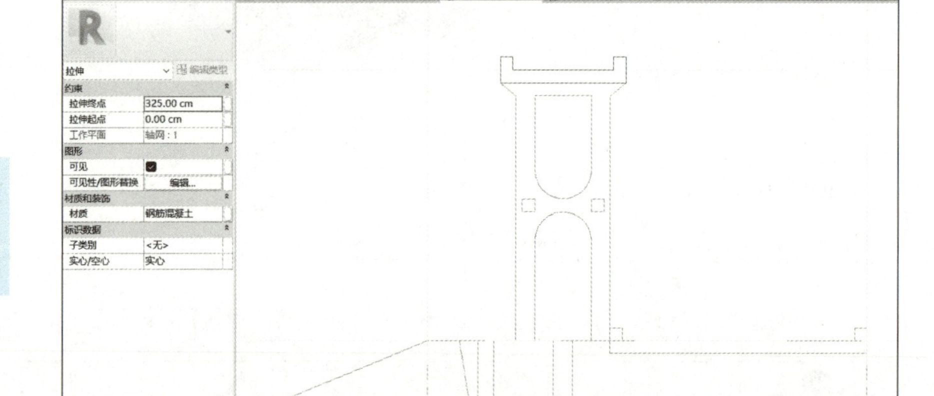

图 3-38　工作桥

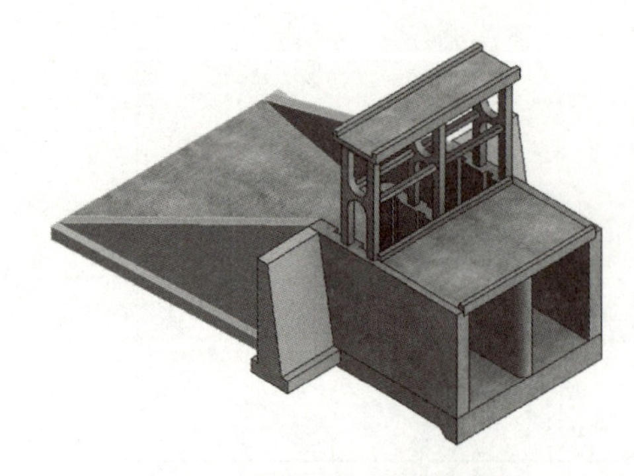

图 3-39　闸室段三维整体效果

“镜像”出对称的另一半工作桥，“连接”工作桥，完成模型创建，整体效果如图 3-39 所示。

（4）创建栏杆和楼梯

选择“建筑”选项卡下“栏杆扶手”命令，“绘制路径”，绘制交通桥和工作桥上的栏杆；

选择“建筑”选项卡下“楼梯”命令，“梯段”选择“直梯”，定位线选择“梯段中心”，梯段宽度“150cm”，底部标高“52.10m”，顶部标高“56.30m”，顶部偏移“20cm”，如图 3-40 所示。整体三维效果如图 3-41 所示。

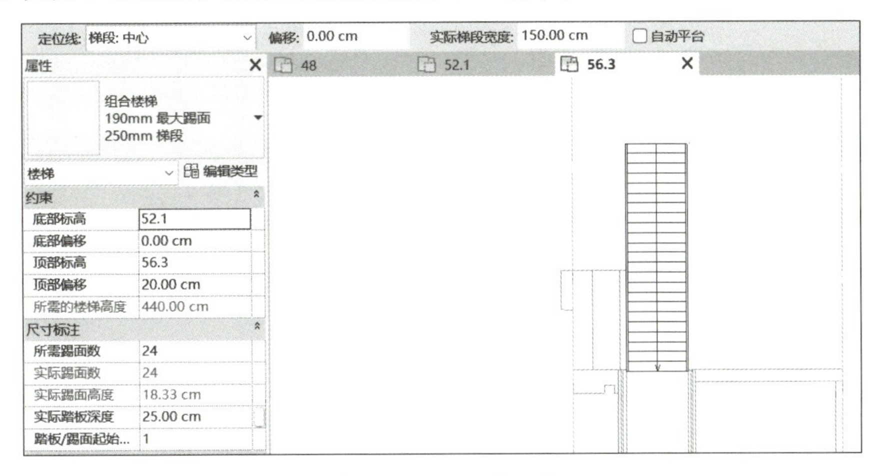

图 3-40　楼梯的绘制

选中闸室段形体，“属性”选择“编辑类型”，“类型标记”修改为闸室段，如图 3-42 所示。

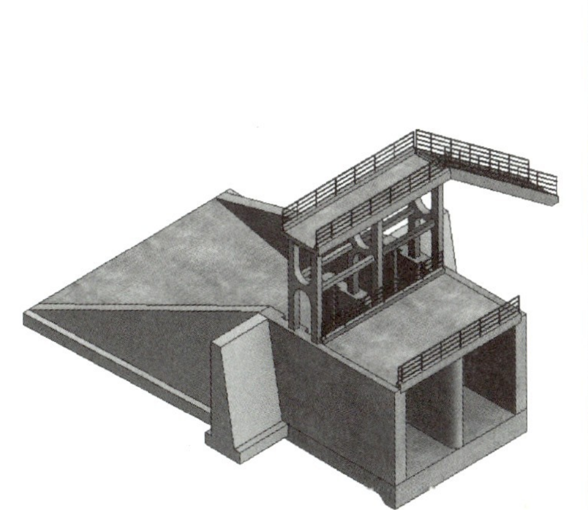

图 3-41　闸室段三维模型

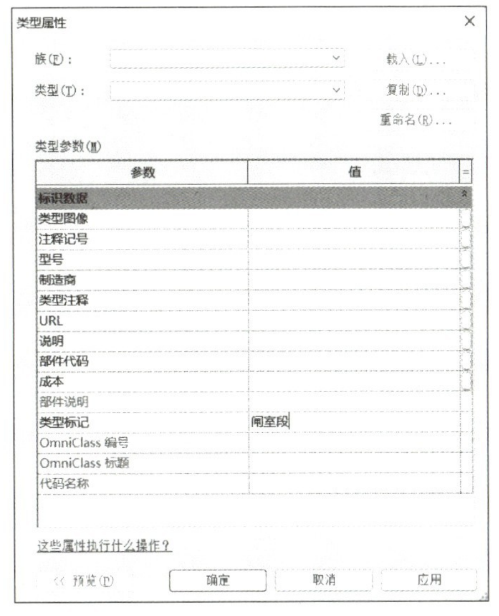

图 3-42　修改类型标记

3.2.4　创建消力池段模型

1. 图纸分析

根据图 3-3 所示，消力池段由底板、挡土墙、排水孔等部分组成。A-A 纵剖视图反映消力池底板的特征面，材质钢筋混凝土，挡土墙排水孔分布；平面图反映消力池底板宽度方向尺寸，底板上的排水孔的分布；E-E 断面图反映挡土墙的特征面及排水孔。

2. 创建模型

创建消力池段模型，选择“水利专版”选项卡下，“内建模型”下“常规模型”，修改名称“消力池段”。如图 3-43 所示。

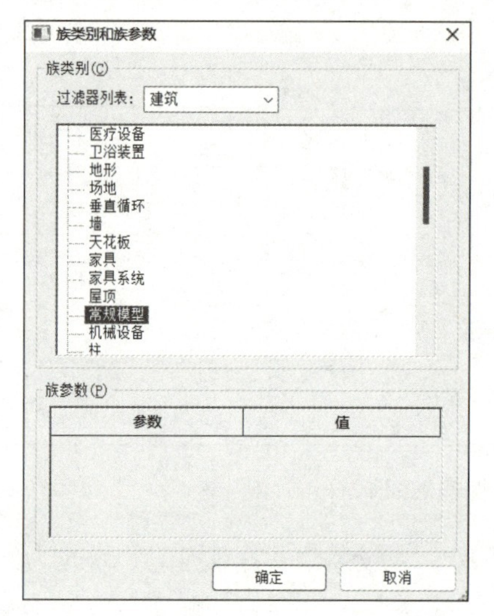

图 3-43　创建常规模型

（1）创建消力池段底板

选择“拉伸”命令，“设置”拾取中心对称线，选择“南立面”为工作平面。

绘制底板特征面，设置其拉伸距离“440cm”，材质选择“钢筋混凝土”，如图 3-44 所示。

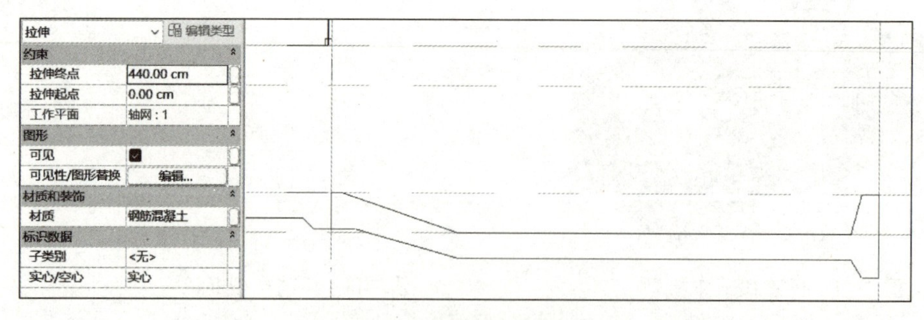

图 3-44　创建消力池底板

楼层平面 48m 高程，选择“空心拉伸”命令，绘制底板需要切去的形体，设置其空心拉伸距离“−230cm”，如图 3-45 所示。

消力池底板三维效果如图 3-46 所示。

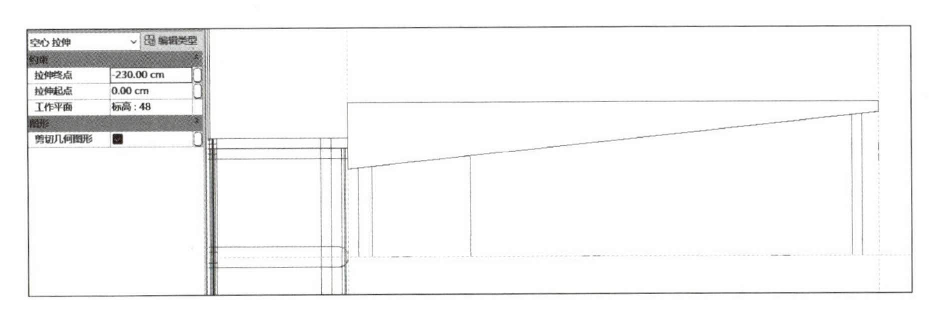

图 3-45　创建空心拉伸底板切去部分

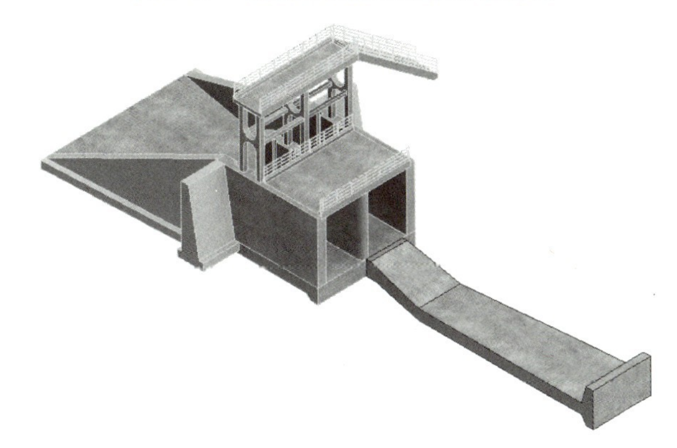

图 3-46　消力池段底板三维效果

（2）创建消力池段挡土墙

选择“融合”命令，创建挡土墙。

在“编辑顶部”状态，“设置”拾取消力池段左侧“西立面”作为工作平面。绘制挡土墙左侧特征面，如图 3-47 所示；点击“编辑底部”命令，绘制挡土墙右侧特征面，如图 3-48 所示；点击“编辑顶点”，检查选择两端面对应连线，材质选择混凝土，完成挡土墙创建，如图 3-49 所示。

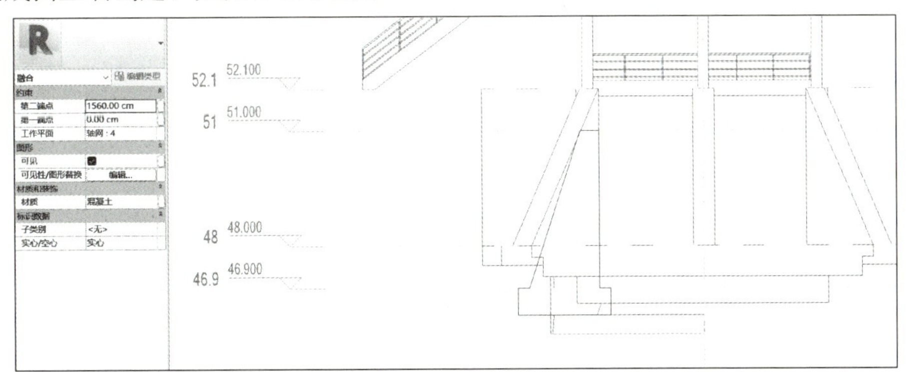

图 3-47　挡土墙左侧特征面

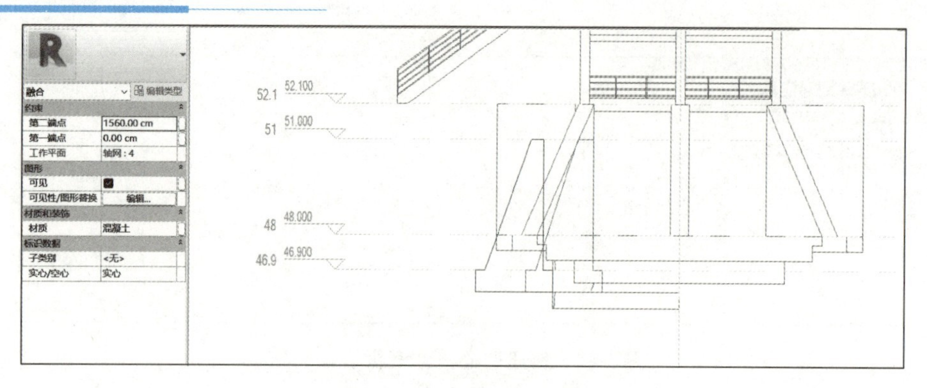

图 3-48　挡土墙右侧特征面

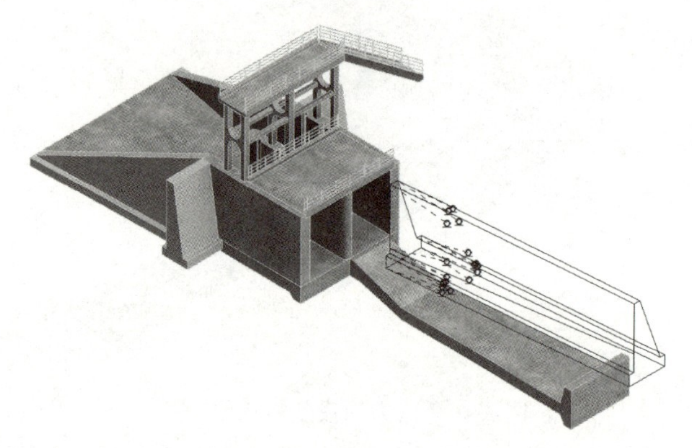

图 3-49　挡土墙两特征面对应顶点

挡土墙三维效果如图 3-50 所示。

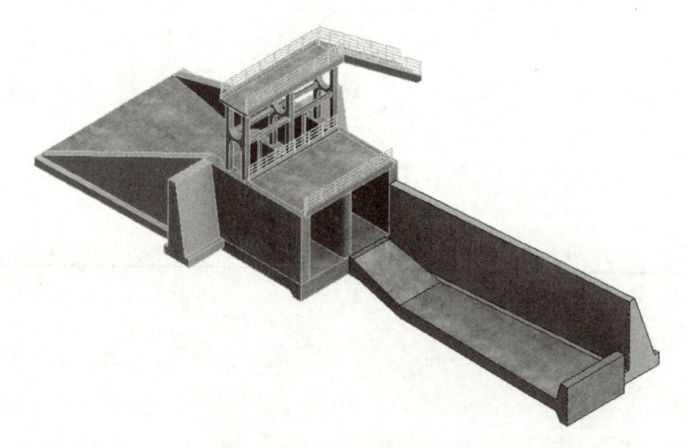

图 3-50　挡土墙三维效果

（3）创建挡土墙与底板之间的棱柱

选择“拉伸”命令，“设置”选择中心对称线，拾取“南立面”为工作平面。

绘制特征面，设置其拉伸起点“－250cm”，拉伸终点“－440cm”，材质选择“混凝土”，如图 3-51 所示。

楼层平面 48m 高程，选择“空心拉伸”命令，绘制棱柱体需要切去的部

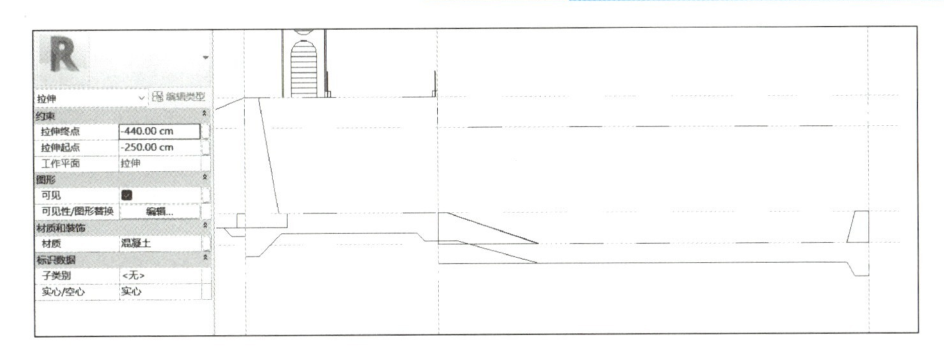

图 3-51　挡土墙与底板之间的棱柱

分，设置其空心拉伸距离“−110cm”，如图 3-52 所示。

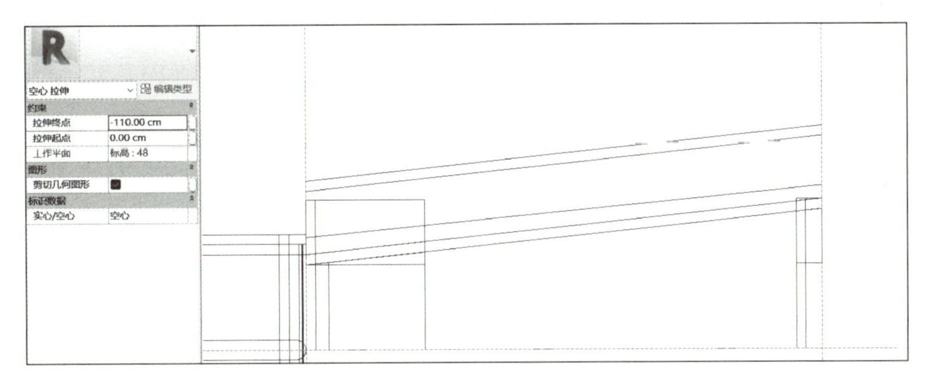

图 3-52　空心拉伸剪去多余部分

选择“剪切”剪切 内“取消剪切几何图形”取消剪切几何图形 命令，选中被空心拉伸命令不应被剪切的形体，取消剪切，完成棱柱体的绘制，“连接”连接 挡土墙和棱柱，整体三维效果如图 3-53 所示。

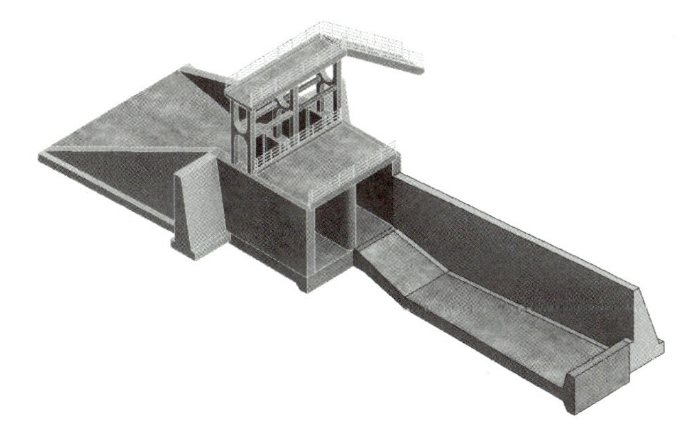

图 3-53　挡土墙与底板之间的棱柱

（4）创建挡土墙上部三棱柱

选择“拉伸”拉伸 命令，“设置”设置 选择中心对称线，拾取“南立面”为工作平面。

绘制上部三棱柱特征面，设置其拉伸起点“－280cm”，拉伸终点“－380cm”，材质选择“混凝土”，如图 3-54 所示。

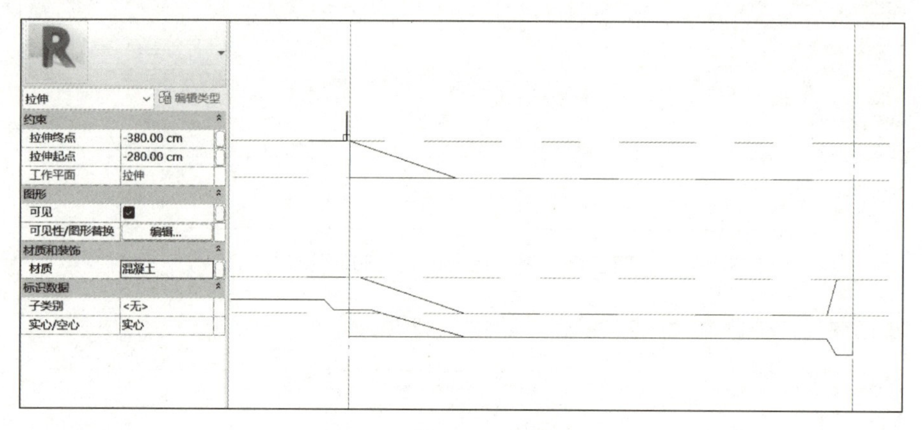

图 3-54　挡土墙上部三棱柱

楼层平面 52.10m 高程，选择“空心拉伸” 空心拉伸 命令，绘制棱柱体需要切去的部分，设置其空心拉伸距离“－110cm”，如图 3-55 所示。

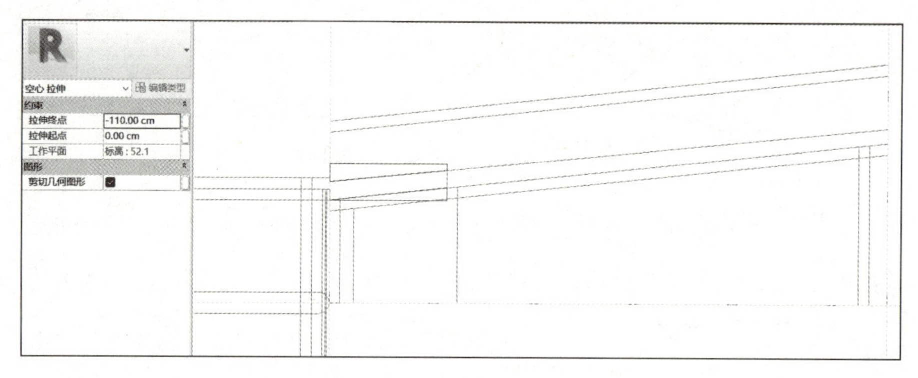

图 3-55　空心拉伸多余部分

“连接” 连接 挡土墙和三棱柱，三维效果如图 3-56 所示。

18. 消力池1

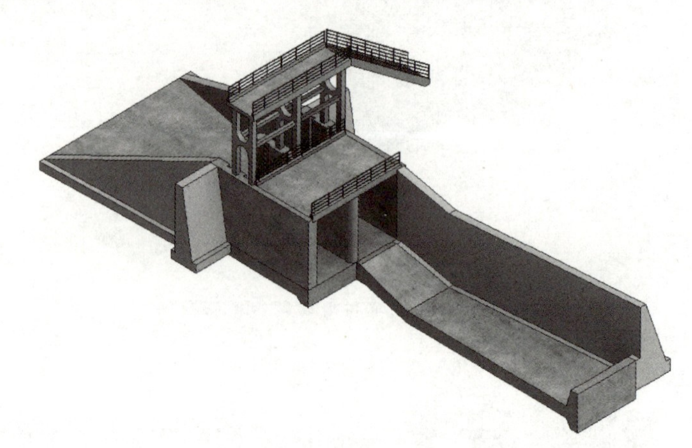

图 3-56　挡土墙上部三维效果

（5）创建消力池段排水孔

选择“空心拉伸” 空心拉伸 命令，绘制挡土墙内排水孔，设置其空心拉伸距离“700cm”，如图 3-57 所示。

图 3-57　挡土墙排水孔

选择“空心拉伸” 空心拉伸 命令，绘制底板内排水孔，设置其空心拉伸距离“−70cm”，如图 3-58 所示。

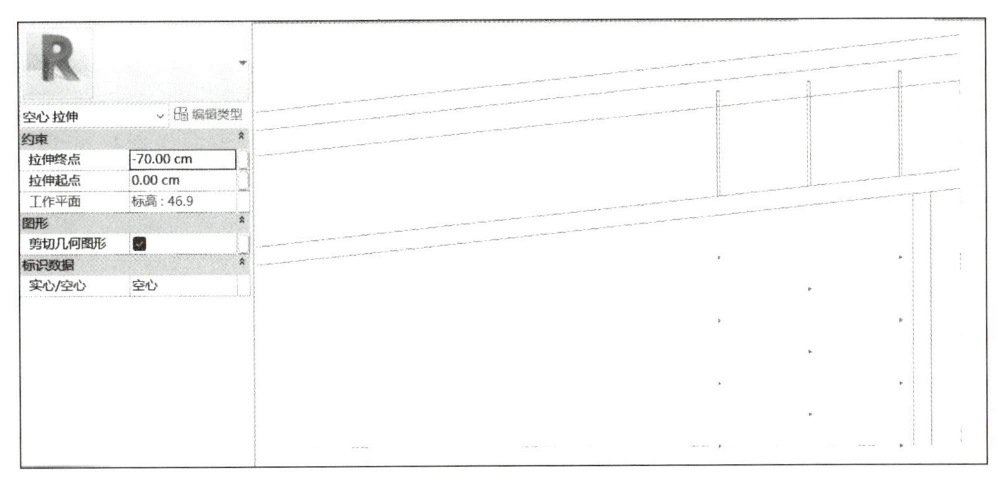

图 3-58　底板排水孔

“镜像”出对称的另外一半，“连接” 连接 底板，消力池段整体三维效果如图 3-59 所示。修改“类型标记”为“消力池段”，如图 3-60 所示。

19. 消力池2

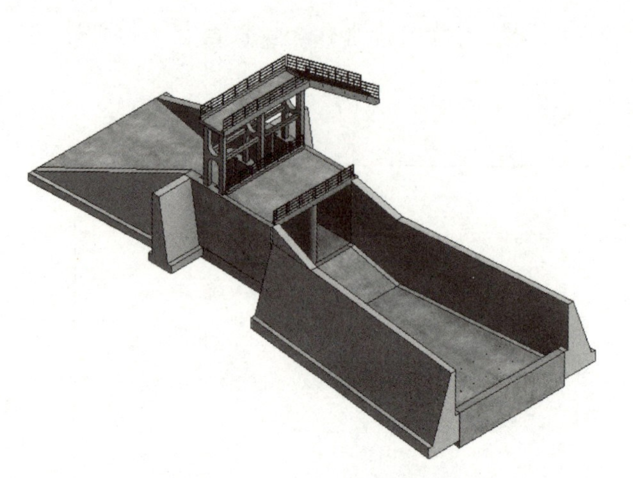

图 3-59　消力池段模型整体效果

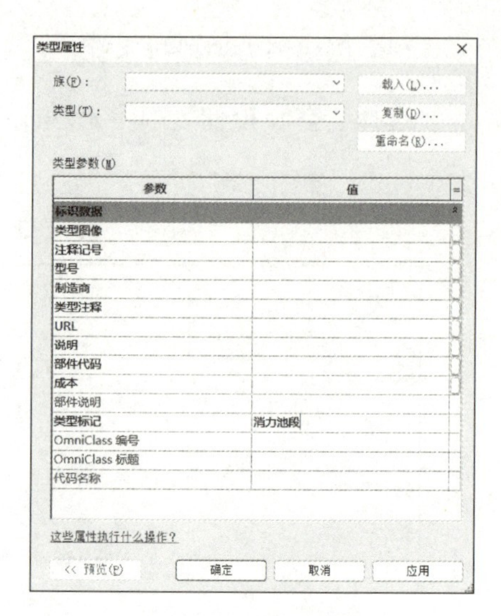

图 3-60　修改类型标记

3. 2. 5　创建海漫段模型

1. 图纸分析

根据图 3-4 所示，海漫段由底板、圆弧式翼墙、护坡、排水孔等部分组成。A-A 纵剖视图反映海漫段底板的特征面，材质浆砌块石，圆弧式翼墙与护坡的交线，挡土墙排水孔分布等；平面图反映圆弧式翼墙的半径和起始位置及角度，底板上的排水孔的分布；下游立面图反映下游渠道的特征面和圆弧翼墙；F-F 断面图反映圆弧翼墙的特征面及材质。

2. 创建模型

创建海漫段模型，选择“水利专版”选项卡下，“内建模型”内“常规模型”，名称“海漫段”。如图 3-61 所示。

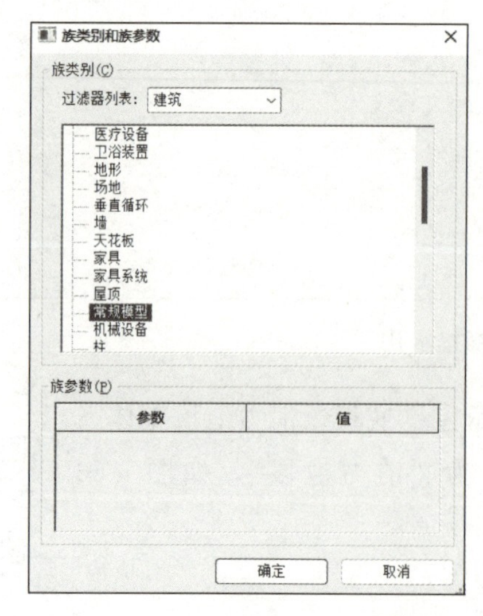

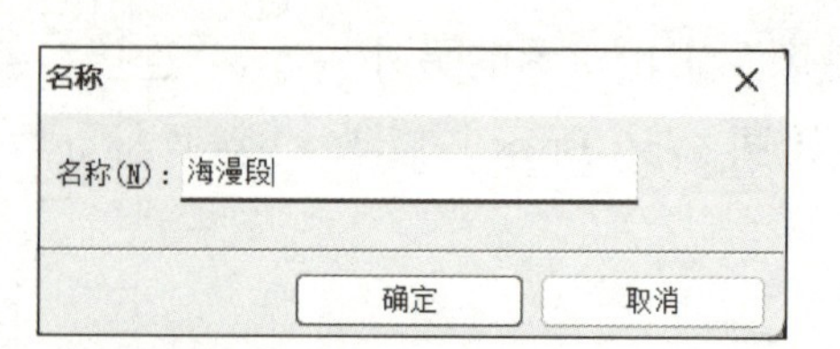

图 3-61　创建常规模型

（1）创建海漫段左侧形体

选择“拉伸”命令，“设置”选择工作平面，“拾取一个工作平面”，拾取中心对称线为工作平面，“转到视图”内选择“南立面”。

绘制底板特征面，设置其拉伸距离“440cm”，材质选择“浆砌块石”，如图 3-62 所示。

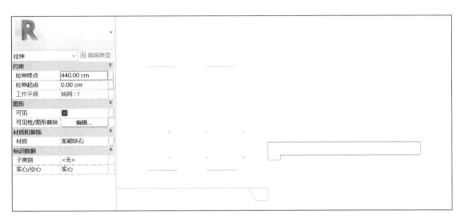

图 3-62 创建海漫段底板

选择“拉伸”命令，“设置”选择海漫段左侧西立面为工作平面，绘制护坡特征面，设置其拉伸距离“620cm”，材质选择“浆砌块石”，如图 3-63 所示。

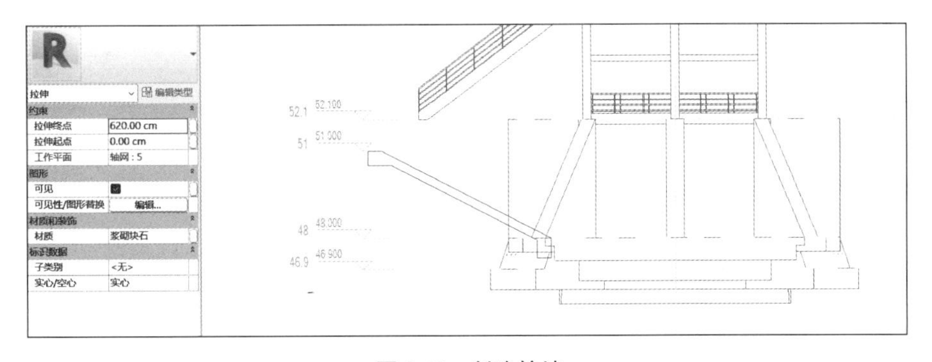

图 3-63 创建护坡

楼层平面 51.00m 高程，选择“空心拉伸”命令，绘制护坡上需要切去的形体，设置其空心拉伸距离“−370cm”，如图 3-64 所示。

楼层平面 48.00m 高程，选择“空心拉伸”命令，绘制底板上需要切去的形体，设置其空心拉伸距离“−70cm”，如图 3-65 所示。

选择“放样”命令，“绘制路径”选择圆弧，“编辑轮廓”绘制圆弧式翼墙特征面，如图 3-66 所示。

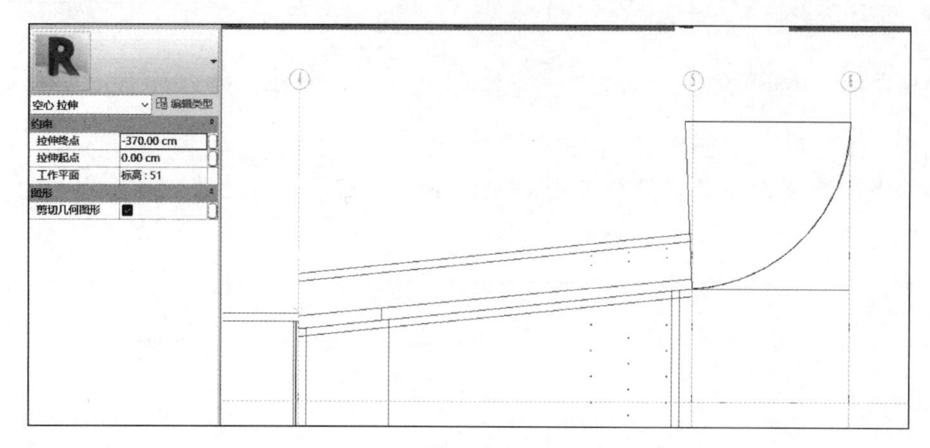

图 3-64　创建护坡空心拉伸部分

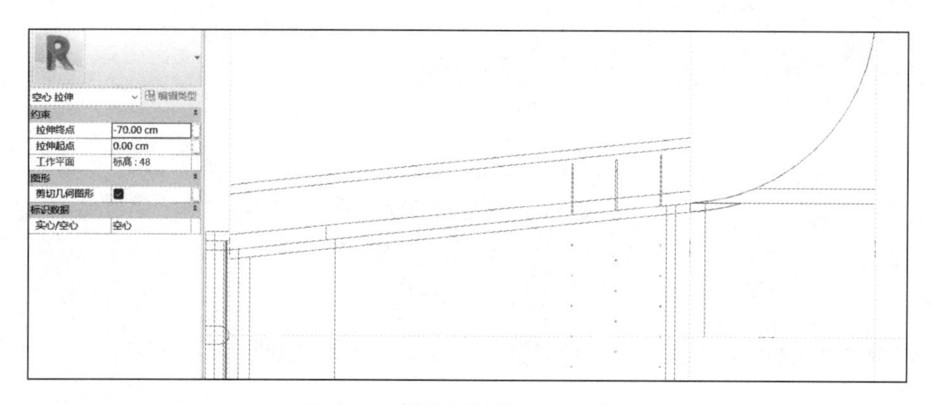

图 3-65　创建底板空心拉伸部分

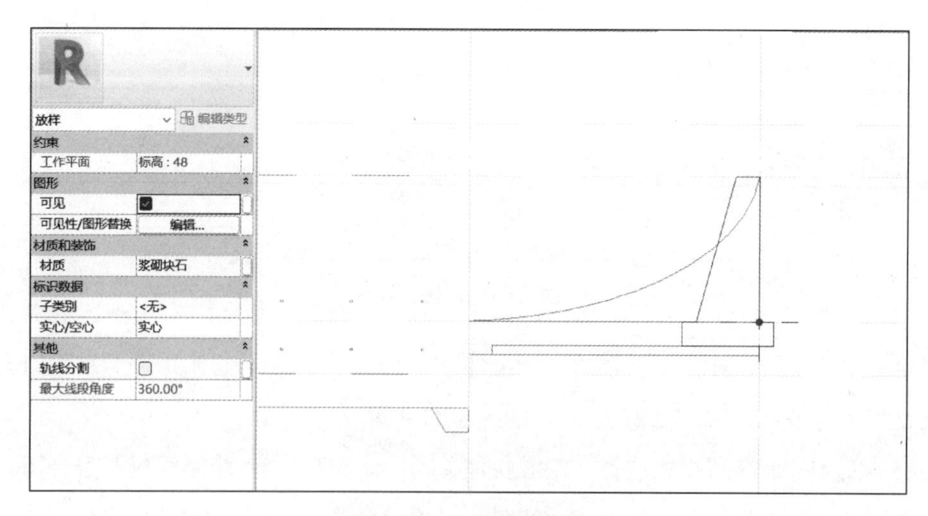

图 3-66　创建圆弧翼墙

楼层平面 51.00m 高程，选择“空心拉伸” 空心拉伸 命令，绘制圆弧式翼墙上需要切去的形体，设置其空心拉伸距离“−350cm”，如图 3-67 所示。

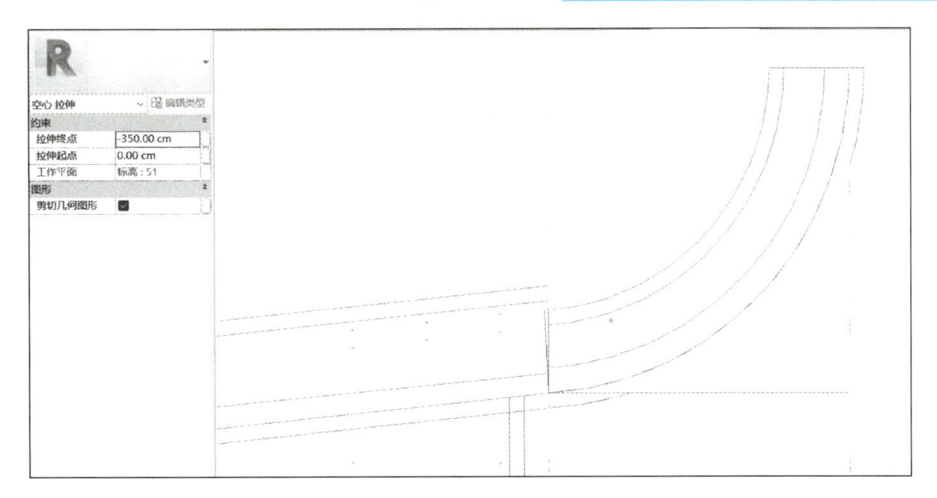

图 3-67　空心拉伸圆弧翼墙多余部分

楼层平面 48.00m 高程，选择“拉伸”命令，绘制圆弧翼墙上在底板缺口部分，设置其拉伸距离“－50cm”，如图 3-68 所示。

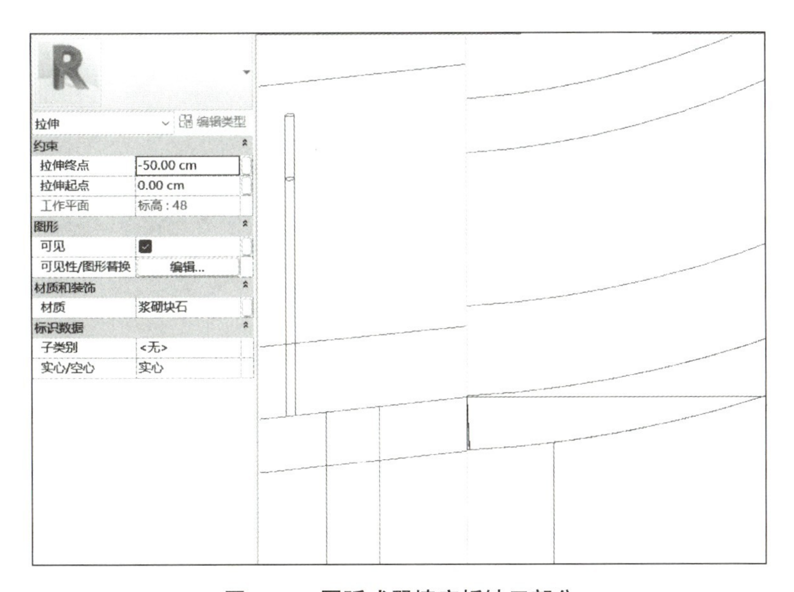

图 3-68　圆弧式翼墙底板缺口部分

楼层平面 48.00m 高程，选择“空心拉伸”命令，绘制底板上排水孔，设置其空心拉伸距离“－70cm”，如图 3-69 所示。

海漫段后侧部分三维效果如图 3-70 所示。

（2）创建海漫段前侧形体

选择“拉伸”命令，“设置”选择工作平面，“拾取一个工作平面”，拾取中心对称线为工作平面，“转到视图”内选择“南立面”。

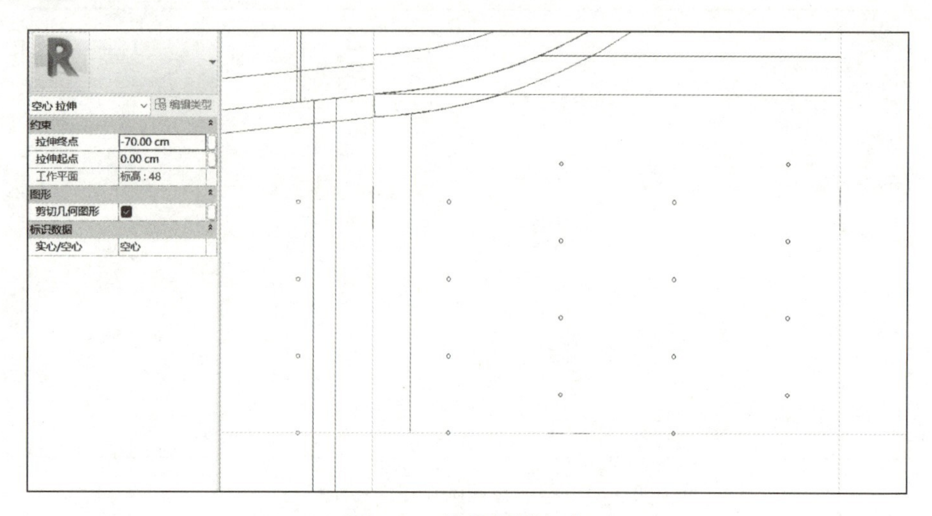

图 3-69　海漫段排水孔

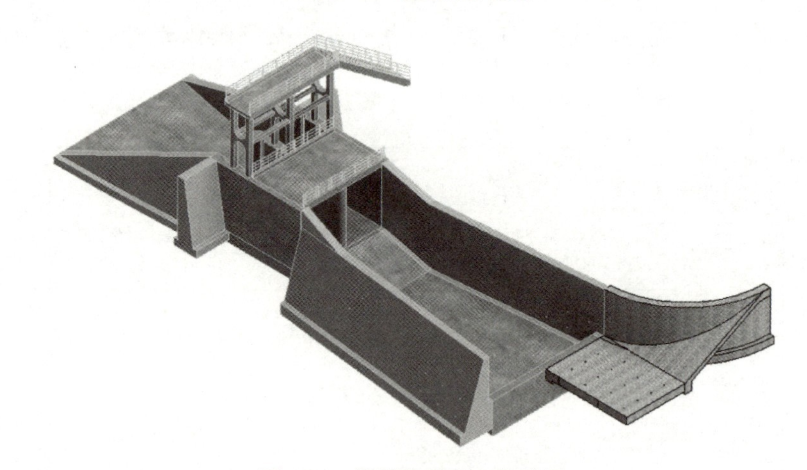

图 3-70　海漫段后侧三维效果

绘制底板特征面，设置其拉伸距离“440cm”，材质选择“浆砌块石”，如图 3-71 所示。

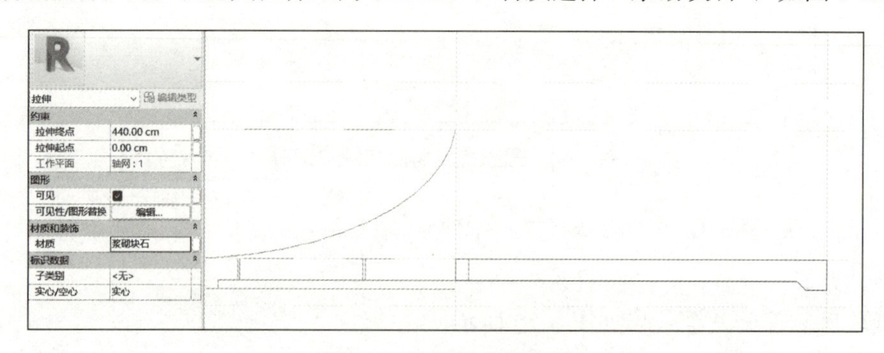

图 3-71　海漫段右侧底板

选择“拉伸”命令，“设置”选择海漫段右侧东立面为工作平面，拾取护坡特征面，设置其拉伸距离“−880cm”，材质选择“浆砌块石”，如图 3-72 所示。

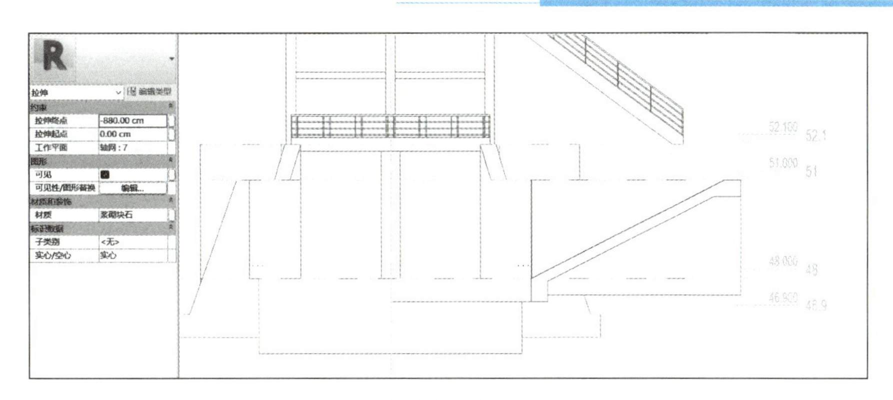

图 3-72　海漫段右侧护坡

“镜像”出对称的另外一半，“连接”底板，海漫段整体效果如图 3-73 所示。

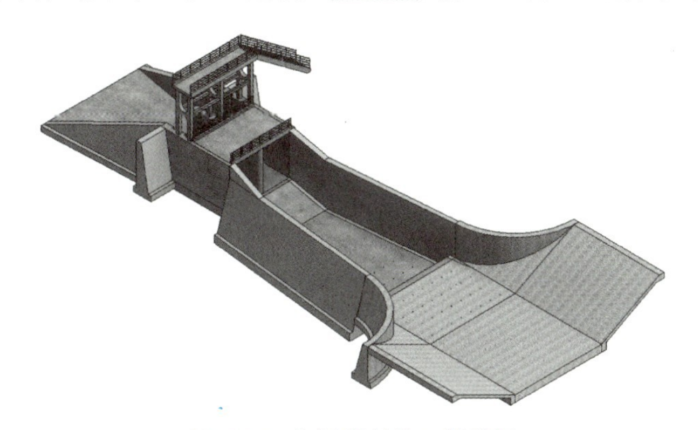

图 3-73　海漫段整体三维效果

类型标记修改“海漫段”，如图 3-74 所示。

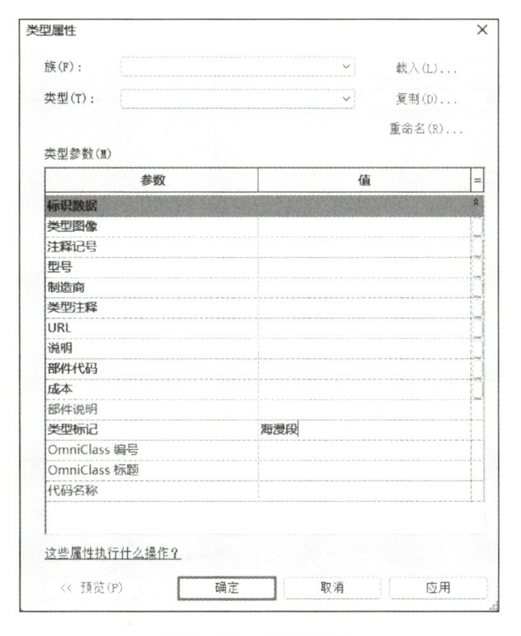

20. 海漫段

图 3-74　类型标记

项目 3.3 进水闸信息模型的应用

通过本项目的学习，掌握进水闸信息模型工程量统计、渲染、碰撞检查、漫游、及导出 CAD 格式文件等应用。

3.3.1 进水闸工程量明细表

创建工程量明细表

“视图”选项卡下“明细表”，选择“明细表/数量”，新建常规模型明细表，名称“进水闸工程量明细表”，如图 3-75 所示。

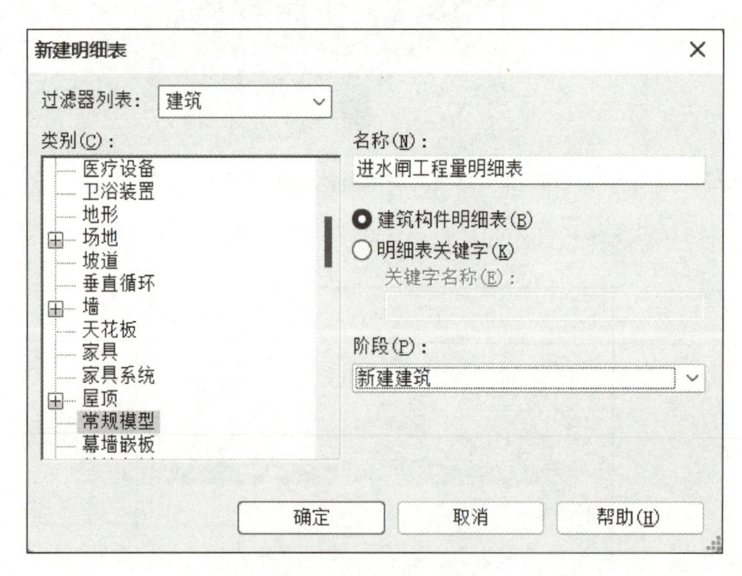

图 3-75 新建明细表

设置明细表属性，具体设置明细表内字段、过滤器、排序、格式、外观等属性内容。

“字段”选项卡内，将需要在明细表内显示的字段都添加至右侧，如“类型标记”“体积”“合计”等，可上下移动参数，调整参数在明细表内的位置，如图 3-76 所示。

“排序”选项卡内，排序方式选择“类型标记”；选中“总计”内的“标题、合计和总数”，并选中“逐项列举每个实例”，如图 3-77 所示。

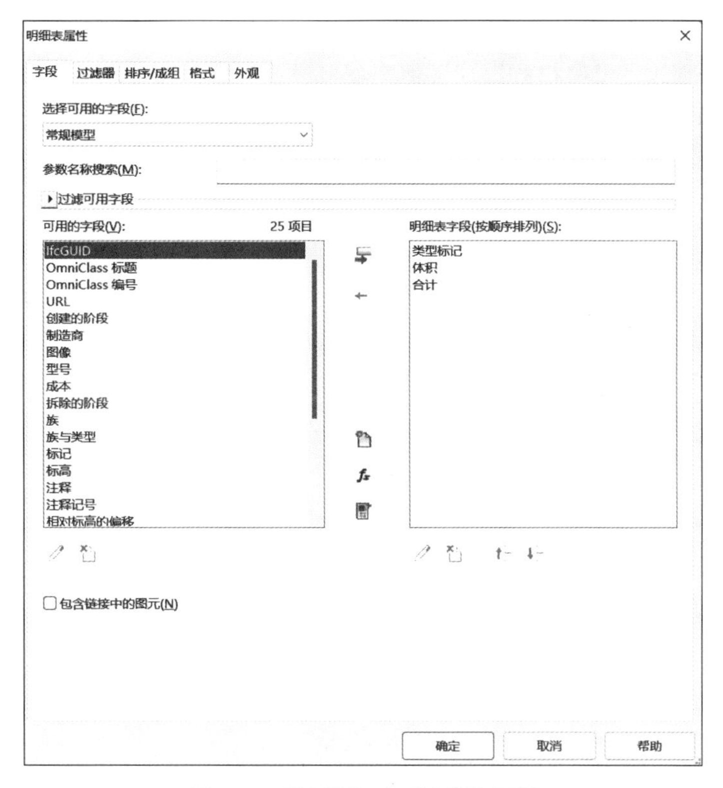

图 3-76　设置明细表“字段”属性

图 3-77　设置明细表“排序”属性

“格式”选项卡内，“字段”每项都对齐“中心线”；其中“体积”选择“计算总数”，如图 3-78 所示；修改“字段格式”，“不使用项目设置”，选择单位“立方米”，保留“2 位小数位”，单位符号“m^3”，如图 3-79 所示。

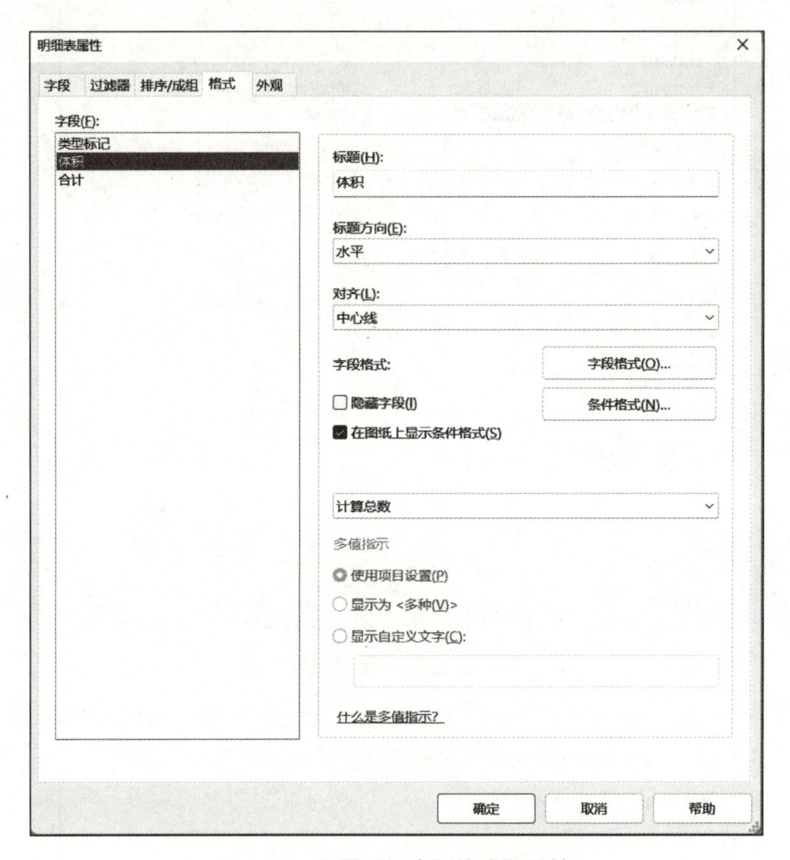

图 3-78　设置明细表“格式”属性

图 3-79　设置体积单位

"外观"选项卡去掉"数据前的空行"，如图 3-80 所示。

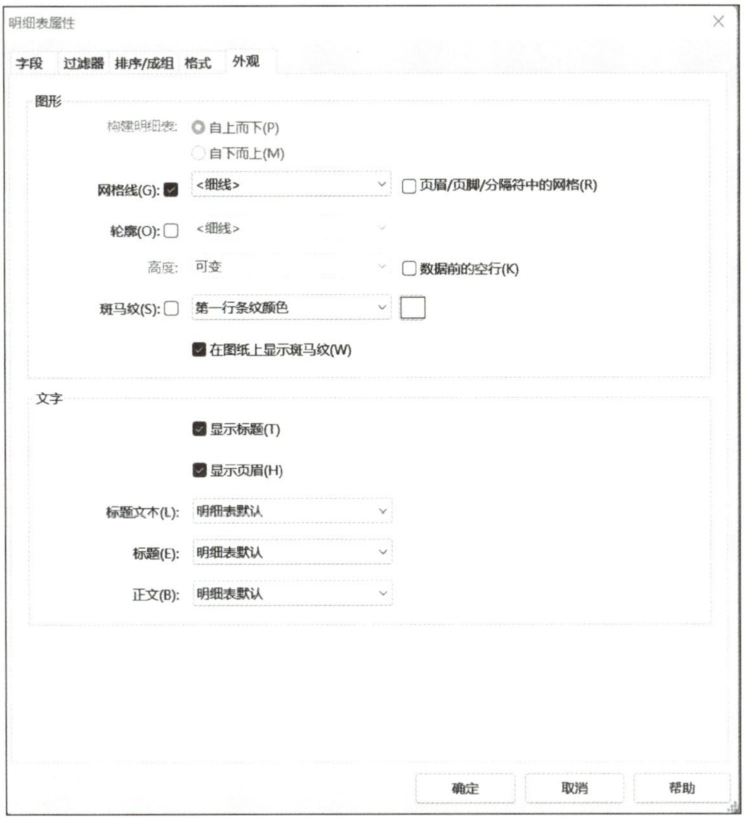

图 3-80　设置明细表外观属性

导出进水闸工程量明细表，如图 3-81 所示。

<进水闸工程量明细表>

A	B	C
类型标记	体积	合计
八字翼墙	83.17 m³	1
海漫段	188.49 m³	1
消力池段	286.60 m³	1
闸室段	122.01 m³	1
总计: 4	680.26 m³	

图 3-81　导出进水闸工程量明细表

3.3.2　进水闸模型渲染

1. 创建水的模型

为了渲染出图效果更好，可以先给进水闸增加一个水的模型。

选择“水利专版”选项卡下，“内建模型”内“常规模型”，名称“水”。如图 3-82 所示。

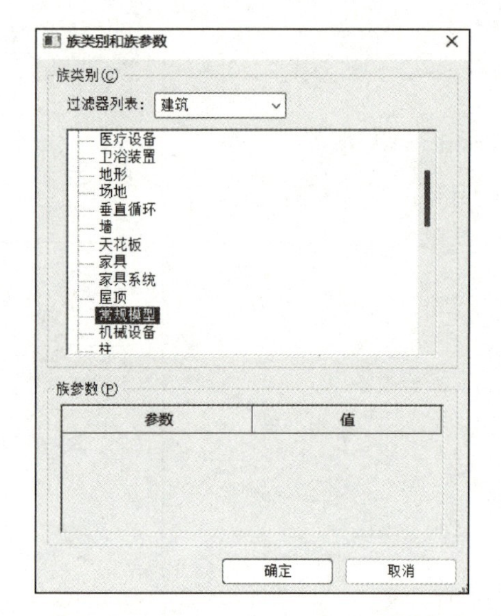

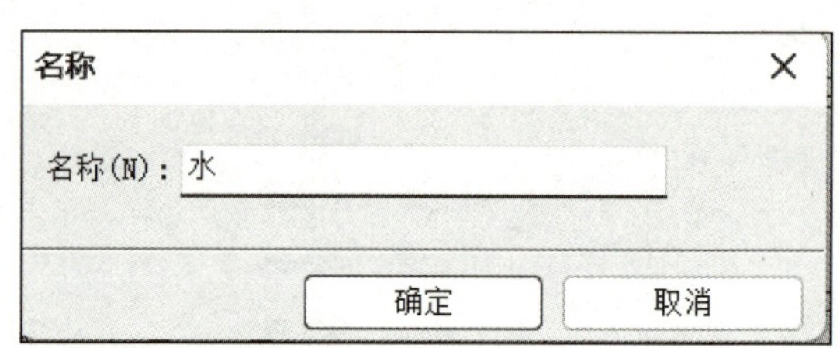

图 3-82　创建“水”常规模型

楼层平面 48.00m 高程，选择“拉伸”（拉伸）命令，拾取进水闸内部边界，设置其拉伸距离“30cm”，材质“水”，如图 3-83 所示。

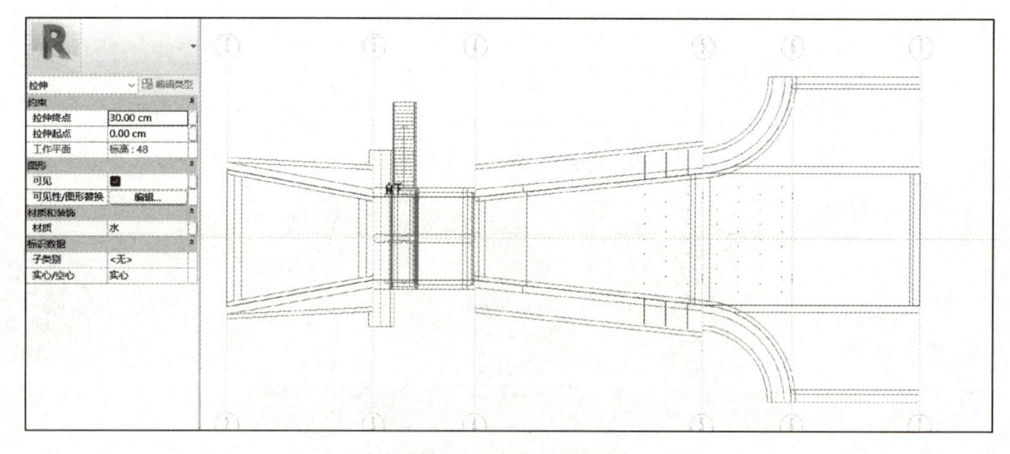

图 3-83　添加水的模型

2. 渲染

单击渲染，设置渲染内容，选中区域，输出设置内分辨率选择打印机 300DPI 或者 150DPI，渲染效果，如图 3-84 所示。

单击导出，可导出 jpg 图片文件；或者保存到项目（图 3-85）。

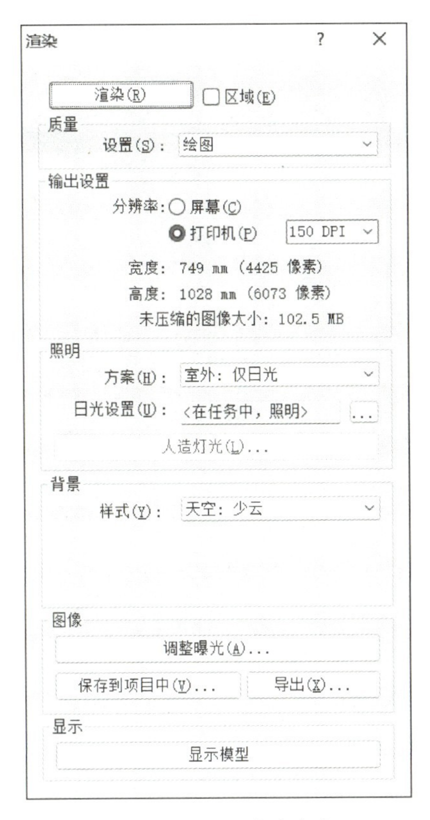

图 3-84　设置渲染参数

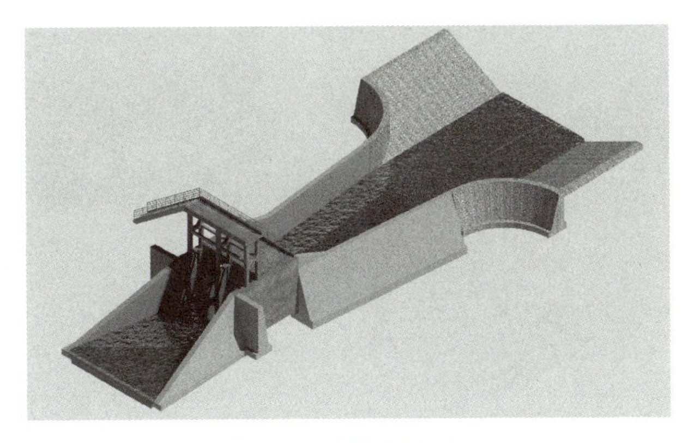

图 3-85　渲染图片效果

22. 渲染

3.3.3　进水闸模型碰撞检查、漫游

1. 模型碰撞检查

23. 检查碰撞

“协作”选项卡内选择“运行碰撞检查” 运行碰撞检查，选择类别“常规模型”，如图 3-86 所示；查看结果，如图 3-87 所示。

图 3-86 碰撞检查设置

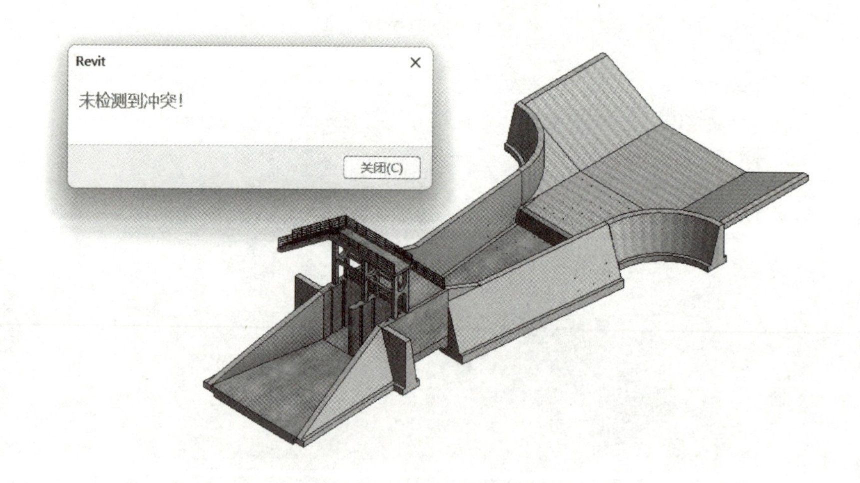

图 3-87 冲突碰撞检查结果截图

2. 模型漫游

24. 漫游

楼层平面选择进水闸高程 52.10m，“视图”选项卡下“三维视图”，选择“漫游”，设置漫游关键帧定位，编辑漫游，点击上一帧，调整每一个关键帧的相机观看视角，都指向建筑物，扩大三角形的观看范围，将建筑物都框选在三角形视角内，完成漫游设置，如图 3-88 所示。

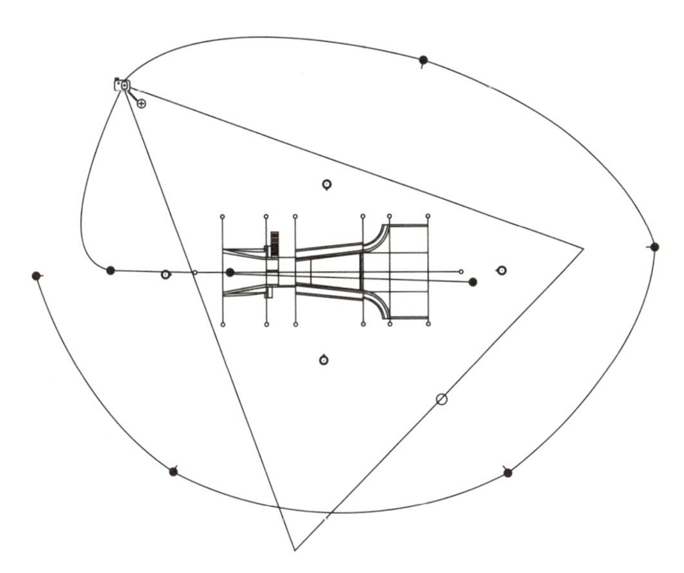

图 3-88　定位漫游关键帧，调整角度

选择“真实”显示，项目浏览器内选中“漫游”，点击漫游边框，编辑漫游，“播放”漫游，效果如图 3-89 所示。

图 3-89　漫游播放效果

3.3.4　进水闸模型出图

1. 进水闸模型创建剖面图

将模型切换为平面视图，点击菜单栏最上方的剖面图标，在二维图纸上选择剖切面，拖拽选择剖切范围，如图 3-90 所示。

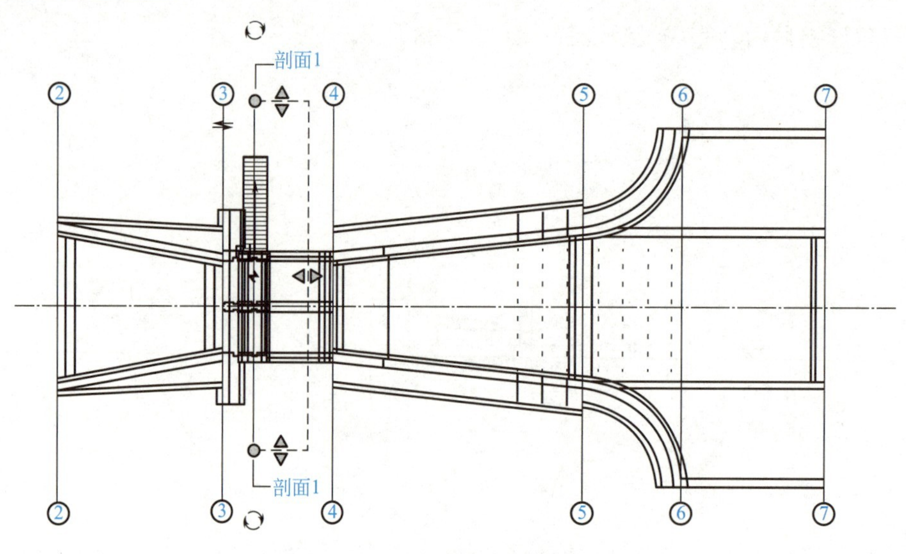

图 3-90　剖切面定位及其范围

项目浏览器内，打开“剖面图”剖面（建筑剖面）剖面 1，选中形体，编辑“材质”，将钢筋混凝土材质“截面填充图案”选择“钢筋混凝土”，如图 3-91 所示。

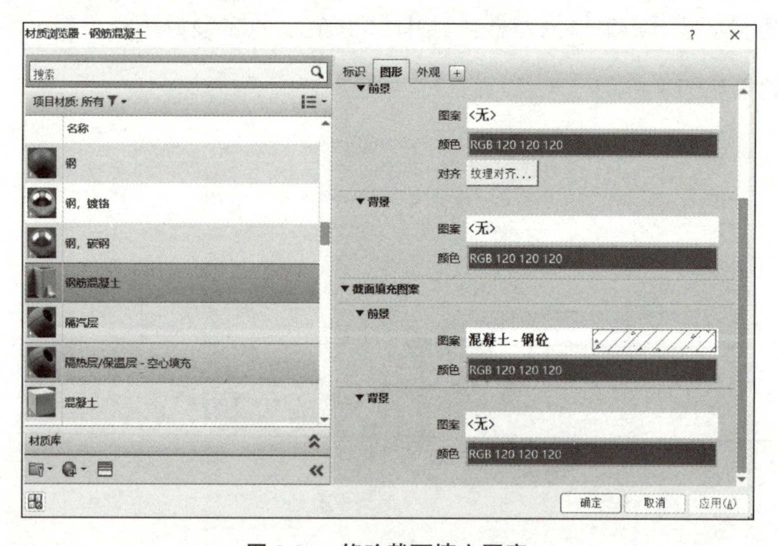

图 3-91　修改截面填充图案

剖面图效果如图 3-92 所示。

2. 进水闸模型导出 CAD 格式图形文件

将进水闸模型切换三维视角，点击“文件”下拉菜单，选择“导出 CAD 格式”，选择“DWG”格式，如图 3-93 所示。

在“DWG 导出”对话框，修改“导出样式”，如图 3-94 所示，弹出“修改 DWG/DXF 导出设置”，选择“实体”选项卡，将实体导出为“ACIS 实体”，如图 3-95 所示。

点击“下一步”，弹出“导出 CAD 格式”对话框，选择保存路径，取消“将图纸上的视图和链接作为外部参照导出”选项，如图 3-96 所示。

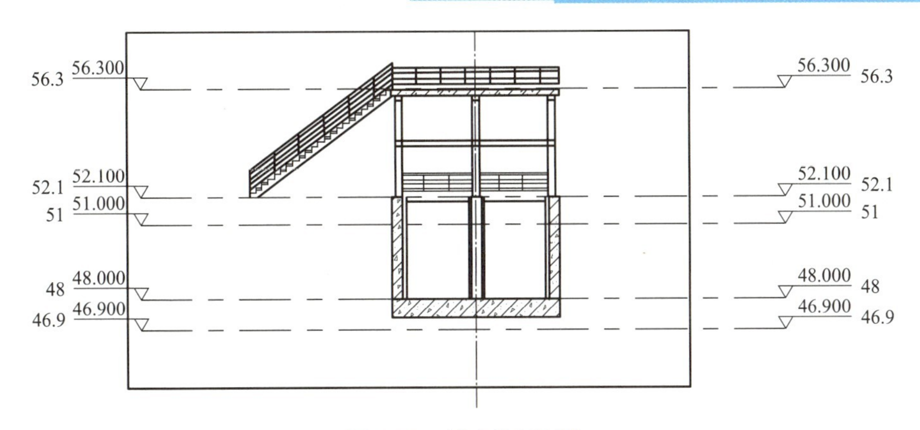

图 3-92　创建的剖面图

三维 Revit 模型就导出为 CAD 格式的三维模型。Revit 二维图形导出 CAD 格式的二维图形，同上步骤。

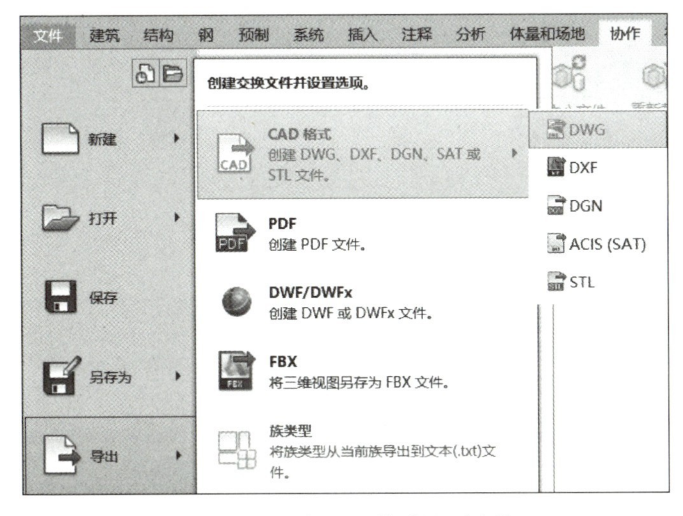

图 3-93　导出 CAD 格式图形文件

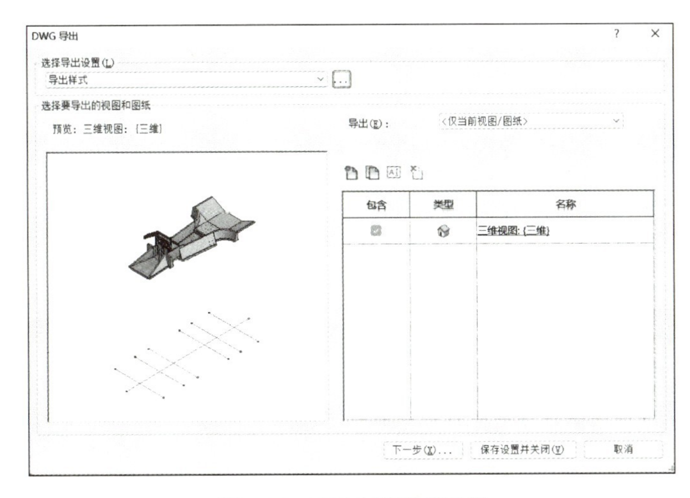

图 3-94　DWG 导出对话框

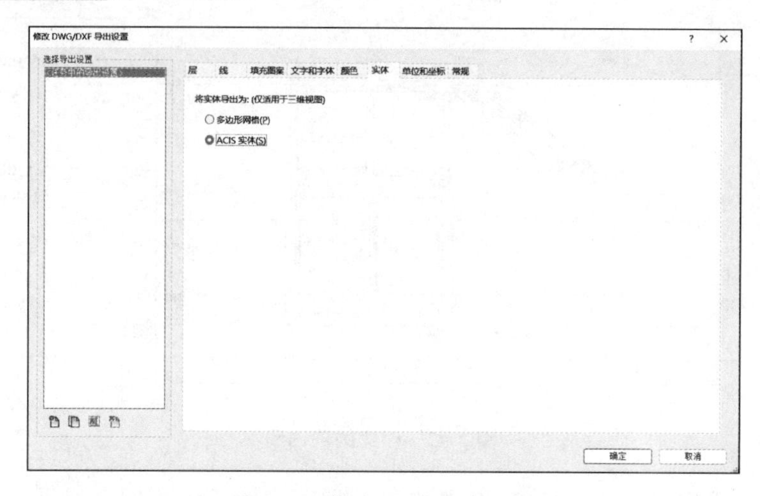

图 3-95　修改 DWG 导出设置

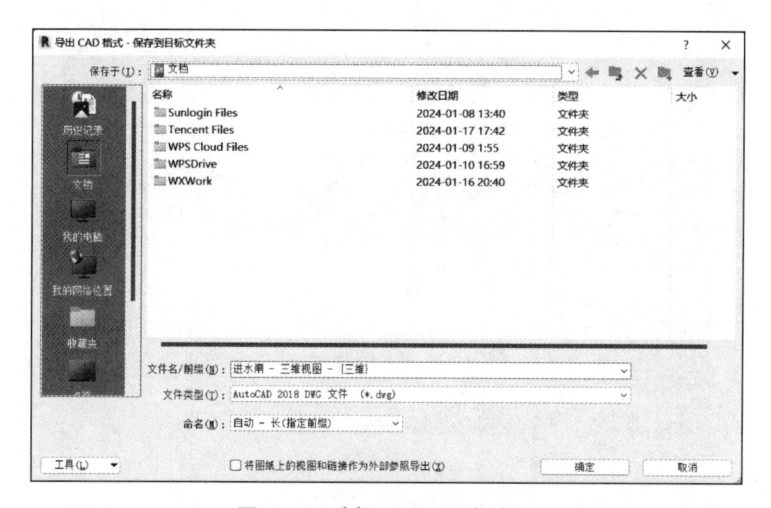

图 3-96　选择 DWG 导出路径

模块4 竞赛样题案例解析

Chapter 04

模块导读

本模块简单介绍了水利工程制图与应用赛项竞赛内容，并对 2023 年竞赛真题进行解析，详细介绍了标高投影求交线的做题思路和方法；计算机绘图的思路和注意要点；建模的思路、技能、技巧等内容。

项目 4.1 水利工程制图与应用赛项简介

1. 竞赛目的

全国职业院校技能大赛（中职组）水利工程制图与应用赛项，对接水利行业新技术、新业态、新模式、新发展需求而设，通过赛项强化学生水利工程识图、水利工程绘图及模型构建与应用能力，培养学生的职业素养，提升同学们的实践能力和创新能力。

2. 竞赛内容

参赛选手须在规定的时间内，独立完成以下三个竞赛模块的任务：水利工程识图水利工程制图以及水利工程建模。

（1）水利工程识图

参赛选手独立完成竞赛任务。考核基础知识和专业知识两部分内容。

基础知识：考核选手制图标准和水利工程制图相关知识点。

专业知识：考核选手在阅读给定的水利工程图及相关资料后，领会图纸的信息，完成水利工程识图的相关技能。

（2）水利工程制图

参赛选手应独立完成竞赛任务。选手根据给定的水利工程图纸，运用 CAD 绘图软件绘制指定的工程图样，例如绘图环境设置、坡面交线和水工建筑物施工图的绘制等，主要考核学生绘图的熟练程度与相关知识应用能力。

（3）水利工程建模

参赛选手应独立完成竞赛任务。选手根据给定的水利工程图样，采用 BIM 建模软件创建三维水工实体模型并完成工程量统计表、渲染出图。主要考核学生运用 BIM 软件建模的技巧与实际工程应用能力。

3. 竞赛模块、任务、权重、用时安排（表 4-1）

竞赛模块简介　　表 4-1

模块		主要内容	比赛时长	分值
模块一	水利工程识图	通过阅读给定水利工程图纸以及相关项目资料，独立完成水利工程识读相关知识与技能的答题。此环节均为客观题，题型分为单项选择题（60 题）和多项选择题（15 题）	50 分钟	90
模块二	水利工程制图	选手根据给定的水利工程施工图纸、任务书等资料，运用 CAD 绘图软件绘制指定的水利工程图	120 分钟	150
模块三	水利工程建模	选手根据给定的水利工程施工图纸、任务书等资料，运用 BIM 软件完成水利工程建模并统计工程量、渲染出图	40 分钟	60

4. 技术规范

主要依据相关国家职业技能规范和标准，注重考核基本技能，体现标准程序，结合生产实际，考核职业综合能力，并对技术技能型人才培养起到示范引领作用。根据竞赛技术文件制定标准，主要采用以下标准、规范及工具软件：

《水利水电工程制图标准》SL73.1—2013

《水利水电工程制图标准》SL73.2—2013

《CAD 工程制图规则》GB/T 18229—2000

《水利水电工程信息模型设计应用标准》T/CWHIDA 0005—2019

《水利水电工程设计信息模型交付标准》T/CWHIDA 0006—2019

《总图制图标准》GB/T 50103—2010

与水利工程识图、制图、建模有关的其他规范、标准、教材、参考书及有关的教学资源。

5. 技术平台

（1）答题系统：识图答题系统。

（2）绘图软件：ZWCAD2024 教育版　　BIM 设计系统。

项目 4.2 2023 年竞赛真题解析

学习目标

掌握建筑物与平地面交线的求作思路与方法；掌握计算机绘图的环境设置、绘图技能；建模的技能与应用等内容。

4.2.1 水利工程制图案例解析

水利工程制图主要考查学生的水利工程图绘制与识读能力。选手根据给定的水利工程图纸，运用 CAD 绘图软件绘制指定的工程图样，例如绘图环境设置、坡面交线求做、水工建筑物施工图的绘制等，主要考核学生绘图的熟练程度与相关知识应用能力。

水利工程制图由 4 个任务组成。任务一：样图设置（10 分）；任务二：坡面交线的求做（30 分）；任务三：抄绘挡水建筑物（60 分）；任务四：抄绘泄水建筑物（50 分）。

举例分析做题过程。

1. 标高投影求交线

（1）题目，见附图 4-1

题目要求：观景台平面及各坡面坡度如附图 4-1，用 A3 图幅按要求设置绘图环境图按所示比例抄绘平面图和下游立面图包括尺寸、说明和图名比例，补绘平面图中观景台各坡面之间以及各坡面与原地面的交线，并删除交线范围内的原有地面线。

(2) 评分标准(表 4-2)

标高投影求交线评分标准　　表 4-2

分值	大项	大项分	评分内容	小项分	小项得分	评分点
30	图层选用	2	图层选用正确	1		图层、线宽、线型选用不合理，一处扣0.2至扣完为止
			线宽、线型合理	1		
	原图抄绘	5	平面图	2.5		错画、漏画一处扣0.25分，直至扣完为止
			下游立面图	2.5		
	交线补绘	15	交线补绘完整、正确	15		1∶5坡面交线错画一处扣1分、1∶1坡面交线直线段错画一处扣1分、1∶1坡面交线曲线线段错画一处扣2分，平面图上1∶2、1∶3的坡面上的非圆曲线交线至少要有3个控制点，无内插点扣1分，直至扣完为止
	文字注释	2	尺寸正确、文字完整	2		尺寸、文字标注、错一处0.2，直至扣完为止
	标高和示坡线	4	标高、示坡线和坡比完整正确	4		错画、漏画、错标一处扣0.2，直至扣完为止
	图名比例及其他说明	2	图名比例符合规范	1		少一个扣0.5分，直至扣完为止
			其他说明完整 整体布局美观	1		

(3) 求作思路

观景台高程152m，地面高程低于152m，所以求的是坡脚线。平地面建筑物标高投影求交线，先求坡脚线，再求坡面交线。

观景台的坡面由1∶1的圆锥面，2个1∶1的平面，1∶5的平面组成。以观景台垂直方向的点划线为分界，左侧坡面是圆锥面，右侧坡面是平面。圆锥面的等高线都是同心圆，平面的等高线都是平行的直线。

地面的高程有平面和斜坡面，需要分段来求。建筑物与地形同高程的等高线才会有交点，交点是坡脚线上的点。先求出建筑物与地面是平面的坡脚线，当地面是斜坡面时，圆锥面的坡脚线需要找出中间点，至少需要3个点才可以连坡脚线曲线。

左侧圆锥面和相邻的平面坡度都是1∶1，光滑相切，没有坡面交线。右侧2个1∶1平面，1个1∶5平面，有2个坡面交线。

最后擦去内部原有的地面线，作图辅助线，画上示坡线和坡度值。

(4) 求做过程

① 求观景台平面150m高程的等高线，也是坡脚线。

高差 $\Delta H=152-150=2$m；

坡度 $i=1:1$，平距 $l=1$；

水平投影 L=高差×平距=2×1=2m；

换算比例尺1∶2000，图上应画的水平距离 $L=2\text{m}\times(1:2000)=1\text{mm}$

绘制 152m 的平行线，空开间距 1mm，是平面 150m 的等高线。
坡度 $i=1:5$，平距 $l=5$；
水平投影 L = 高差 × 平距 $=2\times5=10$m；
换算比例尺 1∶2000，图上应画的水平距离 $L=10\text{m}\times(1:2000)=5$mm
绘制 152m 的平行线，空开间距 5mm，是平面 150m 的等高线。
绘制 150m 等高线、坡面交线，如图 4-1 所示。

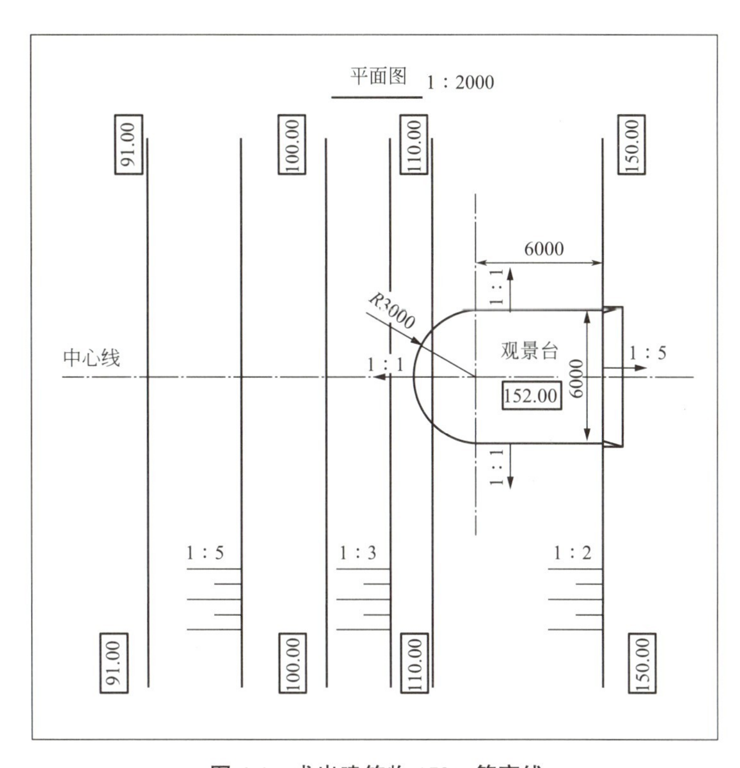

图 4-1　求出建筑物 150m 等高线

② 求观景台圆锥面 100m 高程的等高线。
高差 $\Delta H=152-100=52$m；
坡度 $i=1:1$，平距 $l=1$；
水平投影 L = 高差 × 平距 $=52\times1=52$m；
换算比例尺 1∶2000，图上应画的水平距离 $L=52\text{m}\times(1:2000)=26$mm
绘制 152m 的同心圆弧，空开间距 26mm，是圆锥面 100m 的等高线。
绘制 100m 等高线，如图 4-2 所示。

③ 求观景台圆锥面 110m 高程的等高线。
高差 $\Delta H=152-110=42$m；
坡度 $i=1:1$，平距 $l=1$；
水平投影 L = 高差 × 平距 $=42\times1=42$m；
换算比例尺 1∶2000，图上应画的水平距离 $L=42\text{m}\times(1:2000)=21$mm
绘制 152m 的同心圆弧，空开间距 21mm，是圆锥面 110m 的等高线。

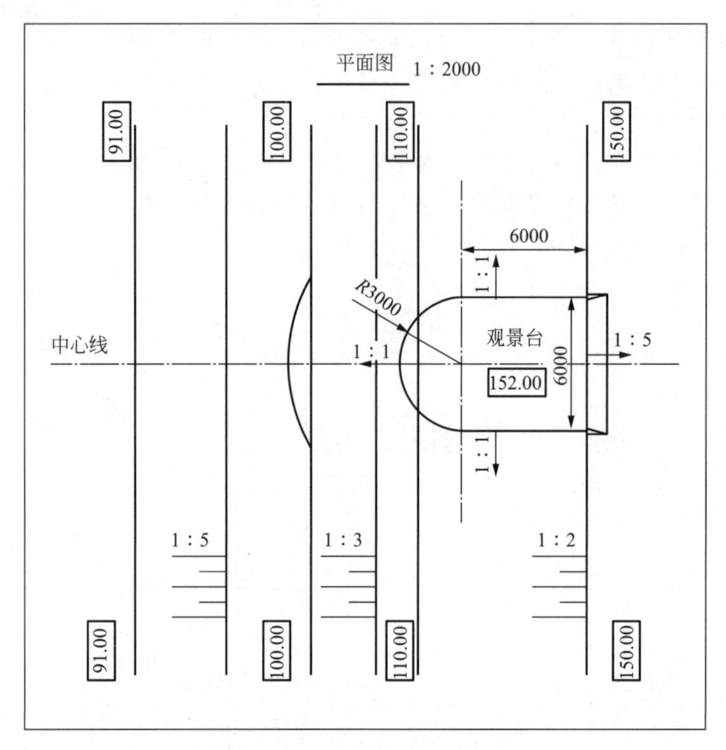

图 4-2 求出建筑物 100m 等高线

绘制 110m 等高线，如图 4-3 所示。

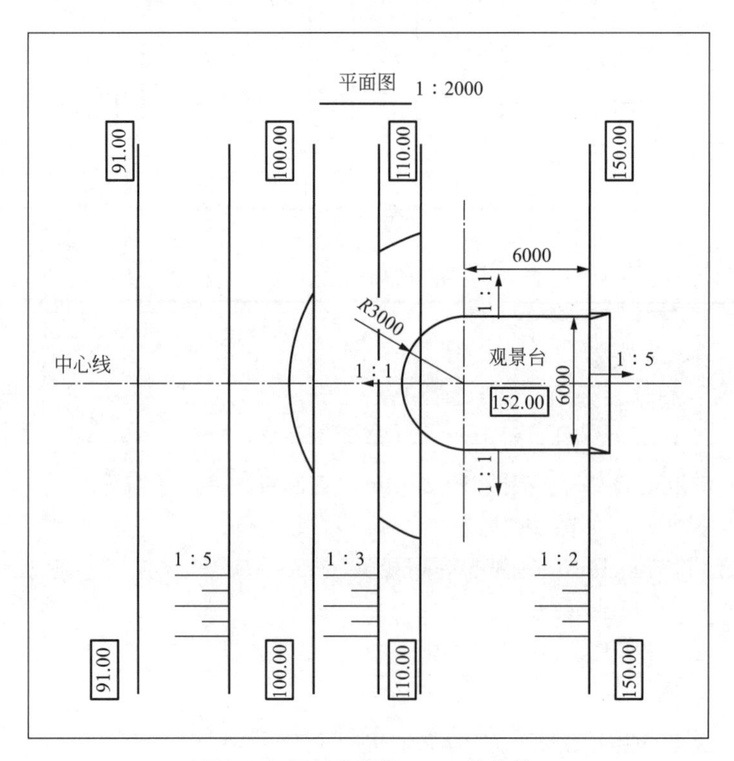

图 4-3 求出建筑物 110m 等高线

④ 求地面与观景台圆锥面 105m 高程的等高线的交点（中间点）。
求做地面 105m 等高线：
高差 ΔH＝110－105＝5m；
坡度 i＝1∶3，平距 l＝3；
水平投影 L＝高差×平距＝5×3＝15m；
换算比例尺 1∶2000，图上应画的水平距离 L＝15m×(1∶2000)＝7.5mm
绘制 110m 的平行线，空开间距 7.5mm，是地面 105m 的等高线。
求做建筑物 105 等高线：
高差 ΔH＝152－105＝47（m）；
坡度 i＝1∶1，平距 l＝1；
水平投影 L＝高差×平距＝47×1＝47m；
换算比例尺 1∶2000，图上应画的水平距离 L＝47m×(1∶2000)＝23.5mm
绘制 152m 的同心圆弧，空开间距 23.5mm，是圆锥面 105m 的等高线。
地面 105m 与建筑物 105m 同高程的交点就是中间点。
绘制地面与建筑物 105m 等高线交点，如图 4-4 所示。

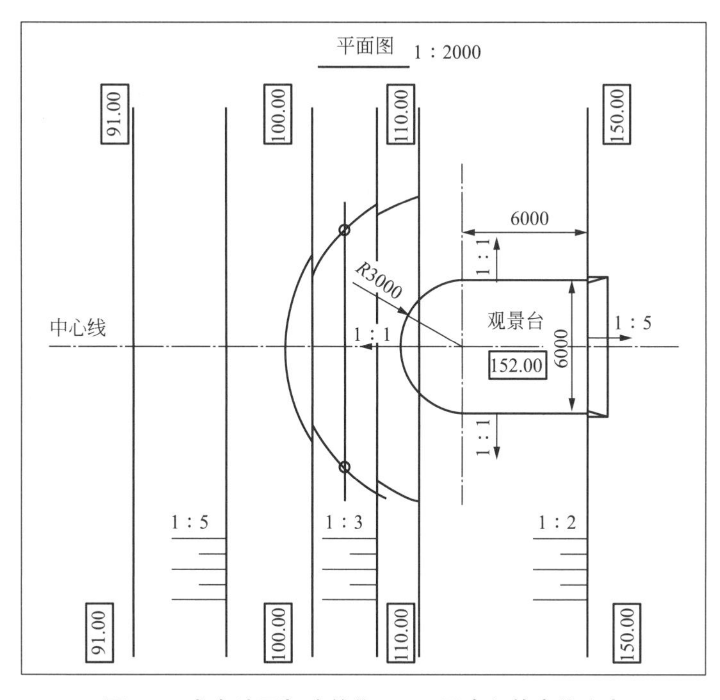

图 4-4　求出地面与建筑物 105m 同高程等高线交点

⑤ 求建筑物平曲分界处（圆心所在的竖直点划线）的地面高程。
坡度 i＝1∶2，平距 l＝2；
水平投影 L＝6000cm＝60m＝高差×平距；
高差＝水平投影÷平距＝60÷2＝30m
地面高程＝150－30＝120（m）；
⑥ 求地面与观景台圆锥面 120m 高程的等高线的交点。

观景台 120m 等高线：

高差 ΔH=152−120=32（m）；

坡度 i=1∶1，平距 l=1；

水平投影 L=高差×平距=32×1=32m；

换算比例尺 1∶2000，图上应画的水平距离 L=32m×(1∶2000)=16mm

绘制 152m 的同心圆弧，空开间距 16mm，是圆锥面 120m 的等高线。

地面 120m 与建筑物 120m 同高程的交点就是中间点。

绘制地面与建筑物 120m 等高线交点，如图 4-5 所示。

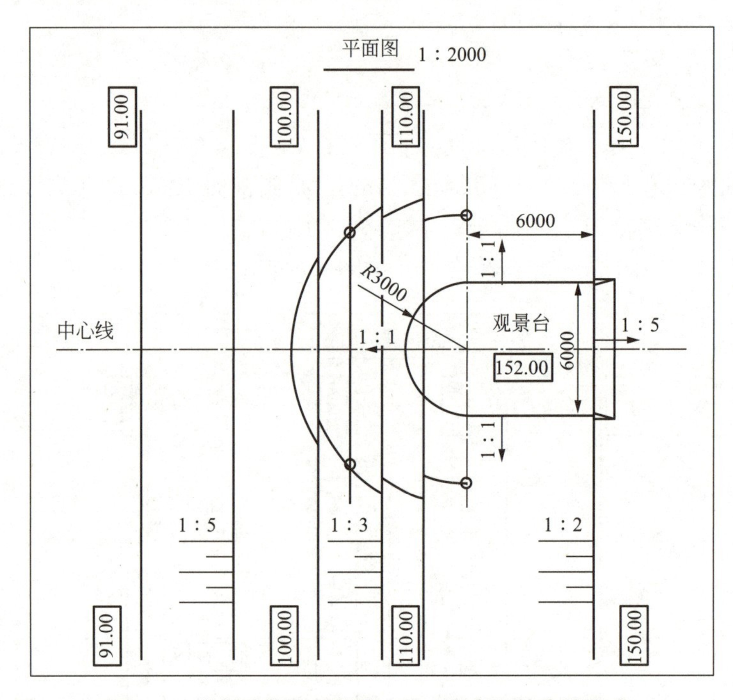

图 4-5　求出地面与建筑物 120m 同高程等高线交点

⑦ 求地面与观景台圆锥面 115m 高程的等高线的交点（中间点）。

求做地面 115m 等高线：

高差 ΔH=120−115=5m；

坡度 i=1∶2，平距 l=2；

水平投影 L=高差×平距=5×2=10m；

换算比例尺 1∶2000，图上应画的水平距离 L=10m×(1∶2000)=5mm

绘制 120m 的平行线，空开间距 5mm，是地面 115m 的等高线。

求做建筑物 115 等高线：

高差 ΔH=152−115=37（m）；

坡度 i=1∶1，平距 l=1；

水平投影 L=高差×平距=37×1=37m；

换算比例尺 1∶2000，图上应画的水平距离 L=37m×(1∶2000)=18.5mm

绘制 152m 的同心圆弧，空开间距 18.5mm，是圆锥面 115m 的等高线。

地面 115m 与建筑物 115m 同高程的交点就是中间点。

绘制地面与建筑物 115m 等高线交点，如图 4-6 所示。

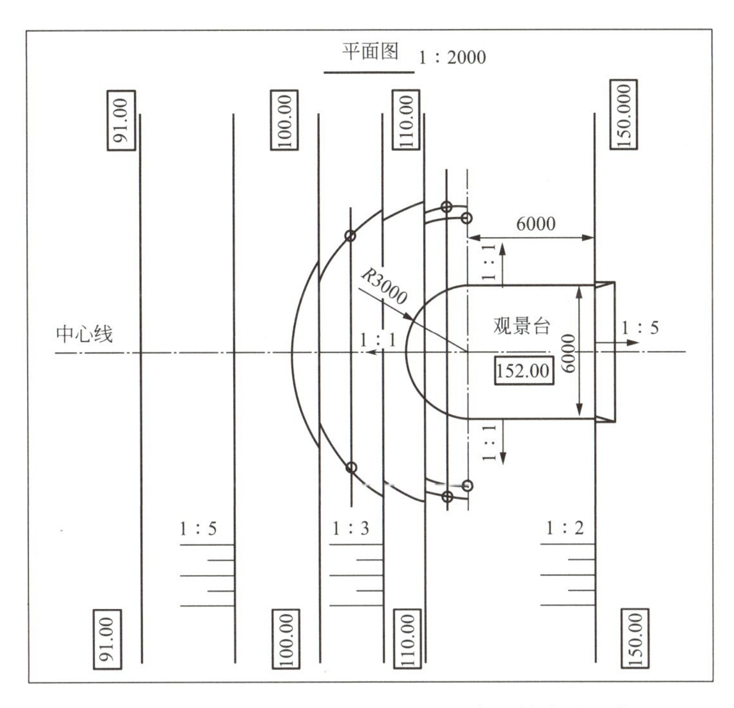

图 4-6　求出地面与建筑物 115m 同高程等高线交点

⑧ 用圆弧或者样条曲线命令，连接建筑物与地面的坡脚线，如图 4-7 所示。

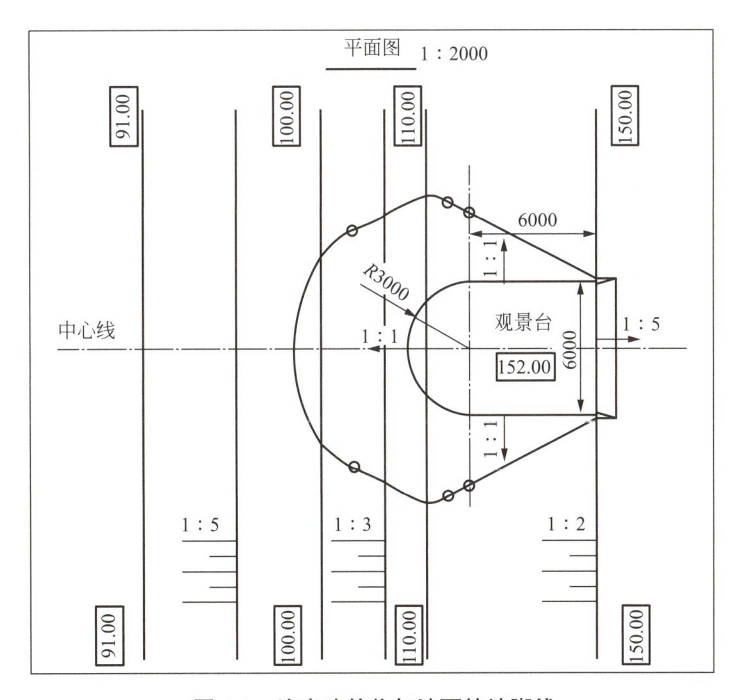

图 4-7　连出建筑物与地面的坡脚线

⑨ 擦去原地面线，标出示坡线和坡度值，完成作图，如图 4-8 所示。

27. 坡面交线-交线补绘

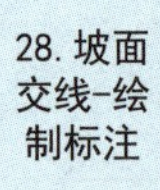

28. 坡面交线-绘制标注

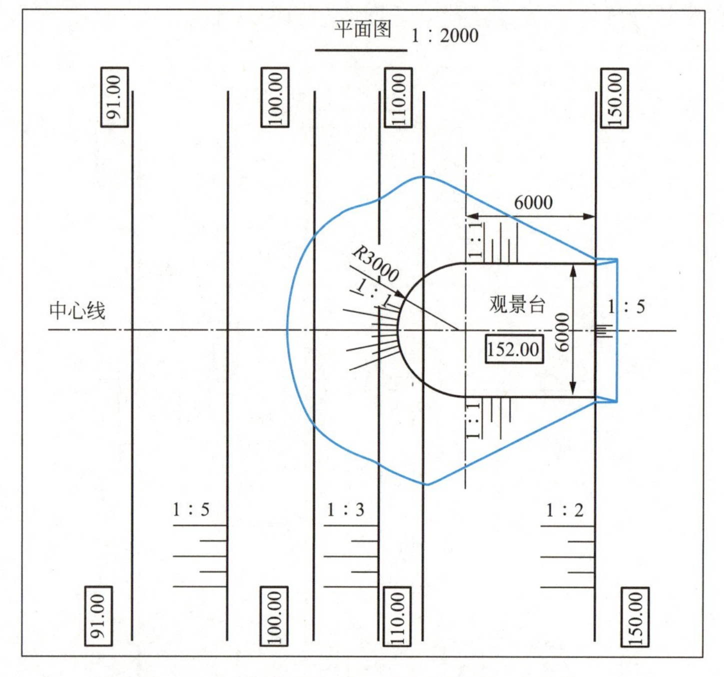

图 4-8 擦去原地面线，标出示坡线和坡度值

29. 土坝横断面图-外轮廓绘制

30. 土坝横断面图-详图、大样图绘制

2. 抄绘挡水建筑物

（1）题目，见附图 4-2

（2）评分标准（表 4-3）

挡水建筑物评分标准 表 4-3

分值	大项	大项分	评分内容	小项分	小项得分	评分点
60	图层选用	2	图层选用正确	1		图层、线宽、线型选用不合理，一处扣 0.2 至扣完为止
			线宽、线型合理	1		
	土石坝断面图抄绘	20	上游坝段	5		错画、漏画、一处扣 0.5，直至扣完为止
			下游坝段	6		
			黏土截水槽、排水体、地面线	5		
			图案填充完整规范（填充层）	4		图例少填、填错一处扣 1 分，直至扣完为止
	详图抄绘	15	详图 A	5		错画、漏画、一处扣 0.5，直至扣完为止
			排水体详图	8		
			图案填充完整规范（填充层）	2		图例少填、填错一处扣 1 分，直至扣完为止
	文字注释	20	标高符号、折断线规范、文字注释正确	12		错标、漏标、一处扣 0.65，直至扣完为止
			尺寸、坡度、标注完整正确	8		错标、漏标、一处扣 0.35，直至扣完为止
	图名比例及其他说明	3	图名比例完整规范	1		错标、漏标、一处扣 0.35，直至扣完为止
			其他说明完整，整体布局美观	2		

（3）识读工程图纸

土坝横断面图由土坝横断面图、上游坝脚及护坡的详图 A、排水体详图组成。在每个图的上方都标有该图的名称及绘图比例，图中说明高程单位“m”，其他尺寸单位是“cm”。

土坝横断面图：土坝断面形状是梯形，修建在基岩上，下部有黏土截水槽。坝壳为砂卵石材料堆筑，在上下游面设有护坡。下游坝脚处设有棱体排水。坝顶高程为 102m，坝顶宽 5m；上游护坡坡度自上而下分别为 1∶2.75、1∶3，变坡处高程分别为 93.00m；下游护坡坡度自上而下分别为 1∶2.5、1∶2.75 和 1∶3，并在 93.00m 和 83.000m 高程处设有 1.5m 宽的马道，上游坝脚高程为 73.500m，校核水位 100.500m，正常蓄水位 97.50m。

详图 A：表达了上游坝脚和护坡的形状、尺寸及所用的材料

棱体排水体详图：该图表达了棱体排水的形状、构造、各部分的详细尺寸和所用材料。

3. 绘图要点

环境设置：该图要抄绘在 A3 图幅上，A3 图幅环境设置按照前面介绍的设置，也可自行调整，只要绘图后线型、线宽、字体、尺寸等符合国家制图标准即可。

绘图比例：该图有 3 个不同的比例，分别是用 1∶500 比例抄绘土坝横断面图、1∶100 比例抄绘详图 A、1∶200 比例抄绘排水体详图。

31. 土坝横断面图-尺寸标注1

以土坝横断面图为例，比例 1∶500。可以将 A3 图幅放大 500 倍，尺寸换算毫米绘图；也可以将 A3 图幅放大 50 倍，尺寸换算厘米绘图。

将 A3 图幅放大 50 倍，按照厘米绘图，比如坝顶高程 102m，上游坝脚高程 73.5m，大坝的高度＝102－73.5＝28.5m＝2850cm；比如坝顶宽度 500cm，直接绘制即可。

32. 土坝横断面图-尺寸标注2

土坝横断面图可以用构架线绘制辅助线，控制大坝总高、马道位置等主要尺寸。

放大状态只绘制图线，将 1∶500 的土坝横断面图所有图线绘制完成后，将 A3 图幅再使用比例缩放命令，缩小 1/50，还原 A3 图幅大小，进行尺寸标注，文字书写，材料填充等内容的绘制。

尺寸样式在设置时，可以将直线样式的名字命名为“直线 50”直线50，主单位内比例因子设置为 50 比例因子(S)： 50，这样，线段实长×50＝标注出来的尺寸数字。

同理，再绘制 1∶100 的详图 A，可以再设置新的直线样式“直线 10”，主单位内比例因子改为 10。

33. 倒虹吸施工图-A-A剖视图绘制

4. 抄绘输水建筑物

（1）题目，见附图 4-3

（2）评分标准

34. 倒虹吸施工图-平面图绘制

过水建筑物评分标准 表4-4

分值	大项	大项分	评分内容	小项分	小项得分	评分点
50	图层选用	2	图层选用正确	1		图层、线宽、线型选用不合理，一处扣0.2至扣完为止
			线宽、线型合理	1		
	倒虹吸平面图抄绘	10	进口段	1.5		错画、漏画、一处扣0.4，直至扣完为止
			进口坡降段	2		
			涵管段	3		
			出口坡降段	2		
			出口段	1.5		
	A-A纵剖视图抄绘	8	进口段	1		错画、漏画、一处扣0.4，直至扣完为止
			进口坡降段	1.5		
			涵管段	3		
			出口坡降段	1.5		
			出口段	1		
	C-C抄绘	2	左护坡	1		错画、漏画、一处扣0.3，直至扣完为止
			右护坡	0.5		
			底板	0.5		
	D-D抄绘	3	左翼墙	1		错画、漏画、一处扣0.3，直至扣完为止
			挡土墙	1		
			管道	1		
	管接头大样图抄绘	2	管接头	0.5		错画、漏画、一处扣0.3，直至扣完为止
			管道	1.5		
	B-B管座大样图抄绘	2	管道	1		错画、漏画、一处扣0.3，直至扣完为止
			管座	1		
	填充图例	3	图案填充完整规范(填充层)	3		图例少填、填错一处扣0.5分，直至扣完为止
	文字注释	15	标高、剖切、符号规范，文字正确	10		错标、漏标、一处扣0.5，直至扣完为止
			尺寸、示坡线、折断线标注完整正确	5		错标、漏标、一处扣0.3，直至扣完为止
	图名比例及其他说明	3	图名比例完整规范	1		错标、漏标、一处扣0.25，直至扣完为止
			其他说明完整，整体布局美观	2		

（3）识读工程图纸

倒虹吸施工图由 A-A 剖视图、倒虹吸平面图、B-B 管座大样图、C-C、D-D、管接头大样图组成。在每个图的上方都标有该图的名称及绘图比例，图中说明单位是 mm。

倒虹吸由进口段、管身段、出口段组成。

进口段：进口段由底板、护坡等组成。表达进口段的视图有 A-A 剖视图、倒虹吸平面图、C-C、D-D 图。底板的特征面在 A-A 剖视图，C-C、D-D 阶梯剖视图分别剖切了进口段不同部位的底板和护坡。C-C 阶梯剖视图反映在该剖切处的底板及护坡形状、尺寸、材质，坡度 1∶1，材质浆砌块石。D-D 阶梯剖视图反映该剖切处的护坡由上下 2 段组成，上部护坡依然是 1∶1 斜坡，下部是重力式挡墙，和 C-C 连接形成扭面渐变段。

管身段：管身段由管道、挡土墙、路面等组成。表达管身段的视图有 A-A 剖视图、倒虹吸平面图、B-B 管座大样图、管接头大样图。管道的特征面在 B-B 管座大样图，管道接头看大样图；从 A-A 剖视图、倒虹吸平面图中反映管道由 4 段组成，共 3 个接头。上部挡土墙的形状及尺寸，上部填土及路面的形状，尺寸，材质，坡度等内容。

出口段：出口段由底板、护坡等组成。表达出口段的视图有 A-A 剖视图、倒虹吸平面图。出口段形状和进口一样，尺寸不同。

（4）绘图要点

环境设置：该图要抄绘在 A3 图幅上，A3 图幅环境设置按照前面介绍的设置，也可自行调整，只要绘图后线型、线宽、字体、尺寸等符合国家制图标准即可。

绘图比例：该图有 2 个不同的比例，分别是用 1∶100 比例和 1∶50 的比例。图中单位是毫米。抄绘 1∶100 的比例图形时，可以直接在 A3 图幅内绘制，将图中尺寸缩小 0.01，直接绘制。比如图中标准的“2000mm”，可以直接绘制线段长度“20mm”。尺寸标准样式命名为“直线 100”，主单位比例因子修改为“100”。

抄绘 1∶50 的图形时，因为尺寸较少，图形简单，可以直接将尺寸数字÷50＝绘制的线段长度。尺寸标准样式命名为“直线 50”，主单位比例因子修改为“50”。

4.2.2　水利工程建模案例解析

水利工程建模需要选手根据给定的水利工程图样，采用 BIM 建模软件创建三维水工实体模型并完成工程量统计表、渲染出图等内容。主要考核学生运用 BIM 软件建模的技巧与实际工程应用能力。建模部分共计 60 分。

1. 竞赛真题

见附图 4-4（a）、附图 4-4（b）

2. 评分标准（表 4-5）

建模评分标准 **表 4-5**

水利工程建模（共计 60 分）

序号	大项	细项内容	分值	得分	小计	评分标准	阅卷裁判签字
1	扭面段	左翼墙	5			1. 模型尺寸与图纸尺寸不符每处扣 0.3 分（14 个控制尺寸），见 1-1 剖视图标注； 2. 扭面放样点要一一对应，每错一处扣 0.4 分（2 个关键放样点），扣完为止	
		右翼墙	5			1. 模型尺寸与图纸尺寸不符每处扣 0.3 分（14 个控制尺寸）； 2. 扭面放样点要一一对应，每错一处扣 0.4 分（2 个关键放样点），扣完为止	
		底板	2.6			1. 模型尺寸与图纸尺寸不符每处扣 0.3 分（6 个控制尺寸）； 2. 空体三角形，每错一处尺寸扣 0.3 分（2 个控制尺寸）； 3. 少空体三角形镜像对称，扣 0.2 分；	
		材质	0.2			材质不对扣 0.1，材质名称不对扣 0.1	
2	排架段	排架（4 个）	4			1. 每个排架模型尺寸与图纸尺寸不符每处扣 0.3 分（3 个控制尺寸＋2 个定位尺寸）（400×400×1700，位置在角落）	
		启闭机吊孔	1.5			1. 模型尺寸与图纸尺寸不符每处扣 0.3 分（3 个控制尺寸＋2 个定位尺寸）（600×1400×600，定位于 1950）	
		排架顶板	1			1. 模型尺寸与图纸尺寸不符每处扣 0.3 分（3 个控制尺寸＋2 个定位尺寸）；（2800×2000×300，居中）	
		材质	0.2			材质不对扣 0.1，材质名称不对扣 0.1	
3	闸室段	闸室边墩（前、后）	2.2			1. 模型尺寸与图纸尺寸不符每处扣 0.3 分（3 个控制尺寸＋2 个定位尺寸）；（4000×2000×3000，居中）	
		闸门槽（空体）	1.7			1. 模型尺寸与图纸尺寸不符每处扣 0.3 分（5 个控制尺寸＋2 个定位尺寸）；（见图门槽处 1～5 控制尺寸）	

续表

序号	大项	细项内容	分值	得分	小计	评分标准	阅卷裁判签字
3	闸室段	闸室底板	1.1			1. 模型尺寸与图纸尺寸不符每处扣 0.3 分(5 个控制尺寸+2 个定位尺寸);(4000×2000×500,居中)	
		垫层	0.9			1. 模型尺寸与图纸尺寸不符每处扣 0.3 分(3 个控制尺寸);4000×2000×100	
		垫层材质	0.2			材质不对扣 0.1,材质名称不对扣 0.1	
		闸室胸墙	1.7			1. 模型尺寸与图纸尺寸不符每处扣 0.3 分(5 个控制尺寸+2 个定位尺寸);见图标志 1～5	
		闸室材质	0.2			材质不对扣 0.1,材质名称不对扣 0.1	
4	涵洞段	渐变段(0-200 段)	1.7			1. 模型尺寸与图纸尺寸不符每处扣 0.3 分(5 个控制尺寸+1 个定位尺寸);前后两个矩形:长×宽,加个导线	
		渐变段(200-500 段)	1.7			1. 模型尺寸与图纸尺寸不符每处扣 0.3 分(5 个控制尺寸+1 个定位尺寸);	
		涵洞	0.9			1. 模型尺寸与图纸尺寸不符每处扣 0.3 分(3 个控制尺寸);3000×1600×1600	
		渐变段(空心体)	1.2			1. 模型尺寸与图纸尺寸不符每处扣 0.3 分(3 个控制尺寸+1 个定位尺寸);1000×1000×500	
		方圆渐变段(空心体)	2.4			1. 模型尺寸与图纸尺寸不符每处扣 0.3 分(3 个控制尺寸+1 个定位尺寸);矩形:1000,圆半径:500,放样长度:3000 2.4 个放样点要一一对应,每处不对应扣 0.3 分;	
		过渡段(空心体)	0.9			1. 模型尺寸与图纸尺寸不符每处扣 0.3 分(2 个控制尺寸+1 个定位尺寸);圆半径:500,放样长度:500	
		涵洞材质	0.2			材质不对扣 0.1,材质名称不对扣 0.1	
		垫层	1.5			1. 模型尺寸与图纸尺寸不符每处扣 0.3 分(5 个控制尺寸);	
		垫层材质	0.2			材质不对扣 0.1,材质名称不对扣 0.1	

续表

序号	大项	细项内容	分值	得分	小计	评分标准	阅卷裁判签字
5	预制涵管段	涵管	1.1			1. 模型尺寸与图纸尺寸不符每处扣 0.3 分(3 个控制尺寸+1 个定位尺寸);1000×100×7000,居中	
		涵管材质	0.2			材质不对扣 0.1,材质名称不对扣 0.1	
		承台	1.4			1. 模型尺寸与图纸尺寸不符每处扣 0.3 分(4 个控制尺寸+1 个定位尺寸);见 4-4 剖视图	
		承台材质	0.2			材质不对扣 0.1,材质名称不对扣 0.1	
6	挡土墙段	挡土墙	1.8			1. 模型尺寸与图纸尺寸不符每处扣 0.3 分(6 个控制尺寸)	
		挡土墙材质	0.2			材质不对扣 0.1. 材质名称不对扣 0.1	
7	消力池段	护坡	2.7			1. 模型尺寸与图纸尺寸不符每处扣 0.3 分(8 个控制尺寸);见 5-5 剖视图 2. 护坡没有做对称部分扣 0.3 分	
		底板	3.3			1. 模型尺寸与图纸尺寸不符每处扣 0.3 分(11 个控制尺寸);见第二张纵剖视图	
		排水孔	2.7			每错一孔(包括尺寸和定位错误)扣 0.3 分,共 9 孔	
		垫层	0.6			1. 模型尺寸与图纸尺寸不符每处扣 0.3 分(3 个控制尺寸);5200×1800×150	
		垫层材质	0.2			材质不对扣 0.1,材质名称不对扣 0.1	
		消力池材质	0.2			材质不对扣 0.1,材质名称不对扣 0.1	
8	出口段	护坡	1.8			1. 模型尺寸与图纸尺寸不符每处扣 0.2 分(8 个控制尺寸);见 5-5 剖视图; 2. 护坡没有做对称部分扣 0.2 分; 3. 如果模型没有分缝,则该项 0 分	
		底板	1.2			1. 模型尺寸与图纸尺寸不符每处扣 0.2 分(6 个控制尺寸)	
		碎石垫层	0.6			1. 模型尺寸与图纸尺寸不符每处扣 0.2 分(3 个控制尺寸);4600×1800×150	
		垫层材质	0.2			材质不对扣 0.1,材质名称不对扣 0.1	
		护坡和底板材质	0.2			材质不对扣 0.1,材质名称不对扣 0.1	
9	工程量统计表	清单表	2.6			1. 表名称不对扣 0.2 分; 2. 列表中 6 项类型标记缺、错一个扣 0.2 分; 3. 列表中 6 项体积每个 0.2 分,(误差 5%不扣分,5%-10%扣 0.1 分,10%以上扣 0.2 分)	
10	效果图	效果图	0.6			1. 图片格式不对扣 0.2 分; 2. 图片名称不对扣 0.2 分; 3. 图片视角不对扣 0.2 分	

3. 识读工程图纸

涵闸共由 6 大段组成：扭面段、闸室段、涵洞段、预制涵管段、消力池段、出口段。

（1）扭面段：能够表达扭面段的视图有上游立面图、平面图、上游立面图、1-1 阶梯剖视图。扭面段由底板、翼墙组成，下部有垫层。底板特征面在纵剖视图，前部带齿墙，平面图反映底板形状为梯形；翼墙的特征面在 1-1 阶梯剖视图，反映翼墙左右两个特征面的形状尺寸，扭面段材质为浆砌块石。

（2）闸室段：能够表达闸室段的视图有上游立面图、平面图、上游立面图。闸室段由底板、边墩、闸门槽、胸墙、上部结构组成，下部有垫层。底板、胸墙、上部结构特征面在纵剖视图，门槽定位反映在平面图，上游立面图也反映闸门槽和上部结构。

（3）涵洞段：能够表达涵洞段的视图有上游立面图、平面图、上游立面图、2-2 剖视图、3-3 剖视图。涵洞段进口段有 1∶1 斜坡，内部是方圆渐变段，下部有垫层。涵洞段特征面在 2-2、3-3 断面图，2-2 断面为矩形、3-3 断面为圆形。上游立面图也反映方圆渐变段的特征面。

（4）预制涵管段：能够表达预制涵管段的视图有上游立面图、平面图、4-4 剖视图。预制涵管段由管道、承台、挡土墙组成。管道、承台特征面在 4-4 剖视图，材质为混凝土；挡土墙特征面在纵剖视图，材质浆砌块石。

（5）消力池段：能够表达消力池段的视图有上游立面图、平面图、5-5 剖视图。消力池段由底板和护坡组成。底板特征面反映在纵剖视图上，右侧有消力坎，护坡特征面在 5-5 剖视图，为 1∶2 的斜坡，材质 M10 浆砌块石护坡。

（6）出口段：能够表达出口段的视图有上游立面图、平面图、5-5 剖视图。出口段由底板和护坡组成。底板特征面反映在纵剖视图上，右侧下部带齿墙，护坡特征面在 5-5 剖视图，为 1∶2 的斜坡，材质 M10 浆砌块石护坡。

4. 创建模型

（1）创建标高、轴网

新建“水利样板”，进入项目，选择“南”立面，修改涵闸各段主要的控制高程数值，如图 4-9 所示。

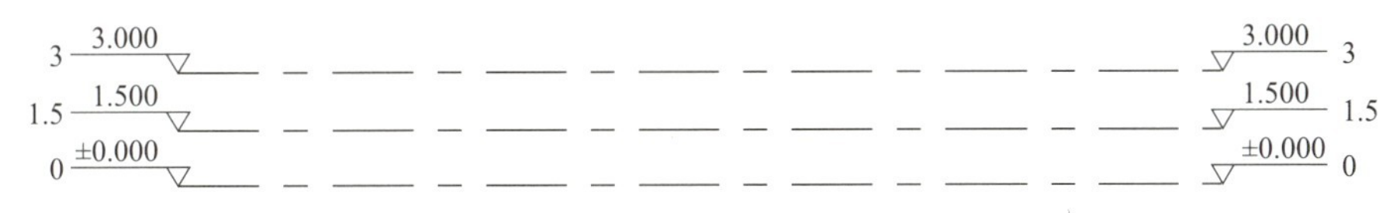

图 4-9　创建标高

楼层平面“0m”，选择“水利专版”选项卡下“轴网绘制”命令，将涵闸各段的控制轴线绘制出来，如图 4-10 所示。

（2）创建扭面段模型

创建扭面段模型，选择“水利专版”选项卡下，“内建模型”内“常规模型”，名称“扭面段”。如图 4-11 所示。

扭面段的底板和翼墙：选择“融合” 融合 命令创建。

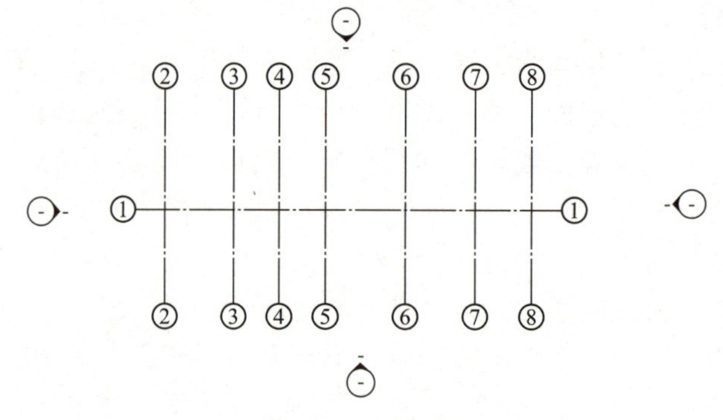

图 4-10　创建轴网

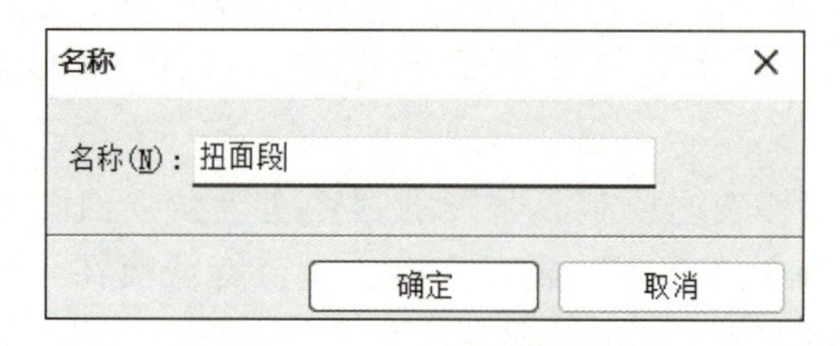

图 4-11　创建常规模型

在“编辑顶部”状态，“设置”拾取“西立面”作为工作平面，绘制扭面段右侧特征面；点击“编辑底部”命令，绘制扭面段左侧特征面，如图 4-12 所示；点击“编辑顶点”，选择两端面对应连线，如图 4-13 所示，扭面段底板和翼墙的三维效果如图 4-14 所示。

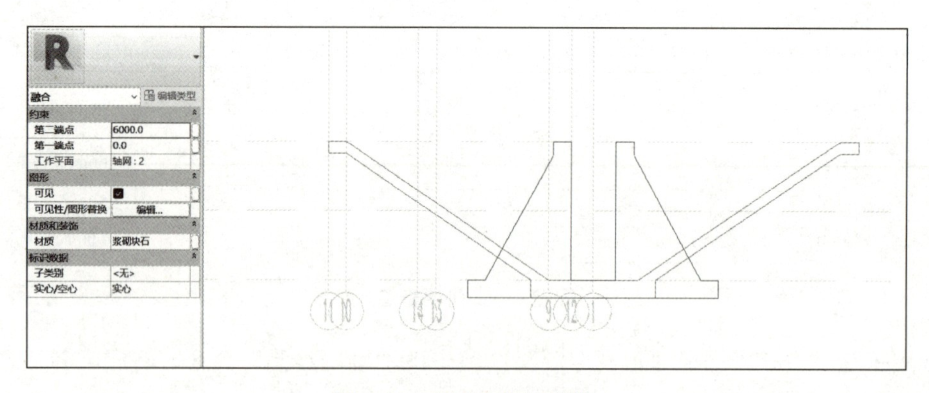

图 4-12　创建底板和翼墙

齿墙：楼层平面 0m，“拉伸”命令，拾取齿墙外轮廓，设置其拉伸起点“−400mm”，拉伸终点“−900mm”，如图 4-15 所示。

垫层：楼层平面 0m，“拉伸”命令，拾取垫层外轮廓，设置其拉伸起点“−400mm”，拉伸终点“−550mm”，如图 4-16 所示。

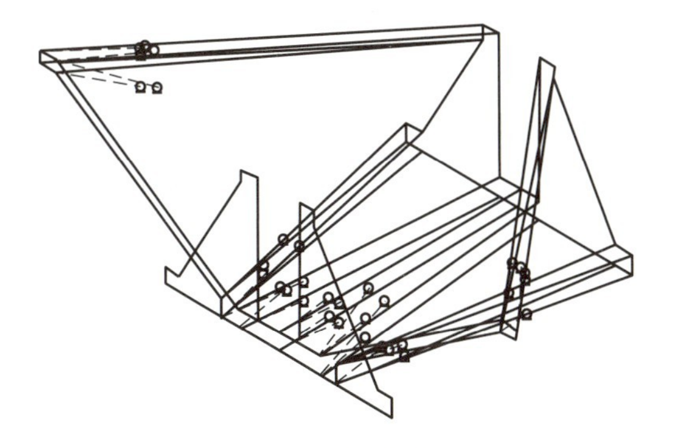

图 4-13　编辑顶点

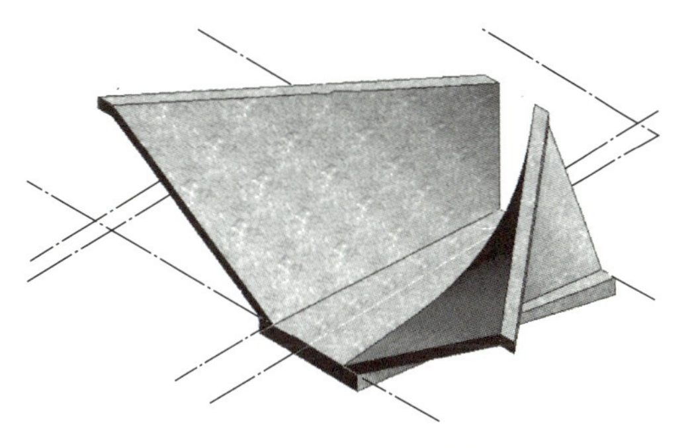

图 4-14　扭面段底板和翼墙三维效果

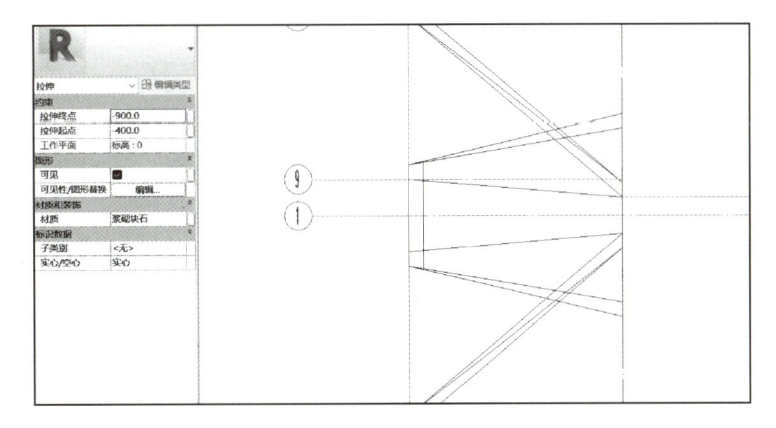

图 4-15　创建齿墙

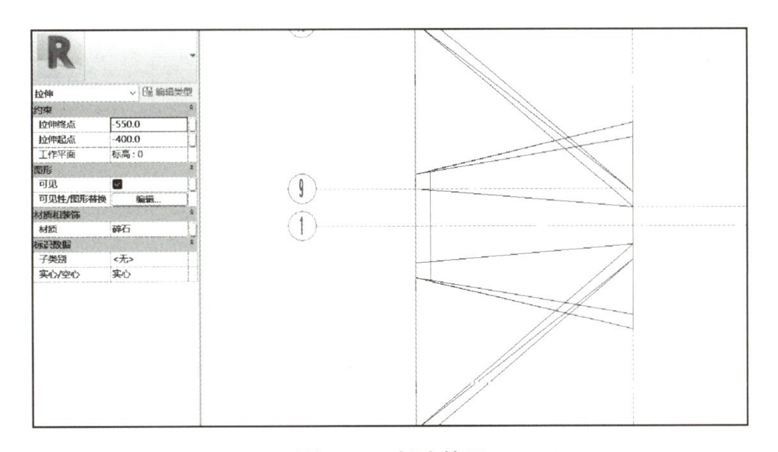

图 4-16　创建垫层

扭面段三维效果如图 4-17 所示。修改类型标记“扭面段”如图 4-18 所示。

(3) 创建闸室段模型

创建闸室段模型，选择“水利专版”选项卡下，“内建模型”内“常规模型”，名称“闸室段”。如图 4-19 所示。

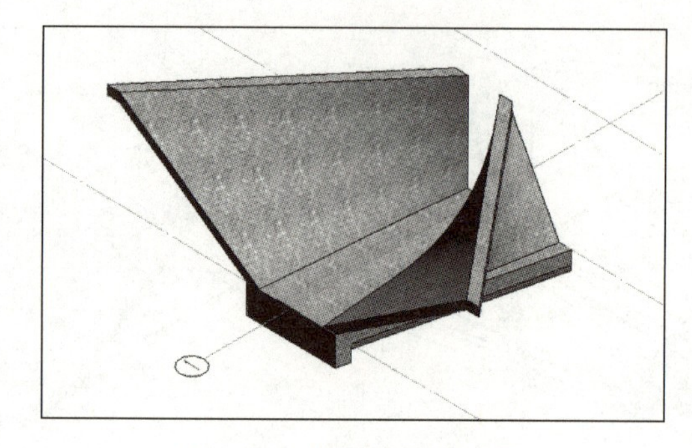

图 4-17　扭面段三维效果

类型属性

族(F)：　　载入(L)...

类型(T)：　　复制(D)...

重命名(R)...

类型参数(M)

参数	值
标识数据	
类型图像	
注释记号	
型号	
制造商	
类型注释	
URL	
说明	
部件代码	
成本	
部件说明	
类型标记	扭面段
OmniClass 编号	
OmniClass 标题	
代码名称	

这些属性执行什么操作？

<< 预览(P)　确定　取消　应用

图 4-18　修改类型标记

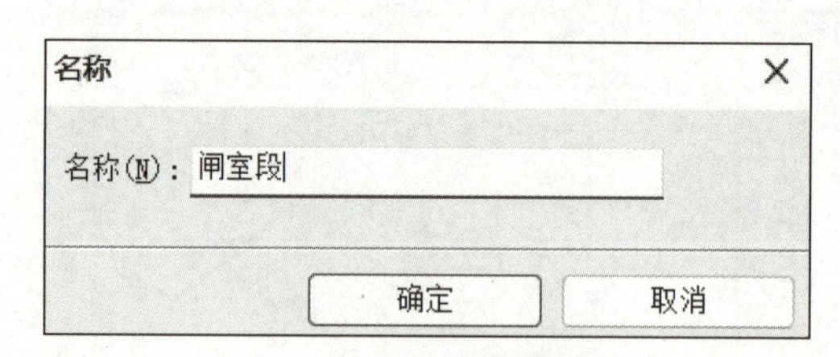

图 4-19　新建常规模型

闸底板：楼层平面 0m，选择“拉伸”命令，拾取中心对称线“南立面”为绘制平面，绘制底板外轮廓，拉伸距离“1000mm”，材质设置“钢筋混凝土”，如图 4-20 所示。选择“空心拉伸”命令，绘制底板上的闸门槽凹槽，拉伸距离“－700mm”，如图 4-21 所示。

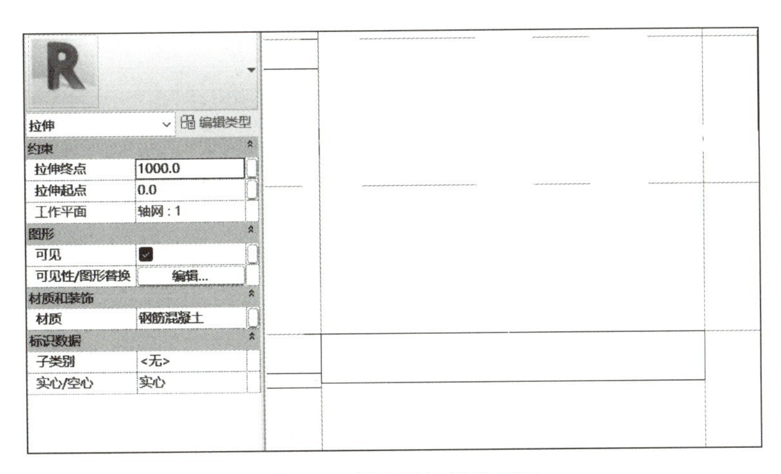

图 4-20　创建闸底板特征面

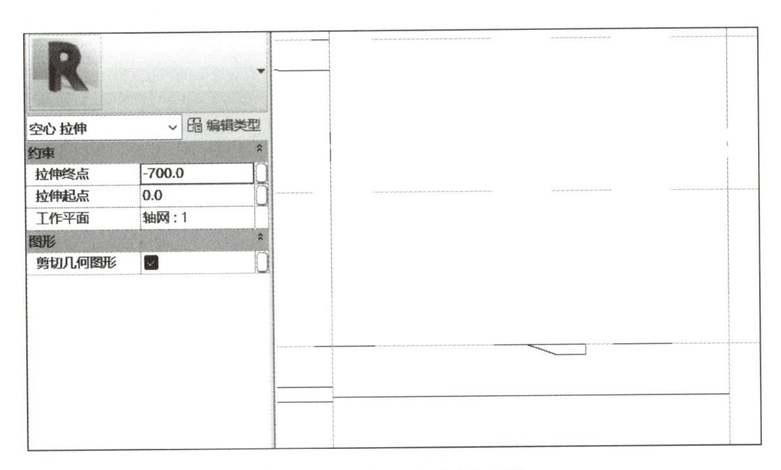

图 4-21　创建闸底板凹槽

边墩：楼层平面 0m，选择“拉伸”命令，绘制胸墙特征面，设置其拉伸距离“－3000mm”，材质“钢筋混凝土”，如图 4-22 所示。

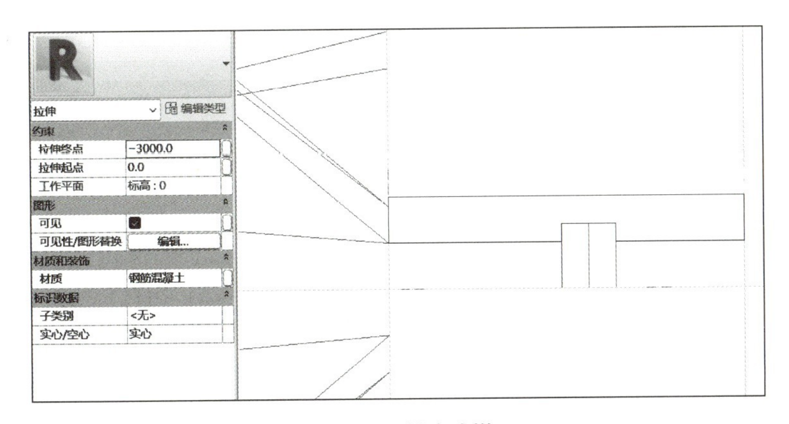

图 4-22　创建边墩

胸墙：楼层平面 0m，选择“拉伸”命令，拾取中心对称线“南立面”为绘制平面，绘制底板外轮廓，拉伸距离“－500mm”，材质“钢筋混凝土”，如图 4-23 所示。

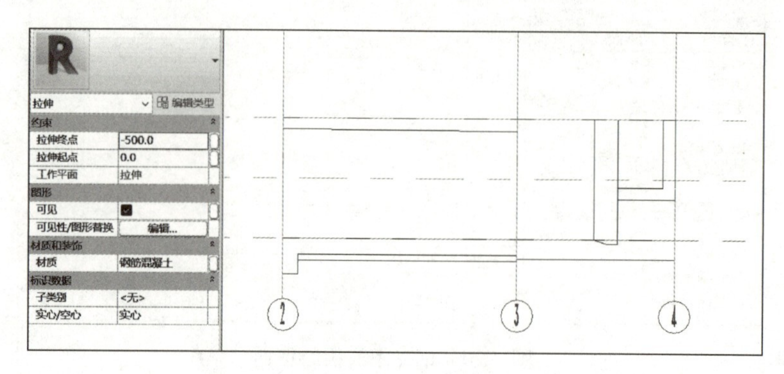

图 4-23　创建胸墙

上部结构排架：楼层平面 3m，选择“拉伸”命令，绘制排架外轮廓，拉伸距离“1700mm”，材质“钢筋混凝土”，如图 4-24 所示。

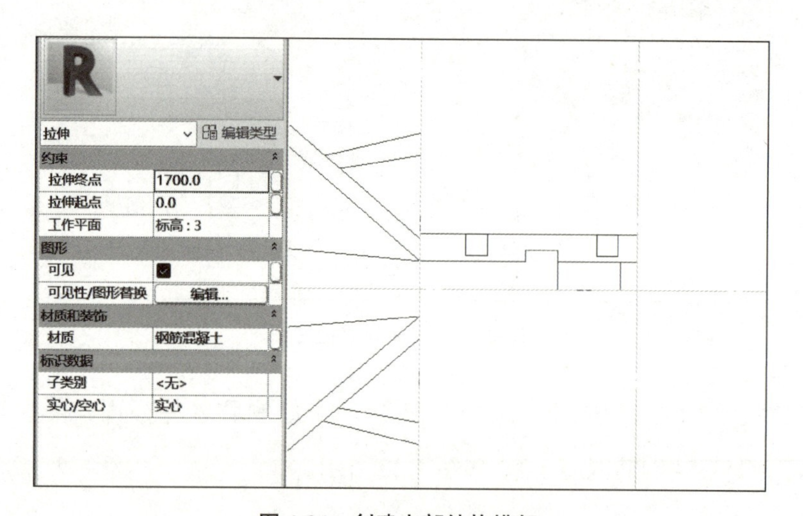

图 4-24　创建上部结构排架

上部结构启闭机台板：楼层平面 3m，选择“拉伸”命令，绘制启闭机台板外轮廓，拉伸起点“1700mm”，拉伸终点“2000mm”材质“钢筋混凝土”，如图 4-25 所示。

垫层：楼层平面 0m，“拉伸”命令，绘制垫层外轮廓，设置其拉伸起点“－500”，拉伸终点“－600”，材质设置“混凝土”，如图 4-26 所示。

“镜像”出对称的另外一半形体，“连接”形体。

闸室段三维效果如图 4-27 所示。修改类型标记为“闸室段”，如图 4-28 所示。

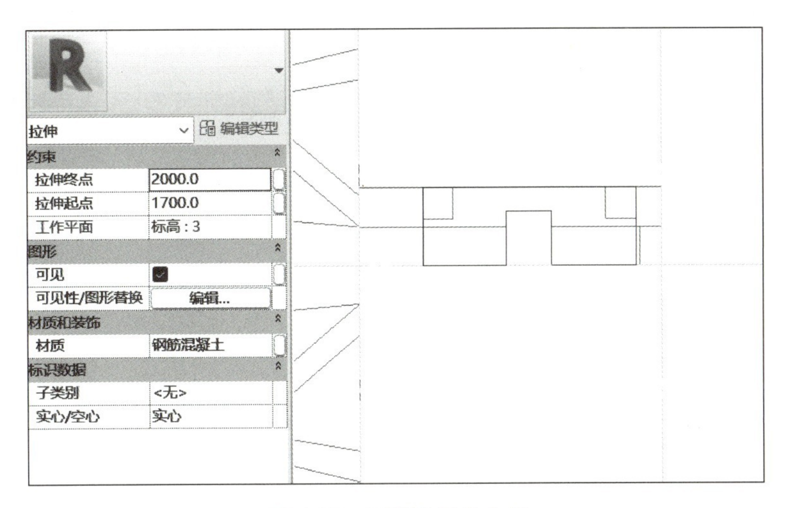

图 4-25　创建启闭机台板

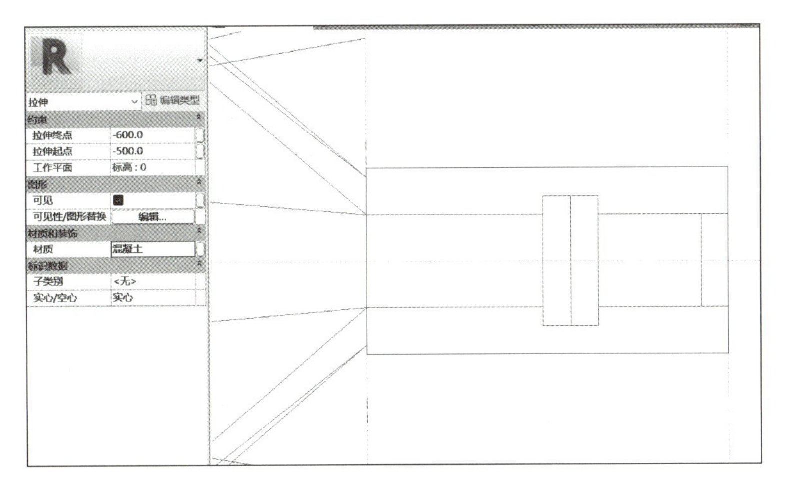

图 4-26　创建垫层

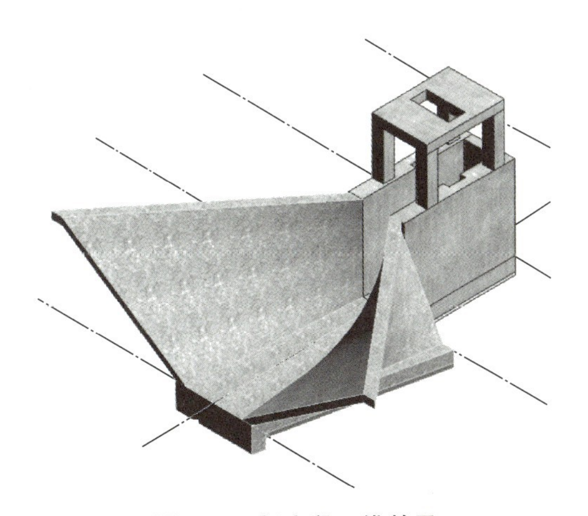

图 4-27　闸室段三维效果

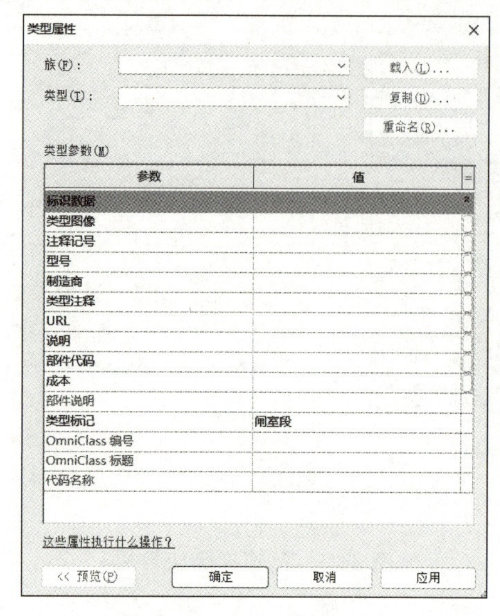

图 4-28　修改类型标记

（4）创建涵洞段模型

创建涵洞段模型，选择“水利专版”选项卡下，“内建模型”内“常规模型”，名称“涵洞段”。如图 4-29 所示。

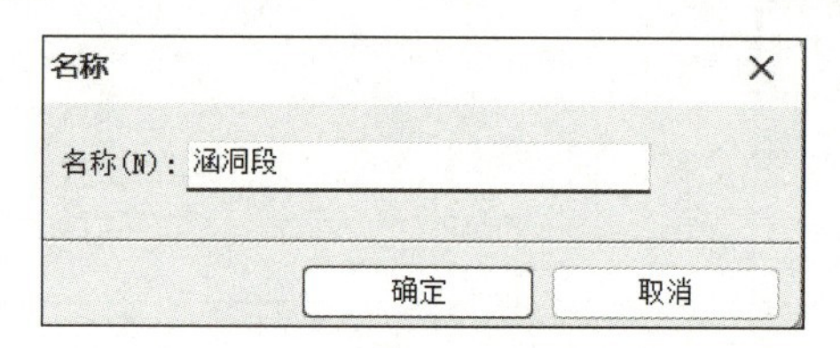

图 4-29　新建常规模型

涵洞段进口 0-500mm：楼层平面 0m，选择“融合”命令创建。

在“编辑顶部”状态，“设置”拾取“西立面”作为工作平面，绘制涵洞段进口左侧特征面，如图 4-30 所示；点击“编辑底部”命令，绘制涵洞段 500mm 处右侧特征

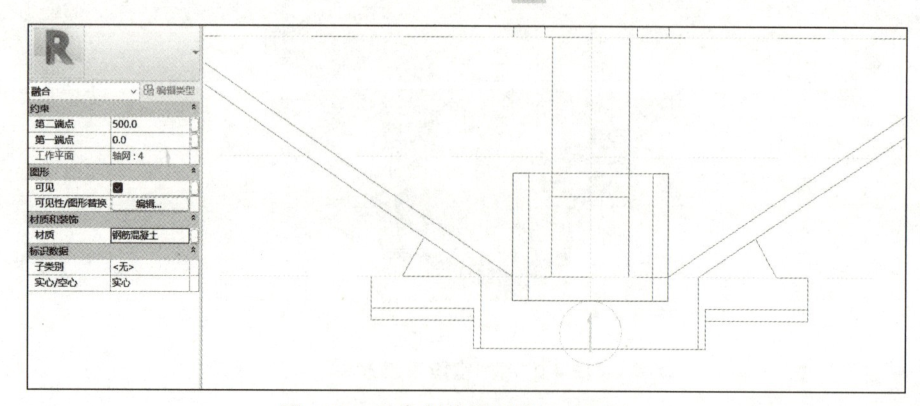

图 4-30　融合创建涵洞段 0～500mm

面，如图 4-31 所示；点击“编辑顶点”，选择两端面对应连线，材质设置“钢筋混凝土”，如图 4-32 所示。

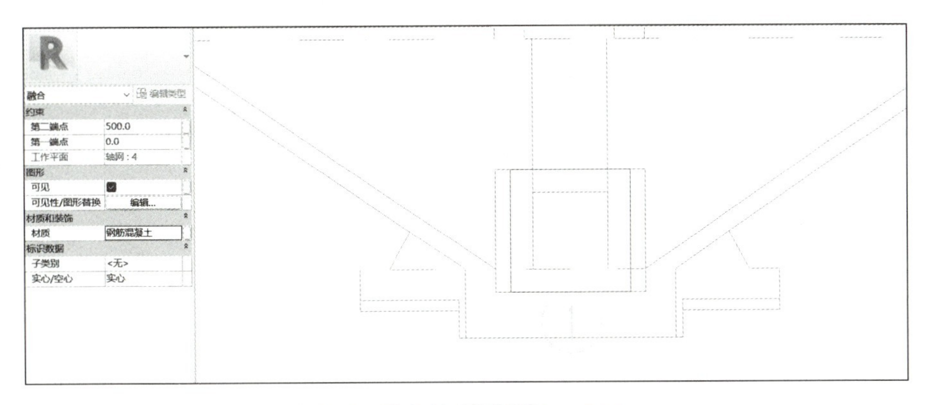

图 4-31　融合创建涵洞段 0～500mm

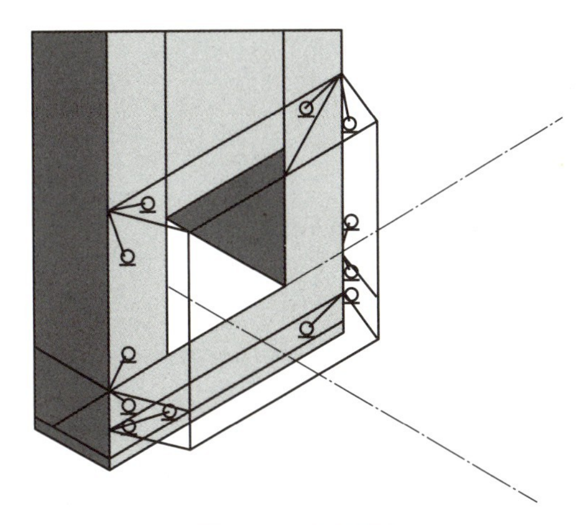

图 4-32　编辑顶点

涵洞段进口 0-500mm 齿墙：选择“拉伸”命令，拾取中心对称线“南立面”为绘制平面，绘制齿墙外轮廓，拉伸距离“1000mm”，材质设置“钢筋混凝土”，如图 4-33 所示。楼层平面 0m，选择“空心拉伸”命令，绘制需要剪切的齿墙外轮廓，拉伸起点“－300mm”，拉伸终点“－500mm”，完成涵洞段进口 0-500mm 的创建，如图 4-34 所示。

涵洞段洞身：楼层平面 0m，选择“拉伸”命令，绘制洞身特征面，拉伸起点“－300mm”，拉伸终点“1300mm”，材质“钢筋混凝土”，如图 4-35 所示。

涵洞段空心方圆渐变段：选择“空心融合”命令创建。在“编辑顶部”状态，“设置”拾取“西立面”作为工作平面，绘制空心方圆渐变段左侧矩形断面，如

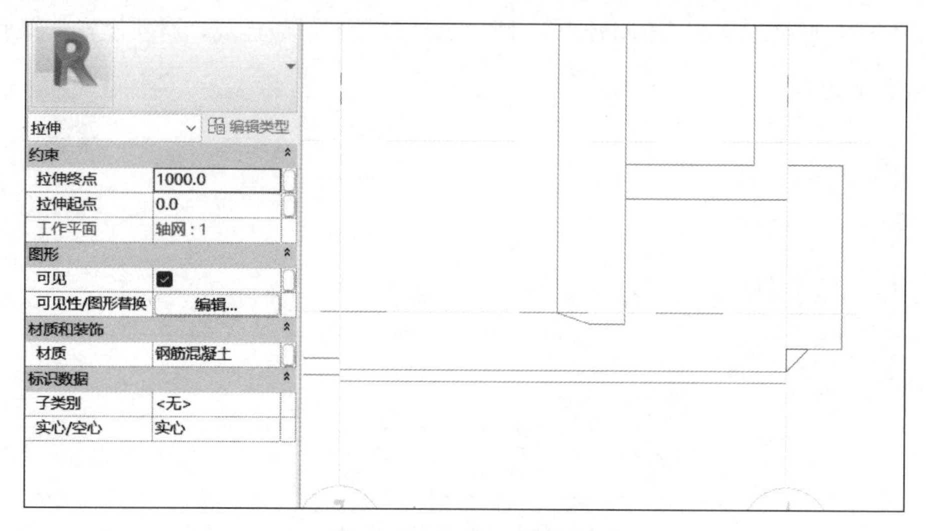

图 4-33　涵洞段底部齿墙

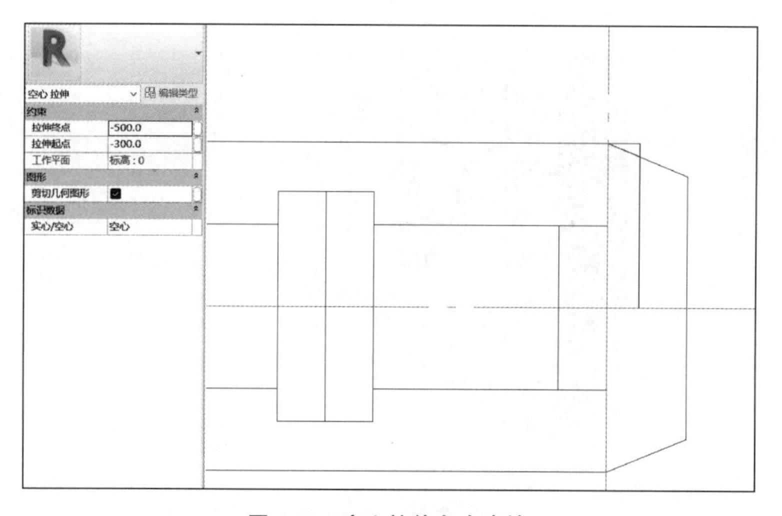

图 4-34　空心拉伸多余齿墙

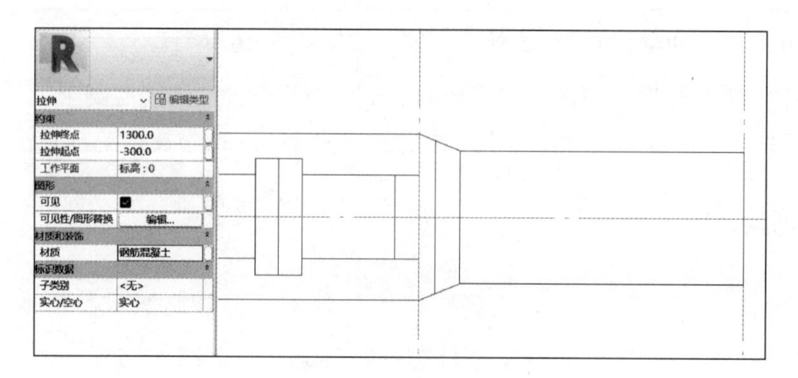

图 4-35　涵洞洞身段

图 4-36 所示；点击“编辑底部”命令，用“圆心端点弧”命令分 4 段圆弧绘制右侧圆形断面，如图 4-37 所示；点击“编辑顶点”，选择两端面对应连线，将矩形的 4 个角点分别对应四分之一的圆弧，第一端点“－500mm”，第二端点“－3500mm”，材质设置“钢筋混凝土”，如图 4-38 所示。

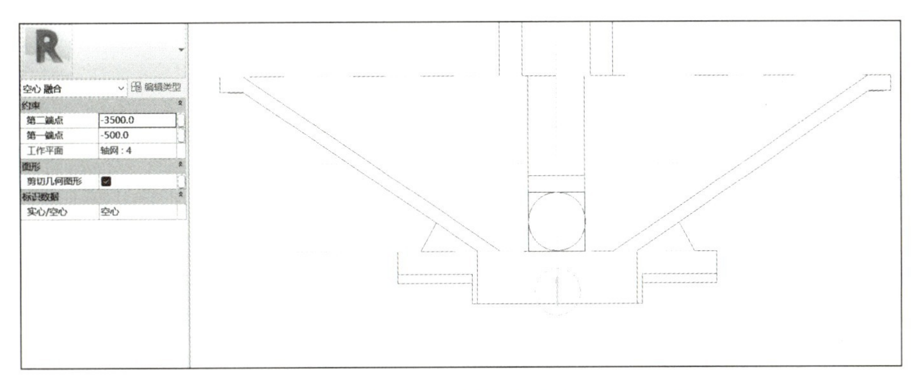

图 4-36　创建涵洞内空心方圆渐变段（矩形特征面）

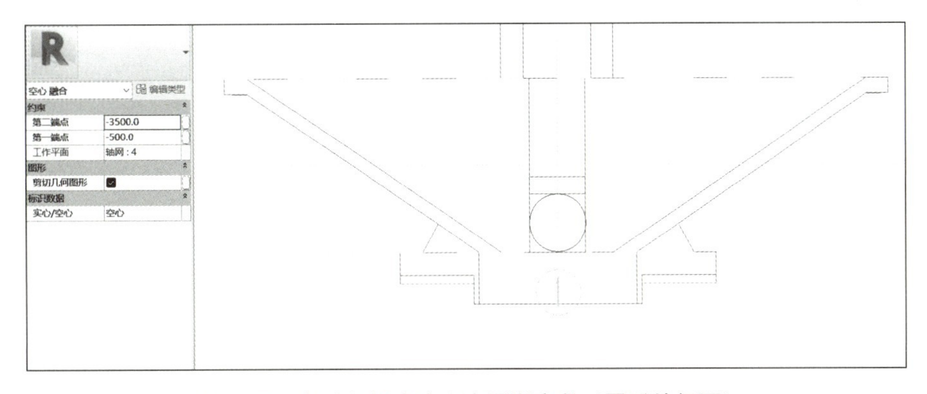

图 4-37　创建涵洞内空心方圆渐变段（圆形特征面）

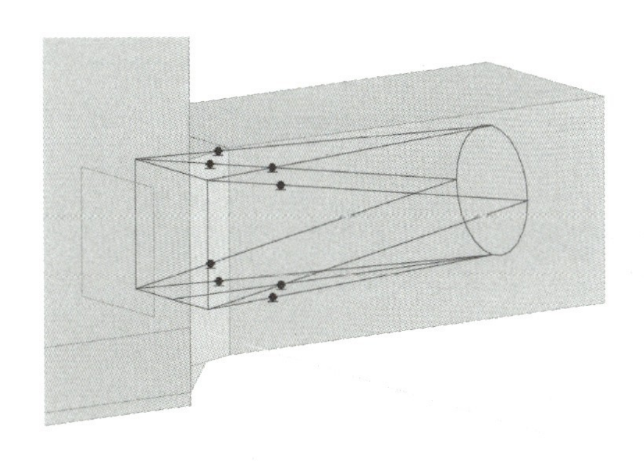

图 4-38　编辑顶点

涵洞段进口空心矩形段：选择“空心拉伸” 空心拉伸 命令，设置拾取涵洞进口段西立面为工作平面，绘制需要剪切的矩形外轮廓，拉伸距离“－500mm”，如图 4-39 所示。

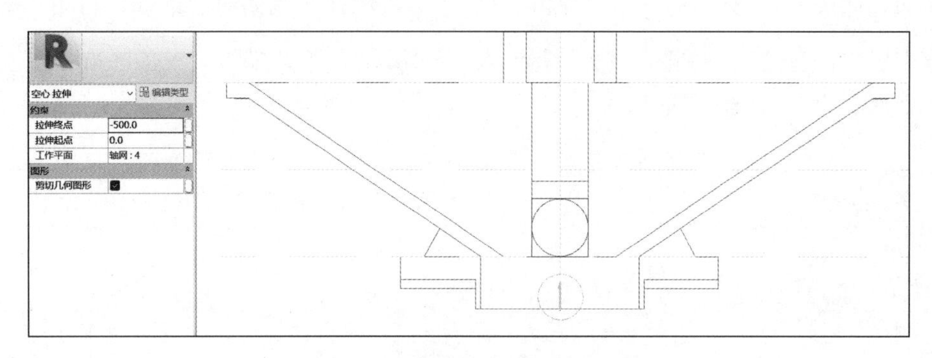

图 4-39　创建涵洞段进口矩形段

涵洞段出口空心圆段：选择“空心拉伸” 空心拉伸 命令，设置拾取涵洞出口段东立面为工作平面，绘制需要剪切的圆形外轮廓，拉伸距离“500mm”，如图 4-40 所示。

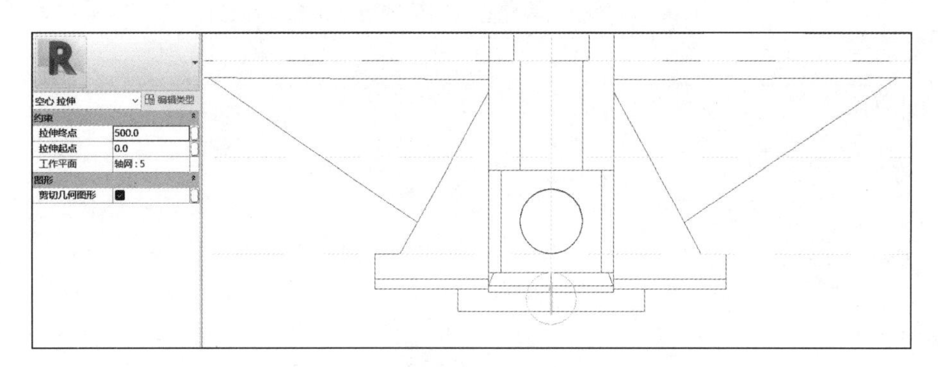

图 4-40　创建圆孔

涵洞段垫层：楼层平面 0m，选择“拉伸”命令 拉伸，设置拾取中心对称线南立面为工作平面，绘制垫层特征面，拉伸距离“1000mm”，材质“混凝土”，如图 4-41 所示。

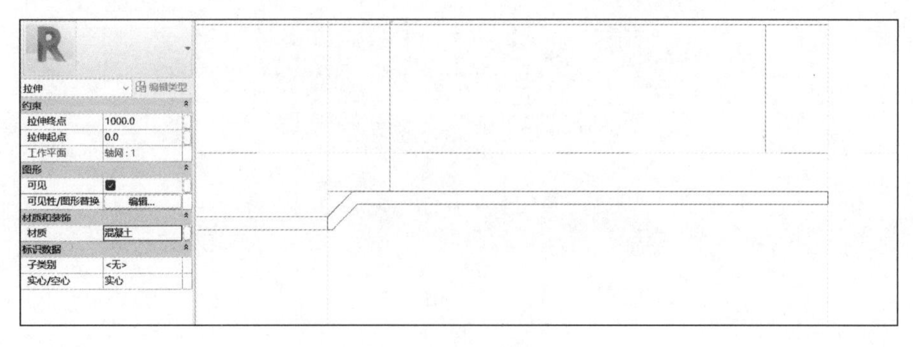

图 4-41　创建垫层

楼层平面 0m，选择“空心拉伸” 空心拉伸 命令，绘制需要剪切的垫层外轮廓，拉伸起点“300mm”，拉伸终点“600mm”，如图 4-42 所示。

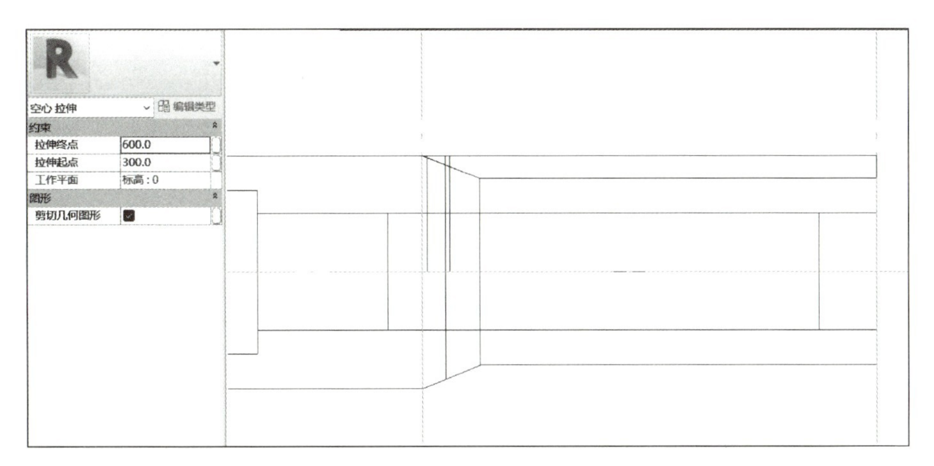

图 4-42　空心拉伸多余垫层

涵洞段三维效果如图 4-43 所示。修改类型标记“涵洞段”，如图 4-44 所示。

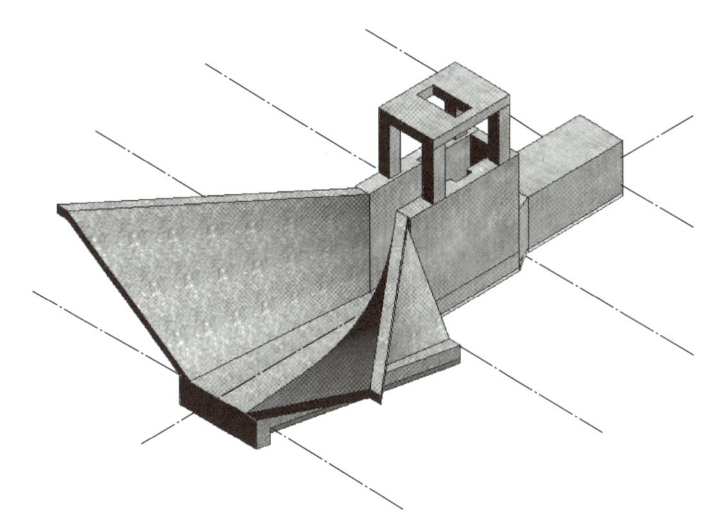

图 4-43　涵洞段三维效果

（5）预制涵管段模型

创建涵洞段模型，选择“水利专版”选项卡下，“内建模型”内“常规模型”，名称“预制涵管段”。如图 4-45 所示。

挡土墙：楼层平面 0m，选择“拉伸”命令 拉伸，设置拾取中心对称线南立面为工作平面，绘制挡土墙特征面，拉伸起点“－3900mm”，拉伸终点“3900mm”，材质“浆砌块石”，如图 4-46 所示。

楼层平面 0m，选择“空心拉伸” 空心拉伸 命令，拾取挡土墙右侧东立面为工作平面，绘制挡土墙上需要剪切的涵管外轮廓，拉伸距离“1000mm”，如图 4-47 所示。

42. 创建
涵洞段

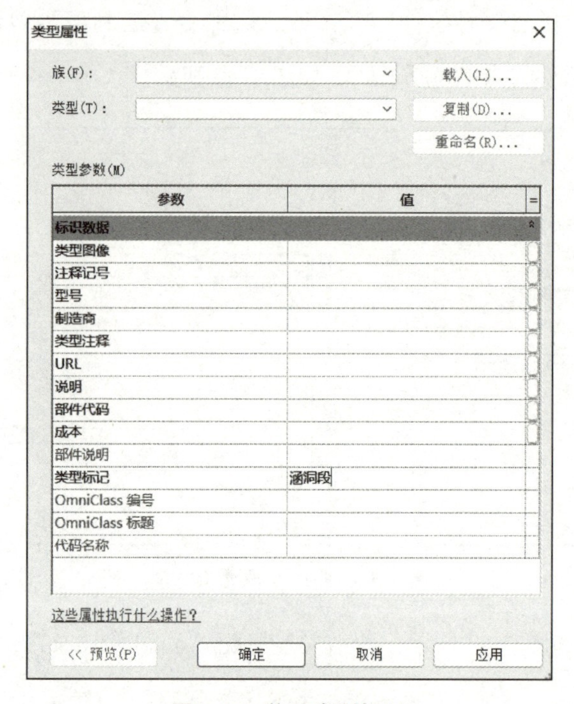

图 4-44　修改类型标记

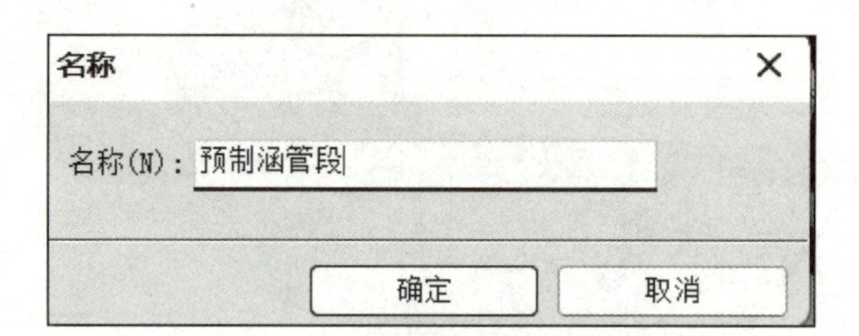

图 4-45　创建常规模型

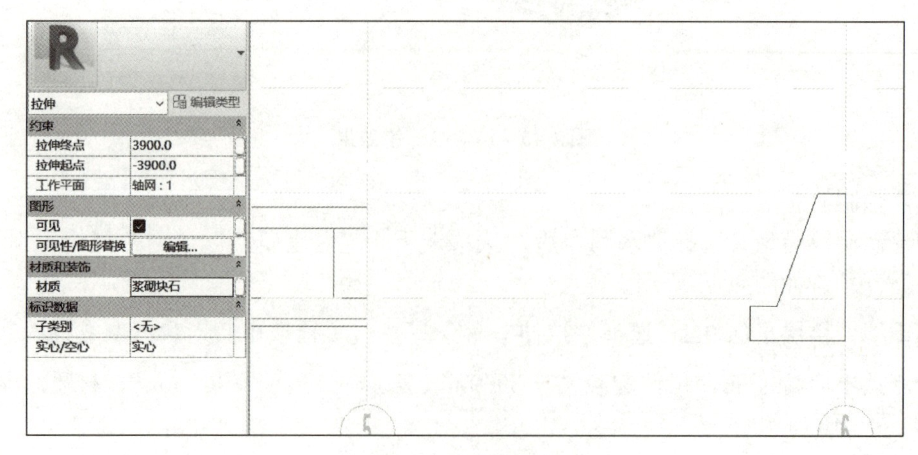

图 4-46　创建挡土墙

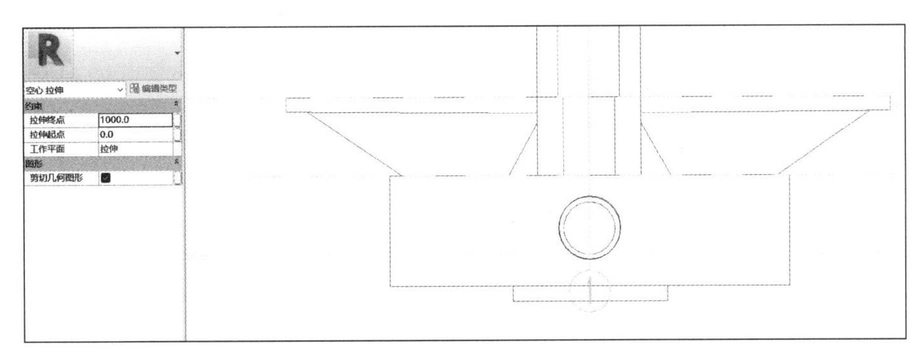

图 4-47　创建挡土墙上空心圆孔

粗砂垫层：楼层平面 0m，选择“拉伸”命令 拉伸，设置拾取涵管段左侧西立面为工作平面，绘制粗砂垫层特征面，拉伸距离“6600mm”，材质“粗砂”，如图 4-48 所示。

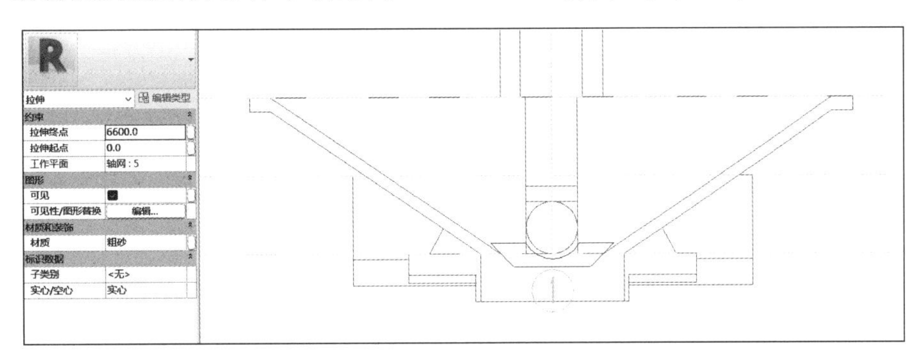

图 4-48　创建粗砂垫层

楼层平面 0m，选择“空心拉伸” 空心拉伸 命令，拾取中心对称线南立面为工作平面，绘制粗砂垫层上需要剪切的形体，拉伸终点“－1200mm”，拉伸终点“1200mm”，使用“剪切几何图形” 剪切几何图形 剪去粗砂多余形体，使用“取消剪切几何图形” 取消剪切几何图形 命令，取消其和挡土墙的剪切。如图 4-49 所示。

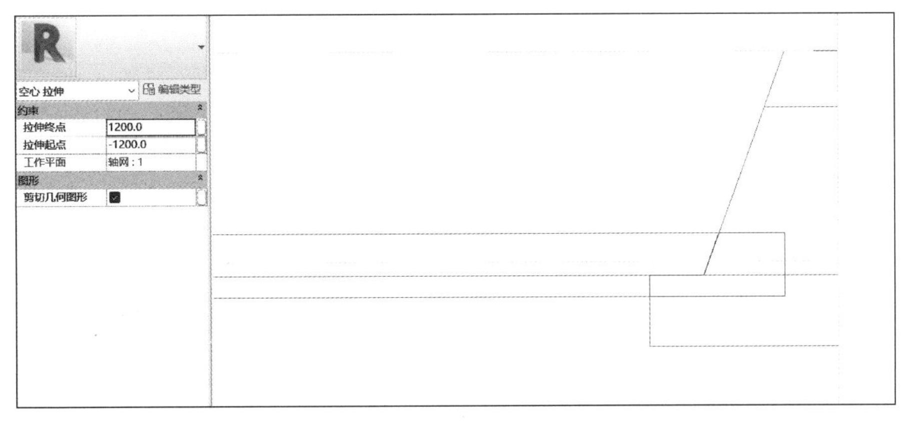

图 4-49　剪切多余的粗砂结构

涵管段：楼层平面 0m，选择“拉伸”命令，设置拾取涵管段左侧西立面为工作平面，绘制涵管外轮廓特征面，拉伸距离“7000mm”，材质“预制混凝土”，如图 4-50 所示。

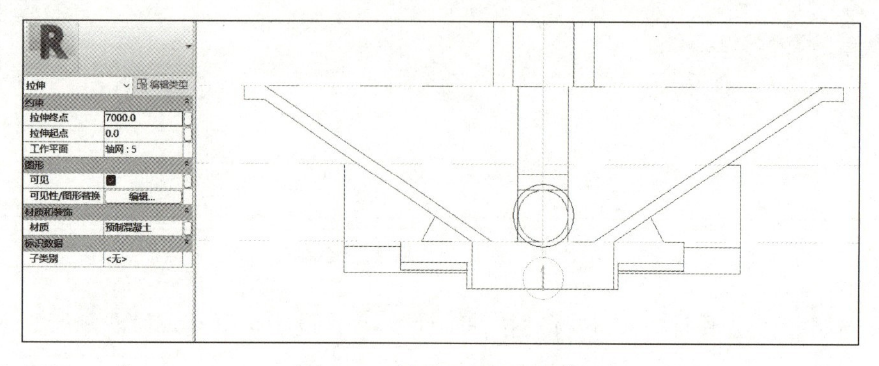

图 4-50　创建预制混凝土管

楼层平面 0m，选择“空心拉伸” 空心拉伸 命令，拾取涵管段左侧西立面为工作平面，绘制涵管内空心圆孔特征面，拉伸距离“−7000mm”，如图 4-51 所示。

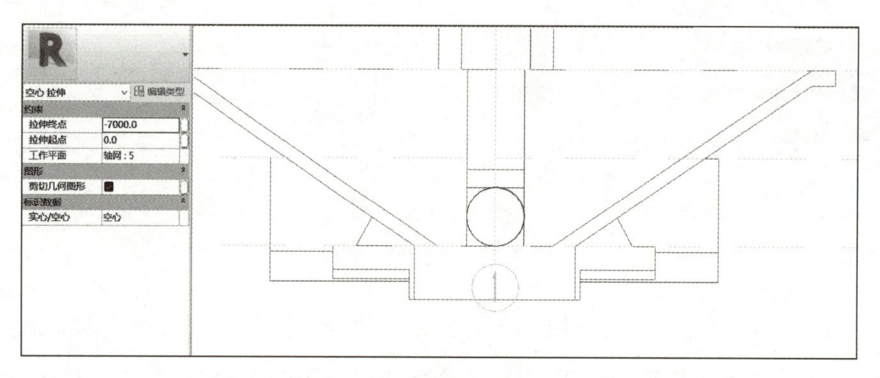

图 4-51　创建空心混凝土管

涵管段三维效果如图 4-52 所示。修改类型标记“涵管段”如图 4-53 所示。

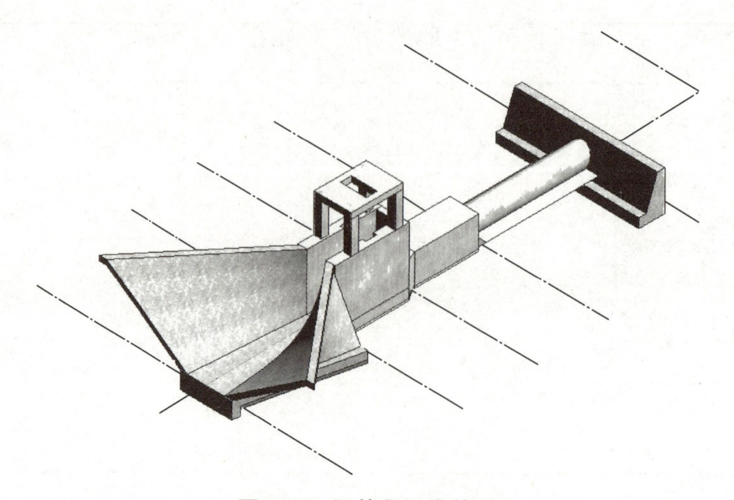

图 4-52　涵管段三维效果

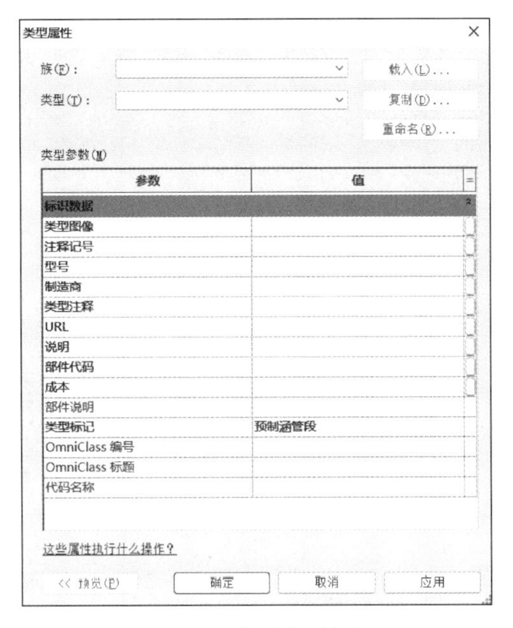

图 4-53　修改类型标记

（6）消力池段

创建消力池段模型，选择“水利专版”选项卡下，“内建模型”内“常规模型”，名称“消力池段”。如图 4-54 所示。

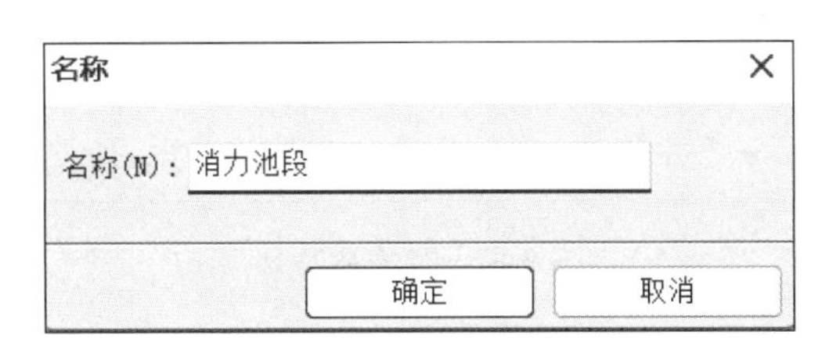

图 4-54　创建常规模型

底板：楼层平面 0m，选择“拉伸”命令 拉伸，设置拾取中心对称线南立面为工作平面，绘制消力池段底板特征面，拉伸起点“－500mm”，拉伸终点“500mm”，材质“浆砌块石”，如图 4-55 所示。

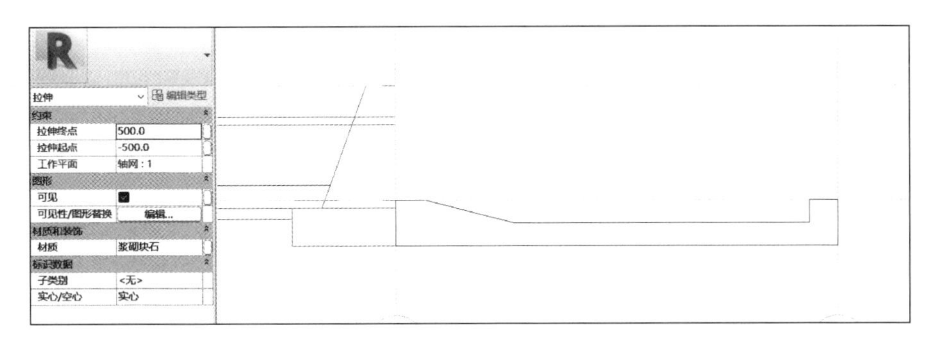

图 4-55　创建消力池段底板

齿墙：楼层平面 0m，选择“拉伸”命令，设置拾取中心对称线南立面为工作平面，绘制齿墙特征面，拉伸起点“－900mm”，拉伸终点“900mm”，材质“浆砌块石”，如图 4-56 所示。

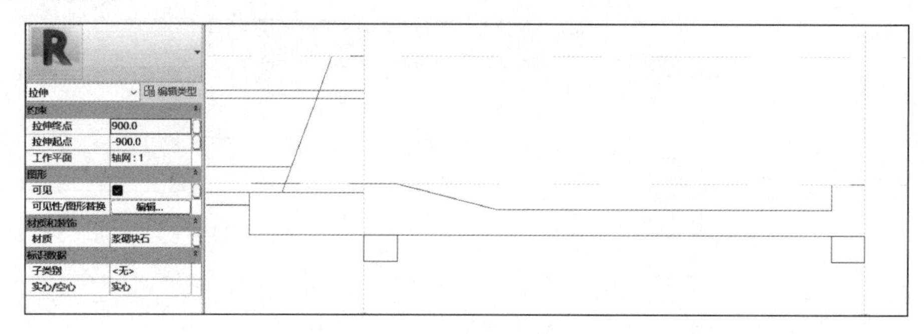

图 4-56　创建齿墙

排水孔：楼层平面 0m，选择“空心拉伸” 空心拉伸 命令，绘制排水孔，并复制，拉伸起点“－300mm”，拉伸终点“－600mm”，如图 4-57 所示。

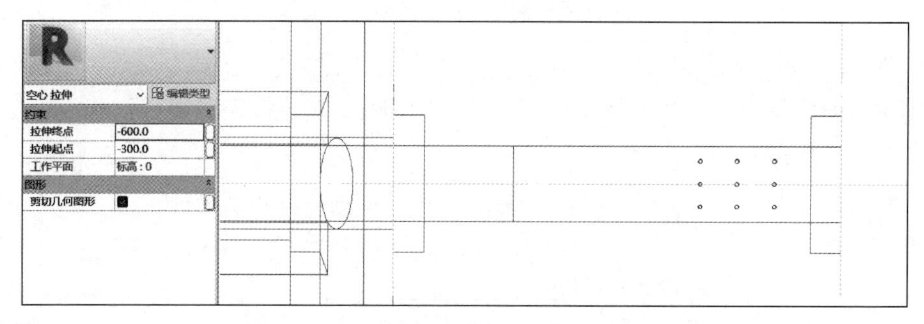

图 4-57　创建排水孔

垫层：楼层平面 0m，选择“拉伸”命令，设置拾取中心对称线南立面为工作平面，绘制垫层特征面，拉伸起点“－900mm”，拉伸终点“900mm”，材质“碎石”，如图 4-58 所示。

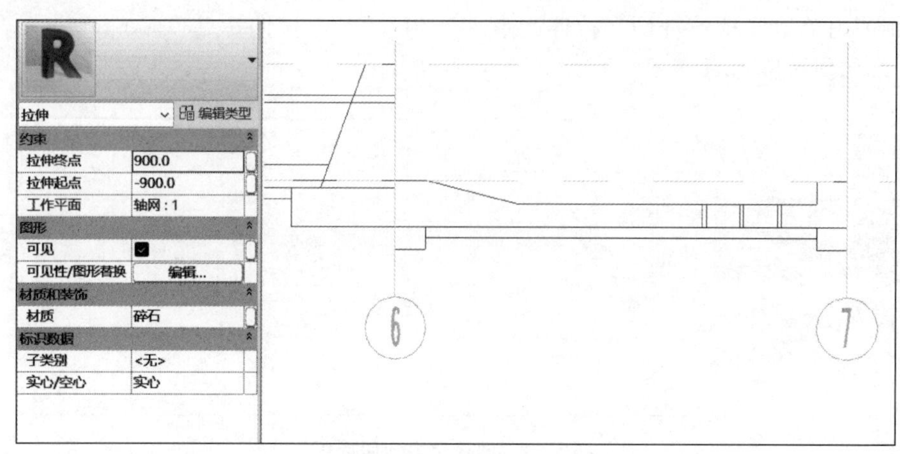

图 4-58　创建碎石垫层

护坡：楼层平面 0m，选择“拉伸”命令，设置拾取消力池段左边西立面为工作平面，绘制护坡特征面，拉伸距离“6000mm”，材质“浆砌块石”，如图 4-59 所示。

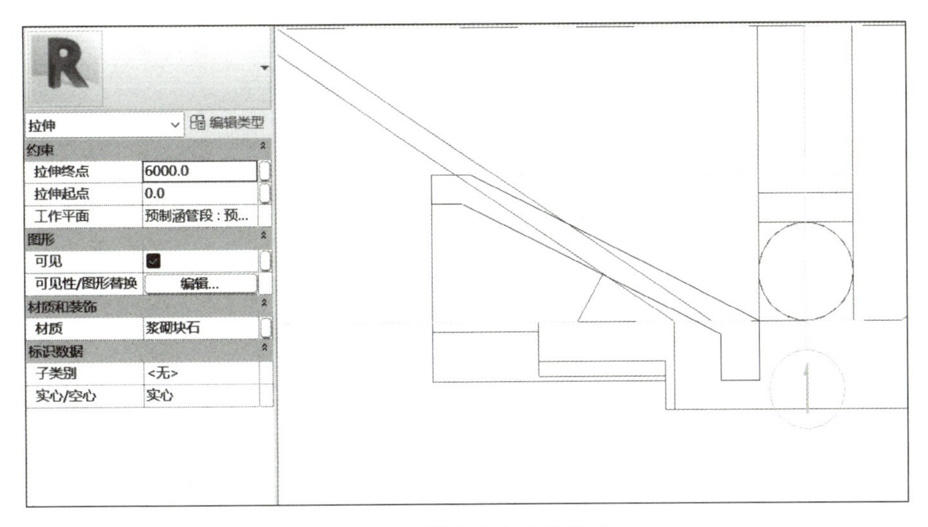

图 4-59　创建消力池段护坡

消力池段三维效果如图 4-60 所示。修改类型标记“消力池段”如图 4-61 所示。

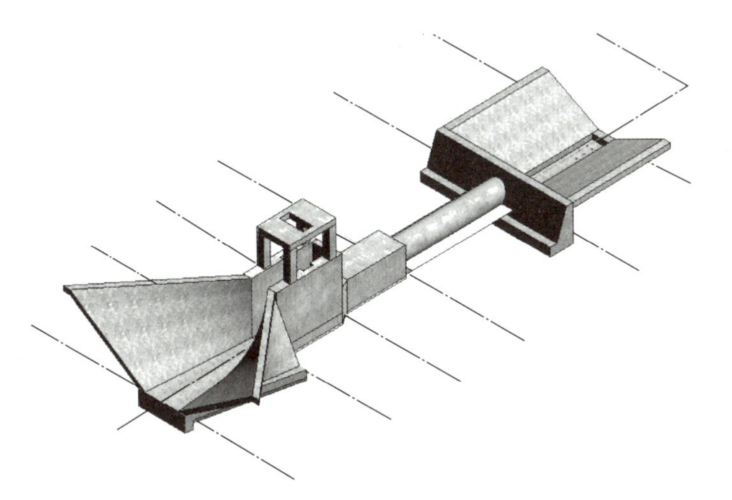

44. 消力池段

图 4-60　消力池段三维效果

（7）出口段

创建出口段模型，选择“水利专版”选项卡下，“内建模型”内“常规模型”，名称“出口段”。如图 4-62 所示。

底板：楼层平面 0m，选择“拉伸”命令，设置拾取中心对称线南立面为工作平面，绘制出口段底板特征面，拉伸起点“－500mm”，拉伸终点“500mm”，材质“浆砌块石”，如图 4-63 所示。

齿墙：楼层平面 0m，选择“拉伸”命令，设置拾取中心对称线南立面为工作平

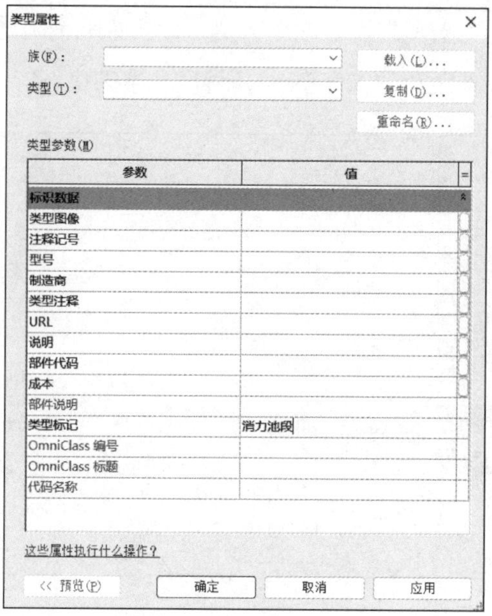

类型属性

族(F)：　　载入(L)...

类型(T)：　　复制(D)...

重命名(R)...

类型参数(M)

参数	值
标识数据	
类型图像	
注释记号	
型号	
制造商	
类型注释	
URL	
说明	
部件代码	
成本	
部件说明	
类型标记	消力池段
OmniClass 编号	
OmniClass 标题	
代码名称	

这些属性执行什么操作？

<< 预览(P)　确定　取消　应用

图 4-61 修改类型标记

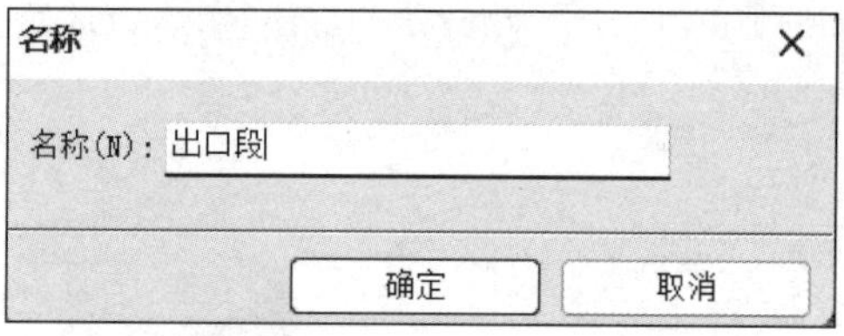

名称

名称(N)：出口段

确定　取消

图 4-62 创建常规模型

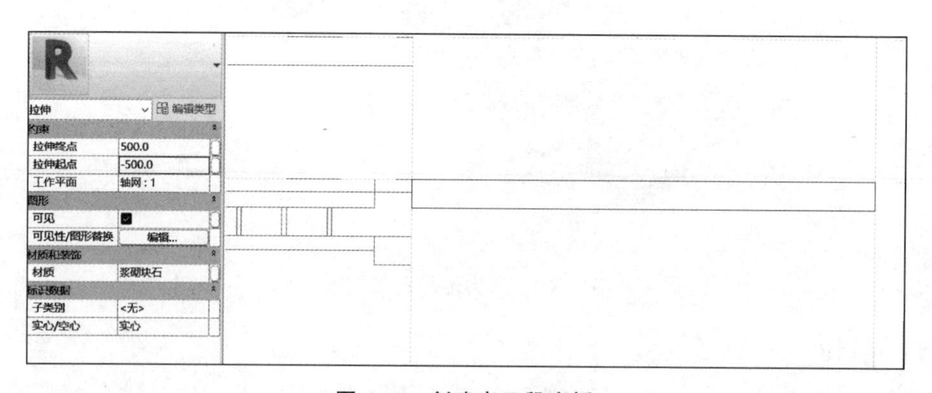

图 4-63 创建出口段底板

面，绘制齿墙特征面，拉伸起点“－900mm”，拉伸终点“900mm”，材质“浆砌块石”，如图 4-64 所示。

垫层：楼层平面 0m，选择“拉伸”命令，设置拾取中心对称线南立面为工作平面，绘制垫层特征面，拉伸起点“－900mm”，拉伸终点“900mm”，材质“碎石”，如图 4-65 所示。

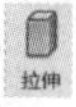

图 4-64　创建齿墙

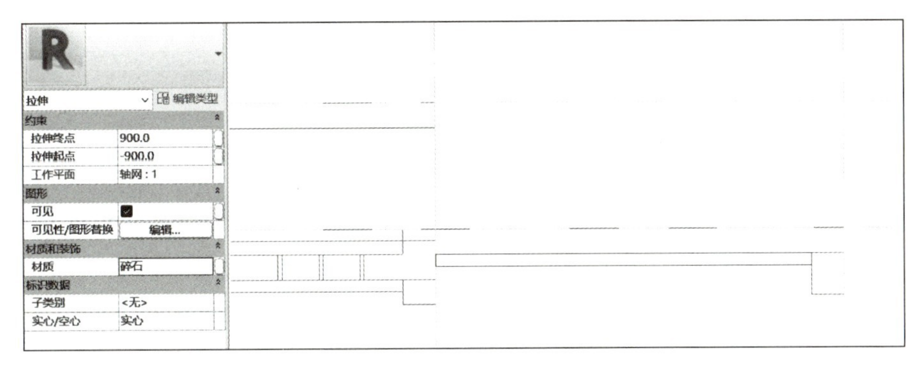

图 4-65　创建碎石垫层

护坡：楼层平面 0m，选择“拉伸”命令，设置拾取出口段左边西立面为工作平面，绘制护坡特征面，拉伸距离“5000mm”，镜像出对称的另一半，材质“浆砌块石”，如图 4-66 所示。

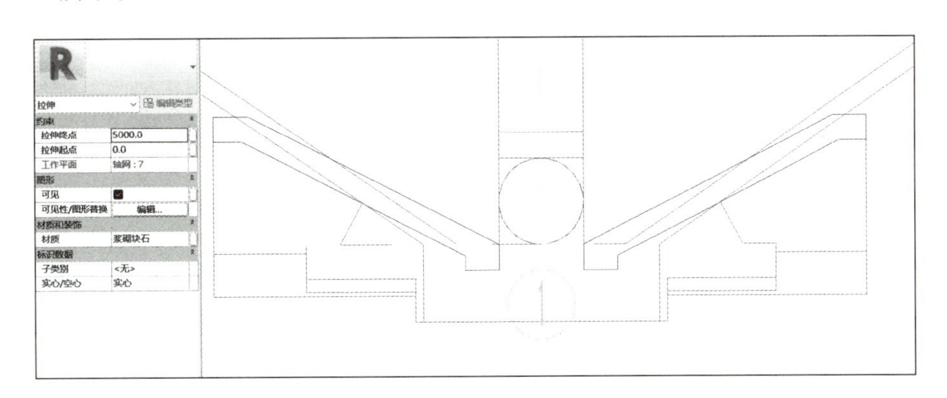

图 4-66　创建护坡

出口段三维效果如图 4-67 所示。修改类型标记“出口段”如图 4-68 所示。

（8）创建工程量统计表

“视图”选项卡下“明细表”，选择“明细表/数量” 明细表/数量，新建常规模型明细表，名称“工程量明细表”，如图 4-69 所示。

45. 出口段

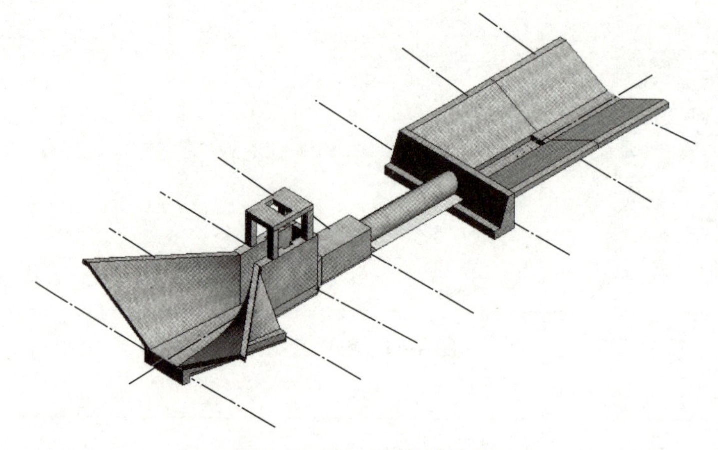

图 4-67　出口段三维效果

类型属性

族(F)：　　载入(L)...

类型(T)：　　复制(D)...

重命名(R)...

类型参数(M)

参数	值
标识数据	
类型图像	
注释记号	
型号	
制造商	
类型注释	
URL	
说明	
部件代码	
成本	
部件说明	
类型标记	出口段
OmniClass 编号	
OmniClass 标题	
代码名称	

这些属性执行什么操作？

<< 预览(P)　确定　取消　应用

图 4-68　修改类型标记

设置明细表属性，具体设置明细表内字段、过滤器、排序、格式、外观等属性内容。

工程量统计表如图 4-70 所示。

(9) 渲染出图

单击渲染，设置渲染内容，选中区域，输出设置内分辨率选择打印机 300DPI 或者150DPI，如图 4-71 所示。渲染效果，如图 4-72 所示。

单击导出，可导出 jpg 图片文件；或者保存到项目。

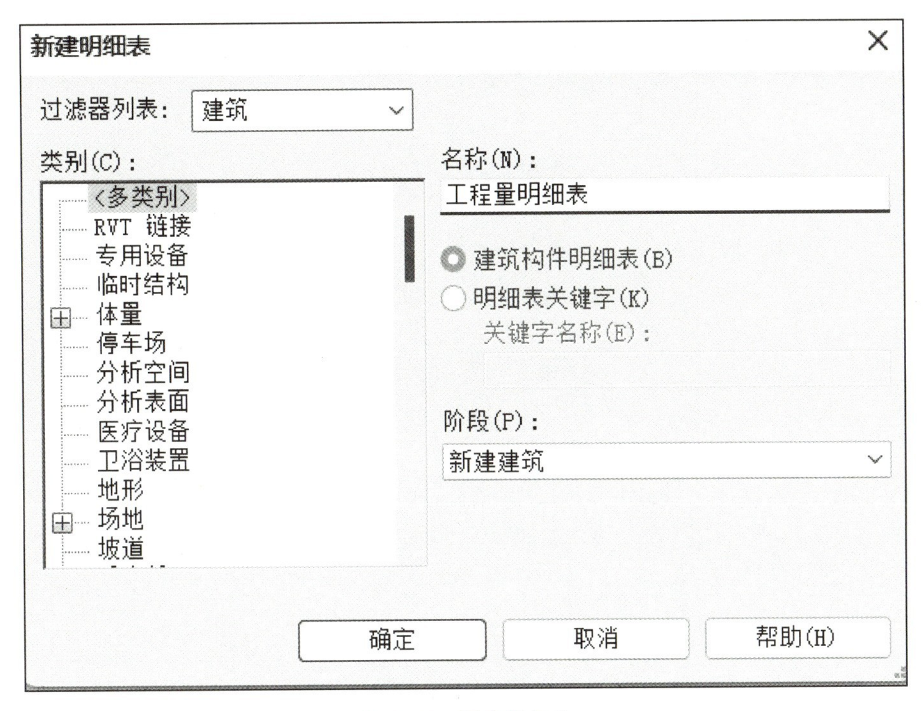

图 4-69　新建明细表

<工程量统计表>

A	B	C
类型标记	体积	合计
出口段	14.64 m^3	1
扭面段	42.93 m^3	1
消力池段	19.33 m^3	1
涵洞段	7.43 m^3	1
闸室段	19.48 m^3	1
预制涵管段	19.60 m^3	1
总计：6	123.40 m^3	6

图 4-70　工程量统计表

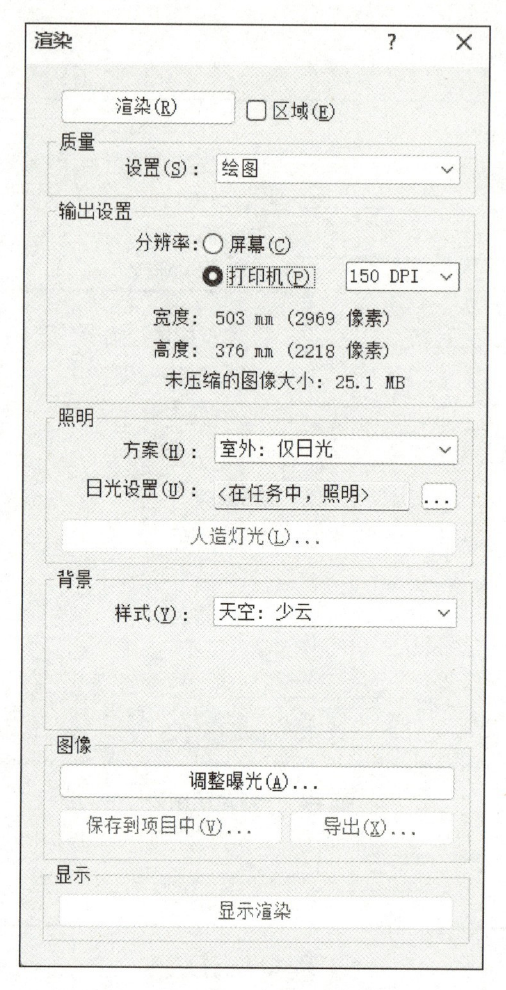

图 4-71　渲染设置

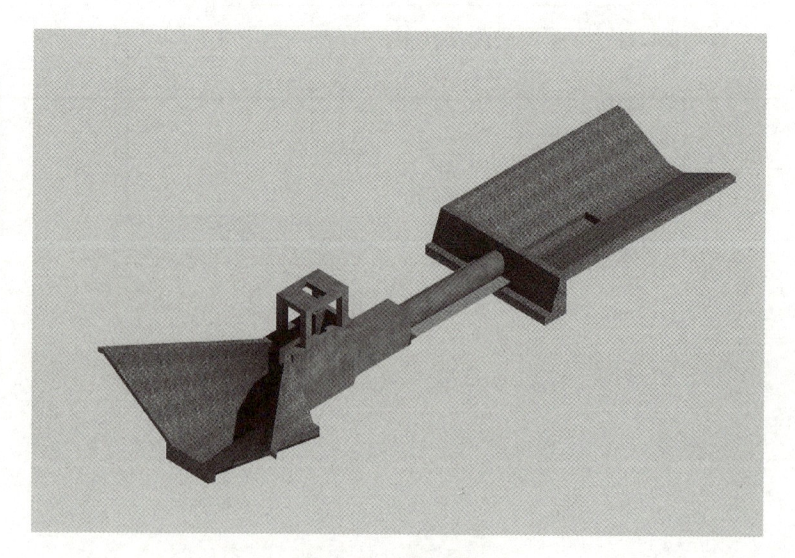

图 4-72　渲染效果

参考文献

[1] 中华人民共和国水利部．水利水电工程制图标准　基础制图 SL73.1—2013 [S]. 北京：中国水利水电出版社，2013.

[2] 中华人民共和国水利部．水利水电工程制图标准　水工建筑图 SL73.2—2013 [S]. 北京：中国水利水电出版社，2013.

[3] 刘娟．水利工程制图与识图 [M]. 北京：中国水利水电出版社，2018.

[4] 张圣敏，赵婷，等．水利工程制图 [M]. 北京：中国水利水电出版社，2022.

[5] 张含彬，宋良瑞，等．画法几何 [M]. 北京：中国建筑工业出版社，2021.

[6] 宋良瑞．建筑识图与构造 [M]. 北京：高等教育出版社，2019.

[7] 栾蓉，王红．水利工程制图（第三版）[M]. 北京：中国水利水电出版社，2016.

[8] 林继镛，张社荣．水工建筑物 [M]. 北京：中国水利水电出版社，2020.

[9] 田明武，何姣云．水利水电工程建筑物 [M]. 北京：中国水利水电出版社，2020.

[10] 张雷．建筑 CAD 实训 [M]. 北京：中国建筑工业出版社，2022.

[11] 韩敏琦，杨林林．水利工程识图与 CAD [M]. 北京：中国水利水电出版社，2015.

[12] 晏孝才，黄宏亮．水利工程 CAD [M]. 武汉：华中科技大学出版社，2013.